# 海上风力发电机组设计

HAISHANG FENGLI
FADIANJIZU SHEJI

吴佳梁　李成锋　编著

化学工业出版社
·北京·

本书介绍了海上风力发电机组设计的基本知识和技术，对比分析了开发海上风电的优劣势，重点剖析了海上风电开发的六大制约因素。在此基础上，提出了海上风力机的设计原则和系统解决方案、详细阐述了海上风力机的技术路线对比、风力机基础设计与施工、防腐蚀与密封设计、防台风设计、可靠性设计、发电能力优化设计及可维护性设计的解决思路和设计方法。此外，简要介绍了海上风力机的相关标准和认证，最后对未来海上风电开发与风力机设计技术的发展趋势加以展望。

本书适合从事海上风电领域，尤其是海上风力机设计与开发的工程师和技术人员阅读参考，也适合作为高等学校相关专业通用教材，对想要了解海上风力发电的读者也是一本很好的科普读物。

**图书在版编目（CIP）数据**

海上风力发电机组设计/吴佳梁，李成锋编著．—北京：化学工业出版社，2011.9（2022.2 重印）
ISBN 978-7-122-11950-6

Ⅰ．海…　Ⅱ．①吴…②李…　Ⅲ．海上-风力发电机-发电机组-设计　Ⅳ．TM315.02

中国版本图书馆 CIP 数据核字（2011）第 147767 号

---

责任编辑：郑宇印　　　　装帧设计：周　遥
责任校对：徐贞珍

---

出版发行：化学工业出版社（北京市东城区青年湖南街 13 号　邮政编码 100011）
印　　装：北京七彩京通数码快印有限公司
710mm×1000mm　1/16　印张 19¼　字数 292 千字　　2022 年 2 月北京第 1 版第 2 次印刷

---

购书咨询：010-64518888　　　　售后服务：010-64518899
网　　址：http://www.cip.com.cn
凡购买本书，如有缺损质量问题，本社销售中心负责调换。

---

定　　价：68.00 元

# 前言 Foreword

随着2010年东海大桥海上风电场的并网发电及国家发改委江苏海上风电特许权开发项目开标，中国拉开了海上风电开发的序幕。我国海洋面积辽阔，海上风能资源丰富，加之我国政府相继出台了大量优惠政策和举措支持海上风电发展，各大电力公司和地方政府纷纷规划建设大型海上风电场，风电机组供应商积极研发大功率风力机来推动海上风电事业的发展。

然而，海上风力机并非简单地将陆上风力机“移植”到海上，海洋环境复杂，高盐雾浓度、台风、海浪等恶劣自然条件均对海上风力机的设计技术提出了严峻的挑战，我国在海上风力机设计开发领域仍旧比较薄弱，更缺少介绍海上风力机设计技术的图书和相关国家标准。因此，我们在研究海上风力机设计技术、总结海上风力机设计开发实践经验的基础上编著了本书，以期成为海上风力机设计的指导书，能对从事海上风力机设计研发的工程技术人员有一定的帮助。

本书是在大幅补充和修订作者前期出版的《海上风力发电技术》的基础上编著而成。本书共10章，全面介绍了海上风力发电机组的设计原理和设计方法。

第1章主要分析海上风能的特点、国内外海上风电开发的发展现状。通过分析和总结欧洲海上风电开发的历史和经验，剖析我国海上风电的现状，对我国的海上风电开发提出了新的对策。

第2章主要介绍海上风电开发的优势和面临的制约因素。重点分析开发海上风电需要解决的重大课题，介绍盐雾腐蚀、台风、海浪、撞击对海上风力机的影响，突出海上风电场建设、运行和维护的艰巨性。

第 3 章在对比分析海上风电开发的六大制约因素的基础上，针对海上风力机设计区别于陆上的特殊性，从海上风力机技术路线选择、风力机基础多样化设计、风力机防腐蚀密封设计、基础防撞击设计四方面介绍海上风力机的特殊性设计。

第 4 章详细介绍海上风力机防腐蚀设计的系统解决方案，针对风力机不同部件的材质和所处环境盐雾腐蚀的差异性，提出具体的应对措施。

第 5 章主要分析台风的破坏机理及相应的海上风力机抗台风设计策略与手段，七大策略将对未来我国东南沿海的海上风力机设计产生重要影响。

第 6 章主要介绍海上风力机发电能力优化设计的方法和设计流程。

第 7 章主要介绍海上风力机的可靠性设计，从机械部件裕度设计、紧固连接件防松防锈、电气系统冗余设计、降额设计、电控柜设计、发电机和变流器可靠性增强设计等方面进行了详细阐述。

第 8 章主要讲述海上风力机的运行维护方法和可维护性设计思想，提出可维护性风力机结构设计方法、专用维护工装设计及大部件维修工艺流程。

第 9 章主要分析海上风力机设计标准和相关认证知识。对于风力机设计标准，横向比较了风力机设计的各类标准，分析海上与陆上风力机设计标准的差异性。关于认证详细介绍了型式认证和项目认证的相关内容。

第 10 章对未来海上风电开发与风力机设计制造技术发展趋势进行了展望。

在本书的编著过程中，得到了三一电气公司胡杰、王广良、顾珊等领导的大力支持，并提出了宝贵的修改意见和建议，在此表示衷心感谢；整体研究院广大同事参与了本书的数次评审，在此一并致谢。张建海、叶凡、王兴、叶坚强、刘万辉、赵德钊等同事参与了部分编著工作。

本书的编著参阅了大量参考文献，在此对其作者一并表示感谢！

限于作者编著水平，书中不妥之处诚请广大读者批评指正。

**编著者**

**2011 年 8 月**

## 第 1 章　海上风能与海上风力发电发展现状



## 第 2 章　海上风电开发的优劣势分析

## 第3章　海上风力机区别于陆上风力机的特殊性

## 第4章　海上风力机防腐蚀系统设计

## 第5章 防台风加强设计与应对策略

## 第6章　海上风力机发电能力优化设计



## 第7章　海上风力机可靠性设计

## 第8章 海上风力机的维护与可维护性设计

## 第 9 章　海上风力机标准及认证



## 第 10 章　海上风电开发与风力机制造技术发展趋势



## 附录　风电专业术语汉英对照

## 参考文献

# 第1章 海上风能与海上风力发电发展现状

风能是可再生能源的重要组成部分，积极地开发风能对于改善能源系统结构、缓解能源危机、保护生态环境具有深远意义。早期的风电能源开发主要集中在陆上，陆上的风资源开发已经比较成熟。海上风电场具有高风速、低风切变、低湍流、高产出等显著优点，加之对人类的影响较小，且可充分借鉴陆上的风电技术经验，海上风电在未来的风电产业中将占越来越重要的地位，它将为风力发电在未来的能源结构中扮演重要角色做出积极的贡献。

海上风资源的丰富程度直接决定了各国海上风电的发展态势，资源丰富的地区和国家如欧洲和中国高度重视海上风电的发展，不仅在政策上积极扶持，而且开辟海上风电试验场，为海上风电产业的发展提供技术支持和项目经验，吸引各大风电投资商纷纷转向海上风电行业，推动了海上风电的快速发展。

本章主要分析海上风能、欧洲海上风力发电发展现状以及中国海上风力发电发展现状。

## 1.1 海上风能与风电开发

### 1.1.1 海上风能的特点

海上年平均风速明显大于陆地，研究表明，由于海面的粗糙度较陆地小，离岸 10km 的海上风速比岸上高 25%以上。

#### 1.1.1.1 风随高度的变化特性

海面的粗糙度要比陆地小得多，通常在安装风力机所关注的高度上，风速变化梯度已经很小了，因此通过增加塔高的方法增加风能的捕获在某种程度上不如陆地有效。海上风边界层低，在某种程度上海面上塔高可以降低。陆地与海上风速剖面比较如图 1-1 所示。

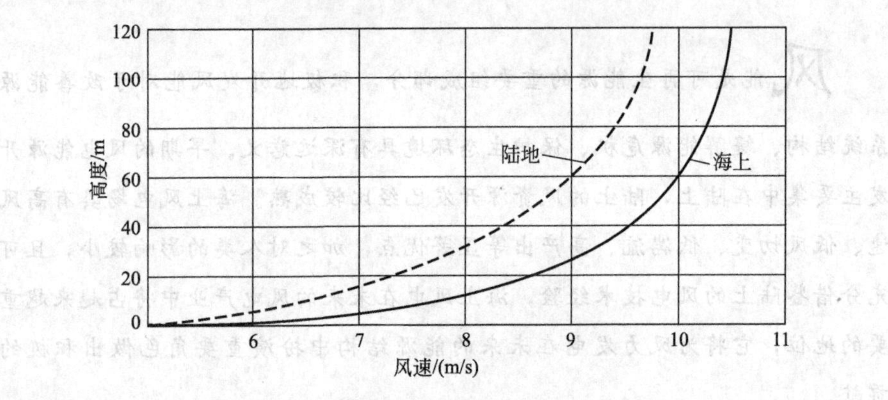


图 1-1 陆地与海上风速剖面图比较

从空气运动的角度，通常将不同高度的大气层分为三个区域（图 1-2）。离地面 2m 以内的区域称为底层；2～100m 的区域称为下部摩擦层，二者总称为地面境界层；100～1000m 的区段称为上部摩擦层，以上三区域总称为摩擦层。摩擦层之上是自由大气层。

地面境界层内空气流动受涡流、黏性和地面植物及建筑物等的影响，风向基本不变，但越往高处风速越大。各种不同地面情况下，如城市、乡村和海边平地，其风速随高度变化如图 1-3 所示。

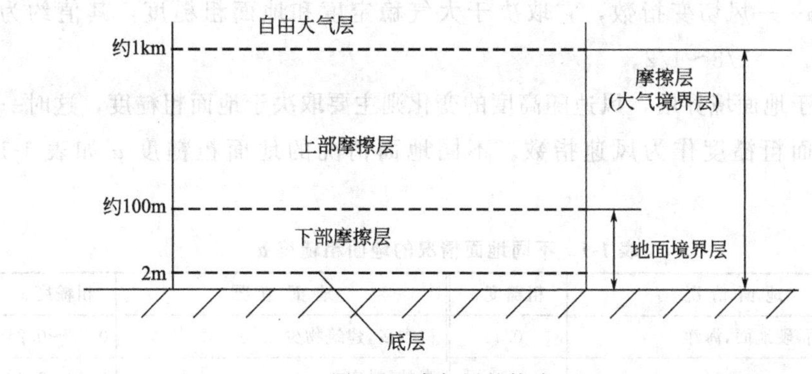


图 1-2　大气层的构成

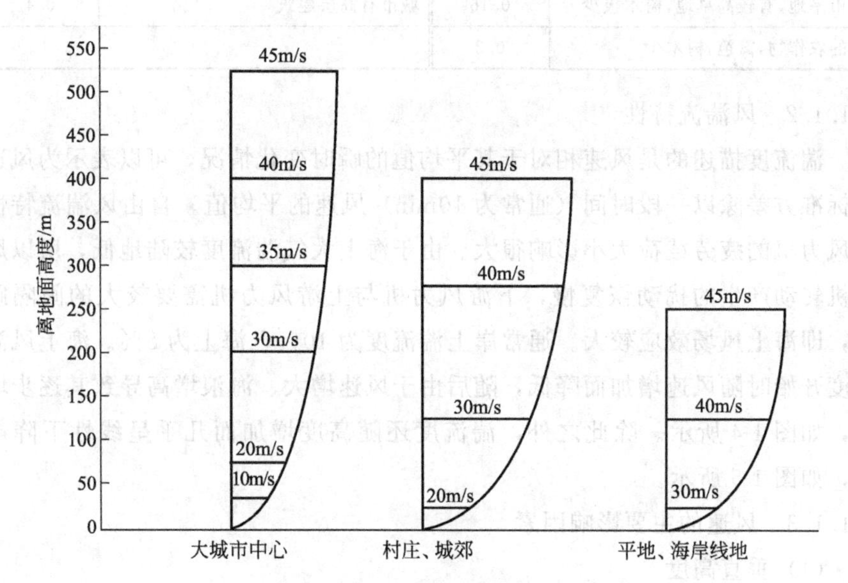


图 1-3　不同地面风速随高度的变化

风速随高度的变化情况及其大小因地面的平坦度、地表粗糙度以及风通道上的气温变化情况的不同而有所差异。

风速随高度而变化的经验公式很多，通常采用指数公式，即

$$\nu=\nu_i\left(\frac{h}{h_i}\right)^{\alpha}$$

式中　$\nu$——距地面高度 $h$ 处的风速，m/s；

$\nu_i$——高度为 $h_i$ 处的风速，m/s；

$\alpha$——风切变指数，它取决于大气稳定度和地面粗糙度，其值约为1/8～1/2。

对于地面境界层，风速随高度的变化则主要取决于地面粗糙度，这时一般取地面粗糙度作为风速指数。不同地面情况的地面粗糙度 $\alpha$ 如表 1-1 所示。

**表 1-1　不同地面情况的地面粗糙度 $\alpha$**

| 地面情况 | 粗糙度 $\alpha$ | 地面情况 | 粗糙度 $\alpha$ |
|---|---|---|---|
| 光滑地面，硬地面，海洋 | 0.1 | 树木多，建筑物少 | 0.22～0.24 |
| 草地 | 0.14 | 森林，村庄 | 0.28～0.30 |
| 城市平地，有较高草地，树木极少 | 0.16 | 城市有高层建筑 | 0.4 |
| 高的农作物，篱笆，树木少 | 0.2 | | |

1.1.1.2　风湍流特性

湍流度描述的是风速相对于其平均值的瞬时变化情况，可以表示为风速的标准方差除以一段时间（通常为 10min）风速的平均值。自由风湍流特性对风力机的疲劳载荷大小影响很大。由于海上大气湍流度较陆地低，所以风力机转动产生的扰动恢复慢，下游风力机与上游风力机需要较大的间隔距离，即海上风场效应较大。通常岸上湍流度为 10%，海上为 8%。海上风湍流度开始时随风速增加而降低，随后由于风速增大、海浪增高导致其逐步增加，如图 1-4 所示。除此之外，湍流度还随高度增加而几乎呈线性下降趋势，如图 1-5 所示。

1.1.1.3　风速的主要影响因素

（1）垂直高度

由于风与地表面摩擦的结果，风速是随着垂直高度的增加而增强，只有离地面 300m 以上的高空才不受其影响。

（2）地形地貌

比如，山口风速比平地大多少，则要视风向与谷口轴线的夹角以及谷口前的阻挡而定；河谷风速的大小又与谷底的闭塞程度有关。又如，在同一山谷或盆地中，不同位置的风速也不尽相同，此时往往是地形与高度较多地影响着风速，有时以前者为主，有时又以后者为主，要视具体地形而定。

（3）地理位置

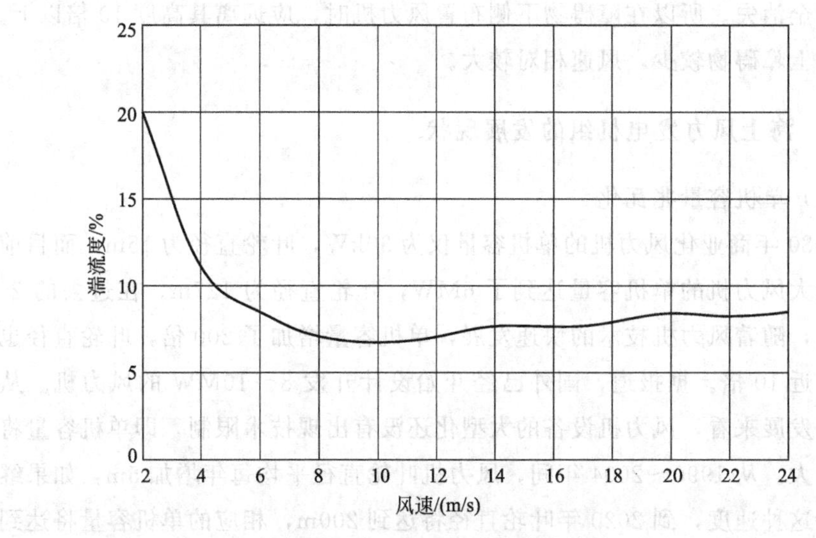


图 1-4　海上风速与湍流度的关系

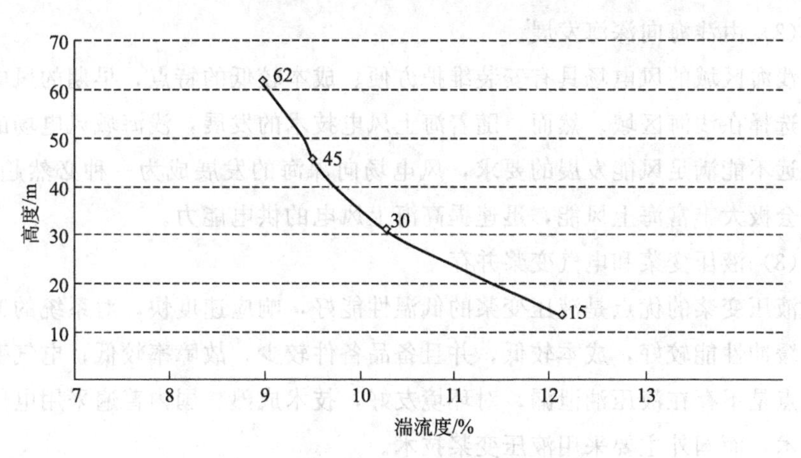


图 1-5　海面上高度与湍流度的关系

由于地表摩擦阻力的作用，海面上的风比海岸大，而沿海的风要比内陆大得多。比如，台风登陆后 100km，其风速几乎衰减了一半，又如，在平均风速为 4～6m/s 时，海岸线外 70km 处的风速要比海岸大 60％～70％。

（4）障碍物

风流经障碍物时，会在其后面产生不规则的涡流，致使流速降低，这种涡流随着远离障碍物而逐渐消失。当距离大于障碍物高度 10 倍以上时，涡流可完全消失。所以在障碍物下侧布置风力机时，应远离其高度 10 倍以上。海平面上障碍物较少，风速相对较大。

### 1.1.2 海上风力发电机组的发展现状

(1) 单机容量兆瓦化

1980 年商业化风力机的单机容量仅为 30kW，叶轮直径为 15m，而目前世界最大风力机的单机容量达到了 6MW，叶轮直径为 127m。在过去的 20 多年里，随着风力机技术的快速发展，单机容量增加了 200 倍，叶轮直径也增加了近 10 倍。据报道，国外已经开始设计开发 8～10MW 的风力机。从目前的发展来看，风力机设备的大型化还没有出现技术限制，即单机容量将继续增大。从 1990～2004 年间，风力机叶轮直径平均每年增加 5m，如果继续保持这种速度，到 2020 年叶轮直径将达到 200m，相应的单机容量将达到 15MW。

(2) 由浅海向深海发展

浅海区域的风电场具有安装维护方便、成本较低的特点，早期的风电场一般选择在浅海区域。然而，随着海上风电技术的发展，浅海域风电场的建设远远不能满足风能发展的要求，风电场向深海的发展成为一种必然趋势。这样会极大丰富海上风能，迅速提高海上风电的供电能力。

(3) 液压变桨和电气变桨并存

液压变桨的优点是液压变桨的低温性能好，响应速度快，对系统的冲击小，缓冲性能较好，成本较低，并且备品备件较少，故障率较低；电气变桨的优点是不存在液压油泄漏，对环境友好，技术成熟。国内普遍采用电气变桨技术，而国外主要采用液压变桨技术。

(4) 直驱系统的市场迅速扩大

齿轮箱是发电机组很容易出现故障的零部件，而直驱系统的特点是没有齿轮箱，采用了风轮与发电机直接耦合的传动方式，从而减少了对齿轮箱的设计，降低了风电机组的故障发生率，降低了生产成本，进一步提高了可靠性和效率。同时发电机多采用多极同步电机，通过全功率变频装置并网。

(5) 传动系统设计的不断创新

传动系统结构的发展演变是风力机技术进步的集中体现。传统风力机的传动设计为叶片连接的主轴通过三级变速的齿轮箱与异步发电机相连，丹麦风力机制造企业最先采用这一设计，因此被冠以‘丹麦型’，从20世纪80年代到90年代中后期一直在风力机制造中占据着绝对主导地位。随着风力机单机容量的增大，齿轮箱的高速传动部件故障问题日益突出，于是没有齿轮箱而将主轴与低速多极同步发电机直接相接的直驱式布局应运而生。但是，多极发电机因绕组布置空间的要求导致重量和体积的大幅增加。为此，采用折中理念的半直驱布局在大型风力机设计中得到应用。半直驱式风力机大规模推广应用的主要障碍是价格昂贵，但通过集成化设计以及规模化生产，其竞争力将越来越强。

目前，在特大型风力机的设计制造上依然以传统的丹麦型传动技术为主，但是更多地应用创新技术。例如，沿袭丹麦型传动系统设计的5M风力机采用了空心传动轴，目的就是减少整个传动系统重量。从中长期来看，直驱式和半直驱式传动系统将逐步在特大型风力机中占有更大比例。另外，在传动系统中采用集成化设计和紧凑型结构是未来特大型风力机的发展趋势。

(6) 叶片技术的不断改进

对于2MW以下风力机，通常通过增加塔筒高度和叶片长度来提高发电量，但对于特大型风力机，这两项措施可能大大增加运输和吊装难度以及成本，为此，开发高效叶片越来越受到风力机制造企业和叶片生产企业的重视。新型高效叶片的气动特性在设计中不断得到优化，使得湍流受到抑制，发电量提高，并且改善其降噪特性。另外，特大型风力机叶片长，运输困难，分段式叶片是一个很好的解决方案，但难点是如何解决两段叶片接合处的刚性断裂问题。碳纤维复合材料（CFRP）因具有密度小、强度高、刚性稳定、耐温耐蚀等特性，越来越多地应用在大型叶片制造中。目前CFRP制造成本是玻璃纤维复合材料的10倍以上，但是随着生产工艺的改进和规模化生产有进一步下降趋势。越来越多的夹层结构被应用到叶片设计当中，而且有愈演愈烈的趋势。这种设计的应用使得叶片的坚固性、疲劳特性以及防腐性等均得到提高。

由于海上风电场不受噪声和视觉影响的限制，在海上风力机设计中，“两叶片”风力机越来越受到关注，优点显而易见，减少叶片数量和轮毂设计的复杂性，并且安装方便，有利于减少台风等破坏性风速对风力机的影响。但从可靠性角度出发，采用传统“跷跷板”结构的两叶片风力机的运行记录并不令人满意，因此，只有解决可靠性问题，才会大规模应用“两叶片”设计。

（7）永磁同步发电机的更多应用

永磁同步发电机不从电网吸收无功，无需励磁绕组和直流电源，也不需要滑环碳刷，结构简单且技术可靠性高，对电网运行影响小。在大功率变流装置技术和高性能永磁材料日益发展完善的背景下，大型风力机越来越多地采用永磁同步发电机。目前，正在研制直驱式风力机专用的新型永磁同步发电机，主要特点是直径小、重量轻（为现有产品重量的20%～30%）、采用非金属定子。

通常，同步发电机与全容量变流器结合可以显著改善电能质量，减轻对低压电网的冲击，保障风电并网后的电网可靠性和安全性。与双馈式风力机（通常变流器容量为1/3的风力机额定功率）相比，全容量变流器可以更容易实现低电压维持运行等功能，满足电网对风电并网日益严格的要求。

（8）总装机容量迅速增加

如图1-6所示，最近几年全球海上装机容量有了很大的增加。截至2008年12月底，全球海上风电场累计装机容量达到148.52万千瓦，与2007年相比增加了37.5%。随着中国东海大桥的第一个风电项目的建设开发，中国海上风电产业从此拉开帷幕，全国掀起一股海上风电投资热潮，这必将大大促进中国乃至世界海上风电产业的发展，为全球海上风力机总装机容量做

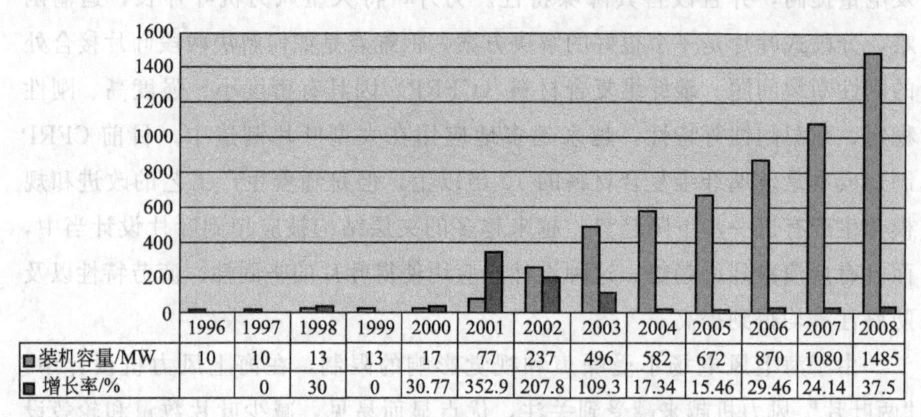


| | 1996 | 1997 | 1998 | 1999 | 2000 | 2001 | 2002 | 2003 | 2004 | 2005 | 2006 | 2007 | 2008 |
|---|---|---|---|---|---|---|---|---|---|---|---|---|---|
| 装机容量/MW | 10 | 10 | 13 | 13 | 17 | 77 | 237 | 496 | 582 | 672 | 870 | 1080 | 1485 |
| 增长率/% | | 0 | 30 | 0 | 30.77 | 352.9 | 207.8 | 109.3 | 17.34 | 15.46 | 29.46 | 24.14 | 37.5 |

图1-6 1996～2008年全球海上风力机总装机容量及增长率

出突出贡献。

### 1.1.3　海上风力发电机组应具备的特点

降低风力机离岸产生的额外成本是海上风能技术发展面临的主要挑战，其中海底电缆和风力机基础成本占主要部分，它受水深和离岸距离影响大，而受风力机尺寸影响不大。因此对额定功率的风场应采用大功率风力机以减少风力机个数，从而减少基础和海底电缆的成本。目前一般认为海上风场装机容量在100～150MW是比较经济的。

海上风力机是在现有陆地风力机基础上针对海上风环境进行适应性“海洋化”发展起来的。海上风力机具有以下特点。

(1) 高翼尖速度

陆地风力机更多的是以降低噪声来进行优化设计的，而海上则以更大地发挥空气动力效益来优化，高翼尖速度、小的桨叶面积将给风力机的结构和传动系统带来一些设计上的有利变化。

(2) 变桨速运行

高翼尖速度桨叶设计可提高风力机起始工作风速并带来较大的气动力损失，采用变桨速设计技术可以解决这个问题，它能使风力机在额定转速附近以最大速度工作。

(3) 减少桨叶数量

现在大多数风力机采用3桨叶设计，存在噪声和视觉污染。采用2桨叶设计会带来气动力损失，但可降低制造、安装等成本，也可以作为研究的一个方向。

(4) 高效型发电机

研制结构简单、高效的发电机，如直接驱动同步环式发电机、直接驱动永磁式发电机、线绕高压发电机等。

(5) 海洋环境下风力机其他部件

海洋环境下要考虑风力机部件对海水和高潮湿气候的防腐问题；塔中具有升降设备满足维护需要；变压器和其他电器设备可安放在上部吊舱或离海面一定高度的下部平台上；控制系统要具备岸上重置和重新启动功能；备用电源用来在特殊情况下置风力机于安全停止位置。

## 1.2 欧洲海上风力发电发展现状

欧洲大陆海岸线长37900万千米，是世界上海岸线最曲折的一个洲。多半岛、岛屿和港湾，半岛和岛屿的总面积约占全洲面积的1/3（其中半岛面积约240万平方千米，约占全洲面积的24%；岛屿面积约75万平方千米，约占全洲总面积的7%），此外还有许多深入大陆的内海和海湾。

欧洲绝大部分地区气候具有温和湿润的特征，除北部沿海及北冰洋中的岛屿属寒带、南欧沿海地区属亚热带外，几乎全部都在温带，是世界上温带海洋性气候分布面积最广的一个洲。这些优越的地理和气候条件为发展海上风电提供了良好的基础。

### 1.2.1 欧洲海上风电技术的发展回顾

海上风电从无到有，经历了曲折的发展历程，在陆上风电技术的基础上得到了较快的发展，其发展阶段可分为四步。

（1）500～600kW级样机研制

早在20世纪60年代初，一些欧洲国家就提出了利用海上风能发电的想法，到1991～1997年，丹麦、荷兰和瑞典才完成了样机的试制，通过对样机进行的试验，首次获得了海上风力发电装备的工作经验。但从经济观点来看，500～600kW级的风力发电装备和项目规模都显得太小了。因此，丹麦、荷兰等欧洲国家随之开展了新的研究和发展计划。有关部门也开始重新以严肃的态度对待海上风电场的建设工作。

（2）第一代兆瓦级海上商业用风力发电装备的开发

2002年，5个新的海上风电场的建设，功率为1.5～2MW的风力发电装备向公共电网输送电力，开始了海上风力发电装备发展的新阶段。在2002～2003年，按照第一次大规模风电场建设计划，将有160MW总装机功率的海上风力发电装备投入使用。这些风轮直径在80m以上的第一代商业用海上风力发电装备，是为适应在海上使用的要求在陆地风力发电装备基础上多次改型的。

(3) 第二代数兆瓦级陆地和海上风力发电装备的应用

兆瓦级风力发电装备的应用，体现了风力发电装备向大型化发展的方向，这种趋势在德国市场上表现得尤为明显。新一代涡轮机的功率达 3～5MW，风轮直径达 90～115m，目前它们正处于研制和试验阶段。第一台在陆地上使用的样机于 2002 年试制成功，这种风力发电装备可以进一步发展为分别在陆地和海上使用的 2 种型式的产品。由于在产品设计阶段就预先考虑到了在海上使用的特殊要求，这一代风力发电装备的质量达到了新的水平。由 GE 风能公司开发的 3.6MW 海上风力发电装备的风轮直径为 100m。在上述产品基础上，GE 风能公司还生产一种 3.2MW 的在陆地使用的风力发电产品，其风轮直径为 104m。开发这些新产品时，在保证其较高的可靠性方面、在没有大型水上起重机条件下保证大型零部件的可更换性方面和在保证达到较长免维修期等方面，吸取了第一代海上风力发电装备的安装经验。2002 年 10 月初，适合陆地使用的样机在西班牙投入运行。现在一些生产厂家试图由 1MW 级的风力发电装备直接向 5MW 级跳跃，或是先经过 3MW 级的过渡，究竟哪种路线在经济上切实可行或者是更有意义，要经过一段时间来证明。

(4) 第三代数兆瓦级风力发电装备的开发利用

这一代商业用海上风力发电装备的功率大于 5MW，风轮直径在 120m 以上，这种风力发电装备只适于在海上使用。这一代的风力发电装备的参数更加优化，设计更加合理。不仅加入防台风设计、防腐设计、防撞击设计、抗震设计，而且采用更先进的控制策略，使用质量阻尼器设计，这些先进的设计促使这一代的风力发电装备更加合理，更加适应海上的气候，能够充分利用海上资源，创造出可观的经济效益。这一代的风力发电装备具有高科技、高可靠性、经济性强、单机大容量等突出优点。

### 1.2.2 欧洲目前和近期开发的海上项目

欧洲海上风电建设掀起新热潮，丹麦首先发起海上风电场建设，由于政策扶持力度的差异，海上风电在英国得到了快速发展。目前已有丹麦、瑞典、德国、英国、爱尔兰、法国、荷兰和比利时 8 个国家已经有明确的海上风电场发展计划（表 1-2）。

表 1-2　欧洲各国海上风电场项目已建、在建、规划项目一览表

| 项目状态 | | 风电场 | 风电机组 | 风力机厂商 | 装机容量/MW | 完工时间/年 |
|---|---|---|---|---|---|---|
| 丹麦 | 已建 | Vindeby | 11×450kW | Bonus | 4.95 | 1991 |
| | | Tuno Knob | 10×500kW | Vestas | 5 | 1995 |
| | | Middelgrunden Horns | 20×2.0MW | Bonus | 40 | 2000 |
| | | Rev | 180×2.0MW | Vestas | 160 | 2002 |
| | | Nysted | 72×2.3MW | Siemens | 166 | 2003 |
| | | Samso | 10×2.3MW | Siemens | 23 | 2003 |
| | | Frederishavn | 3×3.6MW | | 10.6 | 2003 |
| | 在建 | Sprogo | 7×3.0MW | | 21 | 2009 |
| | | Horns Rev | 91×2.3MW | | 209 | 2010 |
| | 规划 | Djursland | | | 400 | 2012 |
| 英国 | 已建 | Blyth | 2×2.0MW | Vestas | 4 | 2000 |
| | | North Hoyle | 30×2.0MW | Vestas | 60 | 2003 |
| | | Arklow Bank | 7×3.6MW | GE Wind | 25.2 | 2003 |
| | | Scroby Sands | 30×2.0MW | Vestas | 60 | 2004 |
| | | Kentish Flat | 30×3.0MW | Vestas | 90 | 2005 |
| | | Barrow | 30×3.0MW | Vestas | 90 | 2006 |
| | | Burbo Bank | 24×3.6MW | Siemens | 90 | 2007 |
| | | Inner Dowsing | 30×3.0MW | Siemens | 90 | 2008 |
| | | Lynn | 30×3.0MW | Siemens | 97 | 2008 |
| | | Rhyl Flats | 25×3.6MW | Siemens | 90 | 2009 |
| | 在建 | GunfleetSands | 30×3.6MW | Siemens | 108 | 2010 |
| | | GunfleetSands | 18×3.6MW | Siemens | 64 | 2010 |
| | | Robin Rigg | 60×3.0MW | Vestas | 180 | 2010 |
| | | Thanet | 100×3.0MW | Vestas | 300 | 2010 |
| | | Ormode | 30×5.0MW | Repower | 150 | 2010 |
| | | Great Gabbard | | Siemens | 500 | 2011 |
| | 规划 | RedcarTeeside | | | 90 | 2010 |
| | | Sheringham | | | 315 | 2011 |
| 荷兰 | 已建 | Lely | 4×500kW | NEG Micon | 2 | 1994 |
| | | Dronton | 28×600kW | NEG Micon | 16.8 | 1996 |
| | 在建 | Prinses Amalia | 60×2.0MW | Vestas | 120 | 2008 |
| | 规划 | Scheveningen | | | 300 | 2011 |
| | | West Rijn | | | 284 | 2012 |
| | | Breeveertien | | | 350 | 2013 |

续表

| 项目状态 | | 风电场 | 风电机组 | 风力机厂商 | 装机容量/MW | 完工时间/年 |
|---|---|---|---|---|---|---|
| 瑞士 | 已建 | Bockstigen | 5×500kW | NEG Micon | 2.75 | 1998 |
| | | Utgrunden | 7×1.5MW | GE Wind | 10.5 | 2000 |
| | | YttreStengrund | 5×2.0MW | NEG Micon | 10 | 2001 |
| | | Lillgrund | 48×2.3MW | Siemens | 110 | 2007 |
| | 在建 | Gasslingengrund | 10×3.0MW | | 30 | 2009 |
| | | Skottarevet | | | 135 | 2010 |
| | 规划 | Trolleboda | | | 150 | 2011 |
| | | Kriegers Flak | | | 640 | 2011 |
| 德国 | 已建 | Emdenems | 1×4.5MW | Enercon | 4.5 | 2004 |
| | | Breitling | 1×2.5MW | Nodex | 2.5 | 2006 |
| | | Hooksiel | 1×5.0MW | Enercon | 5.0 | 2008 |
| | 在建 | Alpha Ventus | 12×5.0MW | Repower | 60 | 2009 |
| | | Baltic | 21×2.5MW | Nodex | 52.5 | 2009 |
| | 规划 | Borkum | | | 231 | 2010 |
| | | Borkum | | | 231 | 2010 |
| | | Sky 2000 | | | 150 | 2010 |
| | | Nordergrunde | | | 400 | 2010 |

### 1.2.3 欧洲开发海上风电的潜力

英国2000年在英格兰东北部海岸建成了第一座海上风电场，Blyth风场计划年发电量为10000MW·h。2004年，英国政府通过了能源法案，允许在其海域以外开发风电项目。同年，规划了15个项目，这些项目可为全国提供近7%的电力。在英国强制性可再生能源制度下，英国的配额指标制度要求供电商不断提高可再生电能的比例。英国向可再生能源发电企业颁发可再生能源份额证书，这些证书可进行交易，以实现配额指标。份额证书价格的波动、制度的复杂性以及计划过程的困难程度，仍然制约着海上风电的发展。英国政府正在努力克服这些困难，为每兆瓦海上风电提供1.5份额可再生能源份额证书，并理顺入网程序。有了这两个措施，再加上风力发电机制造技术突飞猛进的发展，这将使英国的海上风电有利可图。

德国国家能源署资助一项研究，旨在弄清海上风电上网对德国电网以及现有电厂基础设施的影响。该项研究表明，要实现风电上网的成本效益，包括扩大海上风电规模，只需要对电网稍作扩充，只需要增加约850公里（1

公里＝1 千米，下同）超高压电网，占现有超高压电网能力的不足 5％。此外，这项研究发现，海上风电对主电网系统不存在威胁，不会由于技术问题引起德国电网中断。

2006 年之前，一个海上风场要上网连接到陆地电网，其投资费用完全由电厂运营商负担。由于大多数德国海上风场都建在离海岸 30 公里以外的海上，并网的成本约占整个项目投资的 20％～30％。2006 年年底德国通过了一项加快基础设施规划法案，改变了电网投资和并网的责任。该法案于 2007 年 12 月 17 日生效，规定附近的电网经营商必须负责接受海上风电场并网，包括从海上变电站到最近电网连接点的联网，也要负担上网的技术和费用。与此同时，通过合作规划，使得联网的费用达到最低。这项规定影响到所有 2011 年底前建成的风电场，联网的成本费用将由电网运营商负担，也可以由全国所有输电网经营商分担。根据图 1-7 和图 1-8 的对比结果可以看出，德国是最具海上发展潜力的国家，预计德国海上风力机的装机容量在欧洲的占有率将从 2008 年的 1％提高到 2015 年的 30％，将成为欧洲海上风电行业的一匹黑马。

从 1980 年开始，新能源在丹麦各界得到了广泛的认同，特别是得到了政治家们的理解。为了扩大风力发电的规模，丹麦将目光瞄准了其漫长的海

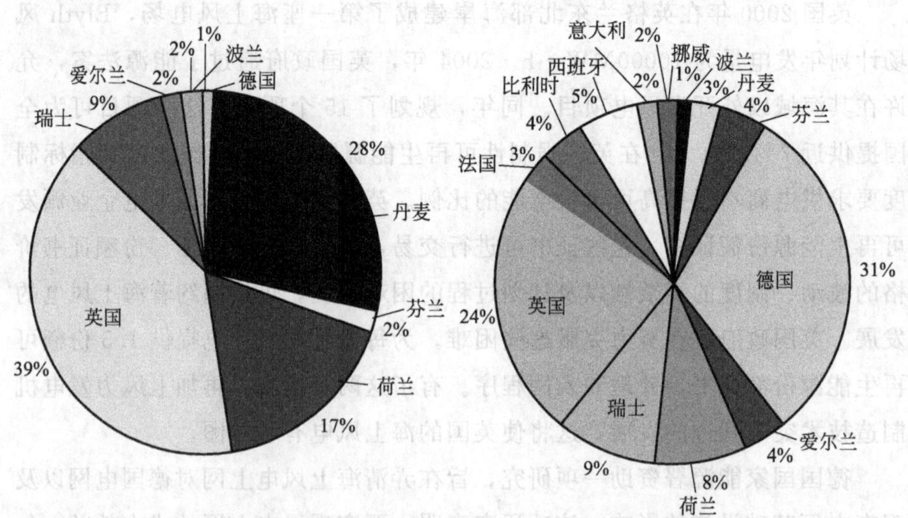


图 1-7　2008 年欧洲各国的风电市场比重　　图 1-8　2015 年欧洲各国市场比重预测

岸线。20 世纪 90 年代，丹麦开始了海上风力发电的尝试。1997 年，丹麦政府通过招标的方式建立了 2 座约 160MW 的海上风力发电示范工程，现已投入运行。2004 年，经过丹麦议会批准，丹麦能源局拟通过招标的方式建立两座 200MW 的海上风力发电场，一座位于 Horns Rev，另一座位于 Rodsand。

丹麦的风力发电经过多年发展，单个风力机功率已经从 1MW 以下达到了 3MW。根据丹麦能源局的资料，截至 2005 年 1 月，丹麦共有 3118MW 的风力发电能力，其中海上风力发电能力为 424MW，占现有风力发电能力的 13%左右，这说明海上风力发电能够满足越来越多的能源需求，有广阔的发展前景。

### 1.2.4　欧洲发展海上风电的经验

海上风能利用具有一定的特殊性。海上风力发电装备安装地点的海水比较深，距离海岸较远。海上风力发电装备的功率应比陆地风力发电装备的功率大，对产品的使用可靠性和技术质量也比陆地风力发电装备要求高。欧洲在海上风电行业已经有了近 30 年的发展，积累了一定的经验，我国在发展海上风力发电时，借鉴国外的经验是很有必要的。

(1) 政策先行

在欧洲，激励海上风电发展的多种政策措施中最主要、最直接的是“强制入网和收购”政策，它有三种形式：固定电价、浮动电价和组合电价。当然还有其他政策在特殊场合会影响风电场建设的投资收益，如并网政策、税收激励政策、投资补贴政策等（表 1-3）。

**表 1-3　欧洲部分国家发展海上风电政策一览表**

| | 能源政策 | 并网建设 | 财政支持 |
|---|---|---|---|
| 英国 | 可再生能源公约：电力供应增长部分按比例配有可再生能源，从 2003 年的 5% 到达 2010 年的 10%。2003 年能源白皮书：2050 年可再生能源发电量占整个电力 60% | 采取价格管制方式确保海上风力发电商的公平竞争 | 以投资成本的 40%为上限提供资本补贴<br>可再生能源法案确保了 25 年的经营期限，为海上风电提供产期市场 |

续表

| | 能源政策 | 并网建设 | 财政支持 |
|---|---|---|---|
| 荷兰 | 1988年的投资补贴：根据发电机功率的增大，在开始阶段用每千瓦进行计算，之后改用每千瓦时计算 | 陆上传输系统运营商管理离岸电网 | 可再生能源发电(MEP)：对可再生能源的非盈利区间(生产成本与市场预期价格间的差值)进行补贴<br>2005年5月规定在未来6个月海上风电场MEP补贴为0；<br>2006年11月规定海上风电场MEP补贴被不确定地规定为0 |
| 丹麦 | "能源21"：制定2030年海上风电装机4000MW的目标。之后修改为2030年$CO_2$排放量消减1990年的50%<br>1999年电力改革协议：允许私有个体申请在示范风电场附近建造风电场；允许消费者和其他私人投资商合资建造 | 风电场内网由开发商负责；变电站和陆上高压电网的连接由传输系统运营商负责；费用来自消费者的传输税 | 豁免能源税、$CO_2$税；可获得绿色认证收益，2002年7月开始，对海上风电实施环境奖励；可再生能源补贴加上市场价格不得超过36欧分/(kW·h) |

(2) 加强国际合作

由于欧盟各成员国的地理位置临近，领海相连，欧洲的海上风电开发尤其需要各国之间的国际合作。国际合作可以帮助减轻基础投资方面的财务风险。在扩充海上输电网的过程中，国际合作可以让单一放射状连入陆地电网的海上风电场与环形联网或真正并网连接的海上风场共存，这样合作的好处可以提高可再生电力的交易量，降低电网系统的脆弱性，并可分担发电成本。

国际合作的典范项目是欧洲的POWER项目。POWER项目把北海沿岸区域的利益联合起来，共同扶持和实现海上风电的经济技术潜力。该项目评估环境和规划海上风场的接受问题，支持可靠的供应链产业开发，并精心设计开发措施。

(3) 重视研究和开发

在欧盟范围内，海上风电的研究与开发工作一直是重点。一些大的组织如风能欧洲技术平台以及联合研究中心等，为国家科研机构之间的研究工作提供协调。欧洲的合作研究机构，如欧盟委员会主办的欧洲风能技术平台和第7届框架计划，被看作是重点开展海上风电研究与开发的关键机构，他们为科研工作提供指导，并为联合研究中心提供经费支持。针对有关电网问题，参加研讨会的代表们一般都赞成指定一个欧洲协调机构，解决北欧海上风场的并网问题，并开展一项跨国界海上电网的研究，作为制定欧洲海上风能共同政策的重要一步。还签订了一些双边和多边合作协议，促进欧洲的海上风电研究与开发。

(4) 积极考虑海上风电对环境的影响

建立海上风力发电厂对某些动物种类和栖息地可能会产生不利的影响，尤其在不采取任何措施防止或减轻这些影响的情况下。特别是当地的鸟类、哺乳动物和鱼类可能会受到惊扰，并丧失他们赖以生存的捕食和繁育栖息地。丹麦、瑞典和德国已经采取一些缜密的步骤推动重点研究，向公众提供海上风能开发对环境影响的信息。在专属经济区内批准建立的海上风电场从法律上要通过欧盟的环境影响评估（EIA）委员会的批准，如果涉及保护区的话，还要通过栖息地委员会的有关评估。其他要求，如战略环境评估报告可能也是必需的。这些措施旨在弄清海上风电的工程建设、安装、运行和拆除对海洋环境造成的影响，并把这些影响信息整合到这些项目的审批决策中。

(5) 完善风电场的规划和建设

与常规发电厂相比较，海上风场的规划和建设更加复杂。由于海上风电产业在工程建设和维护方面仍面临着相对较高的不确定性，必须要尽可能降低规划部门、投资商和开发上的风险。德国能源署资助了一项研究项目——“欧洲海上风场案例研究”，对欧盟不同国家的 8 个海上风电项目的规划和开发过程的经验进行评估。这项研究的目的是为了降低开发成本，提高效率。

图 1-9 是海上风电开发阶段主要工作流程图。

过去认为，解决风场安装和上网的主要困难来自海上作业公司，但欧洲的经验表明，有能力的海上作业公司完全能够计划和执行好这些作业任务。事实上，有经验的负责从制造厂到海港的运输以及安装及装船的海上作业公司比我们想象的要复杂得多。零部件和整个风电机组的测试是项目成功的关键，所有在海上的维修费用比在陆地上要高出 5 倍，特别需要注意入网电缆的铺设，因为电缆的这些特性与通信用的电缆完全不同，往往要重得多，刚性强而且更粗，一般需要更多的时间，往往要求更多好天气进行作业。

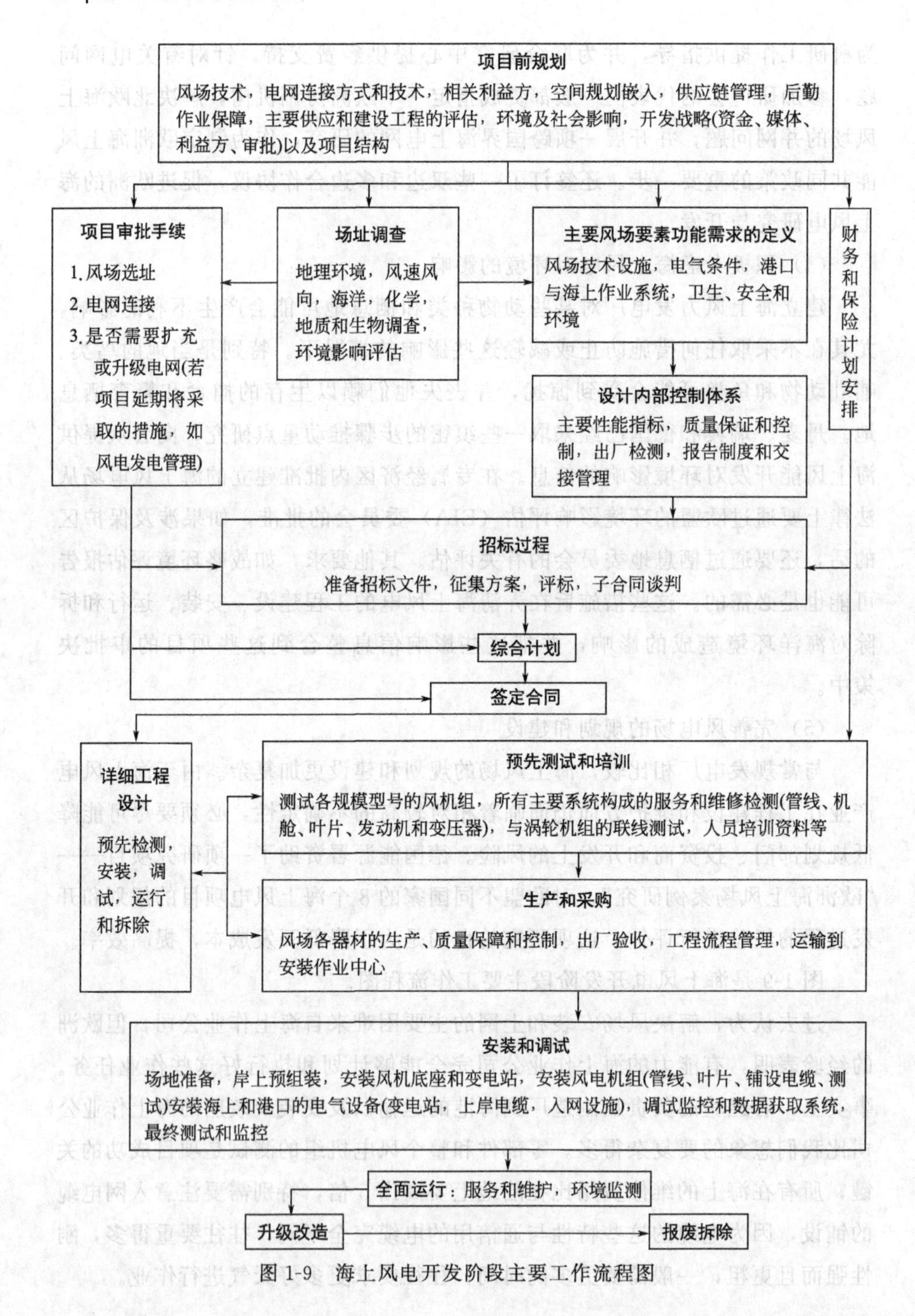


图 1-9 海上风电开发阶段主要工作流程图

## 1.3 中国海上风力发电发展现状

国外海上风力发电技术已日趋成熟，而我国海上风能的开发刚刚起步。中国东部沿海水深2～15m的海域面积辽阔，可利用的风能约是陆上的3倍，达700GW，而且距离电力负荷中心很近。随着海上风电场技术发展的成熟，近年来人们将开发风电场的目光投向了风能资源更为丰富的近海海域。

### 1.3.1 中国发展海上风电的自然环境

(1) 东南沿海及其区域

东南沿海及其岛屿是我国最大风能资源区，这一地区有效风能密度大于等于200W/m$^2$的等值线平行于海岸线，沿海岛屿的风能密度在300W/m$^2$以上，有效风力出现时间百分率达80%～90%，大于等于8m/s的风速全年出现时间约7000～8000h，大于等于6m/s的风速也有4000h左右。

我国东南沿海地区属亚热带热带海洋性气候，温度高、降水多、盐雾浓度大、空气潮湿、日照时间长、太阳辐射量大。年降水量在2000mm左右，年平均温度为20.0℃，极端最低温度为－7.1℃，极端最高温度为40.0℃。冬季平均温度为11.6℃，早春季平均温度为16.7℃，雨季平均温度为24℃，夏季平均温度为27.1℃，秋季温度为20.8℃。

该地区金属的腐蚀倾向和速度均高于内地其他地区，同时对结构件表面的保护性涂层的破坏速度相应也加快。此外，高湿、高热和强日照使高分子材料的老化速度也相应比内地快，其老化速度甚至超过素有“阳光之城”的青藏高原地区。

我国东临西北太平洋，每年出现的台风数目占全球的38%，其中对我国可能造成灾害的台风每年有7～8个。每当台风在我国登陆或接近我国沿海通过时，都会在沿岸局部地区产生风暴潮，形成风暴潮灾害。

东部沿海海拔一般在500m以下。陆地海岸线长达3000多千米，以侵蚀海岸为主，堆积海岸为次，岸线十分曲折。潮间带滩涂面积约20万公顷(1公顷＝10$^4$m$^2$，下同)，底质以泥、泥沙或沙泥为主。

（2）辽东半岛

辽东半岛在地貌上属于低山丘陵，半岛因伸入海洋，受海洋影响较大，气候温暖湿润，属暖温带季风气候。其特征是夏季温热多雨，受海洋调剂，很少出现酷热天气。辽东半岛的年均温度为8～10℃，最热月均温度为24～25℃，最冷月为－10～－5℃，无霜期为160～215天，年降水量为550～900mm，60%集中在夏季。辽东半岛年径流深不到400mm，径流系数多为40%，夏季流量占全年65%，水位涨落迅速。

在我国北方海域（渤海和北黄海），冬季由于受寒潮影响，沿岸地区每年都有结冰现象，结冰严重的年份则出现冰害。若对这些海洋灾害估计不足将会带来巨大的损失。渤海重叠冰与堆积冰的形成不但可给结构物以强大的冰压力，而且由于冰激引起的振动作用，也会给海洋平台的使用和安全带来巨大的损害。对近岸大面积冰排和海上浮冰，在波浪、潮汐作用下都会引起海冰的断裂，断裂后冰块的尺度直接影响其对结构物的作用。在渤海海域建造的海洋平台为了抵抗冰害，往往建成正、倒锥体的结构型式。

这些自然环境为海上风电发展提供了有利条件，同时其中的一些恶劣自然环境也为海上风电设置了重重障碍，限制了海上风力机的发展。

### 1.3.2 中国风电场的发展现状

2007年11月8日，中国海洋石油总公司（简称“中国海油”）投资并自主设计、建造安装的第一座海上风力发电站投产，该海上风力发电站位于离岸70km的渤海绥中36-1油田，在该油田30m水深的一个导管架上安装了一台1.5MW永磁直驱风力发电机组，铺设了一条5km长的海底电缆至绥中36-1油田的中心平台，经过20天的试运营之后，实现了对该平台的并网发电（图1-10）。

由中国大唐集团公司、中广核集团公司所属能源公司、中国电力国际有限公司、上海绿色环保能源工程有限公司四家企业共同投资建设的东海大桥海上风电场，该海上风电场总装机容量为10万千瓦。工程采用8根直径为1.2m的钢管柱搭成的平台作为承载基。工程电缆主要连接风力机与风力机之间，风力机与变电站之间，均为海底铺设，采用开犁挖沟、铺缆船铺设的方式，总长约为76km。电能传输到岸上以后需再经过一次变电站，经过岸

图 1-10　中国海油渤海绥中 36-1 油田海上风力机安装

上的 110kV 变升压站，电力经过升压后达到 110kV，然后经由两回 110kV 回路接入 220kV 变电站的 110kV 的母线段并升压纳入上海市电网。风电场北端距岸线 8km，南端距岸线 13km，20 台 5MW 风力机分三排布置，风力机南北向间距（沿东海大桥走向）750m，东西间距 112km。工程海域水深 9.9～11.9m，海底滩面高程－10.00～－10.67m，滩地表层主要为淤泥（图 1-11）。

图 1-11　东海大桥风力机吊装

此外，中国长江三峡工程开发总公司目前正在开展江苏响水、浙江慈溪等海上风电场的测风、选址工作，同时根据国家发展改革委的要求，与水规院、北科院共同开展海上风电场的关键技术研究。中广核能源开发有限责任公司目前正在开展江苏连云港 200 万千瓦海上风电场的测风、选址工作。浙江岱山、山东长岛等地方政府正积极开展招商引资工作，拟开展海上风电场前期工作。

在国家海上风电政策的影响下，国内各大电力公司在沿海建立大型海上风力发电场，许多研究机构和设备生产公司开始对海上风电技术进行研究。据统计，各地区规划建设的海上风力发电装机容量约 1710 万千瓦，其中在建或已建项目约 10 万千瓦（表 1-4）。

**表 1-4 中国在建、已建和规划的风电场**

| 省份 | 地区 | 在建或已建/万千瓦 | 已有规划/万千瓦 |
|---|---|---|---|
| 河北 | 沧州 | | 100 |
| 山东 | 威海 | | 110 |
| | 长岛 | | 150 |
| 江苏 | 响水 | | 100 |
| | 连云港 | | 200 |
| | 如东 | | 250 |
| 上海 | 东海大桥 | | |
| | 奉贤 | 10 | 40 |
| | 南汇 | | 40 |
| | 横沙 | | 20 |
| 浙江 | 慈溪 | | 150 |
| | 岱山 | | 50 |
| | 临海 | | 20 |
| 福建 | 六鳌 | | 20 |
| 广东 | 南澳 | | 30 |
| | 陆丰甲湾湖 | | 125 |
| | 东山海 | | <68 |
| 海南 | 浮海风电场 | | 100 |
| 合计 | | 10 | 1710 |

### 1.3.3 中国海上风电发展面临的问题

（1）缺乏足够的技术支撑

海上风力发电与陆上风力发电存在很大的不同，主要体现在技术和成本上。就世界范围看，基本上还没有形成一套独立的海上风力发电机组设计方法和标准，海上一些特殊问题还没有得到很好的解决。欧洲是世界上发展海上风力发电的先驱，目前的海上风电场基本在欧洲，海上风力机制造商也基本都在欧洲。欧洲的一家著名的风电公司，在海上风力机装机容量已占到全球的2/3，就是这样一个强大的风力机制造商，其海上风电技术也曾经受到过巨大的考验，并在一段时间内严重影响到整个海上风电的发展。由于风电是一个新兴的领域，任何一项新的风电技术都有相应的专利保护，技术保密非常严，通过许可证方式的技术引进是得不到关键技术或核心技术的，目前有限的海上风电技术将更是如此。海上风电要大规模发展，没有技术的支撑是无法想象的，其风险是巨大的。这需要国家在大规模启动海上风电市场前对海上风电技术的研究要有足够的投入，包括近海风资源、环境条件分析研究、适合于我国风资源条件的海上风力发电机组研究、近海风电场建设的关键技术研究等。

(2) 风力机控制系统薄弱

风力机的控制系统是风力机的重要组成部分，它承担着风力机监控、自动调节、实现最大风能捕获以及保证良好的电网兼容性等重要任务，它主要由监控系统、主控系统、变桨控制系统以及变频系统（变频器）几部分组成。从我国目前的情况来看，风力机控制系统的上述各个组成部分的自主配套规模还相当不尽如人意，到目前为止对国外品牌的依赖仍然较大，仍是风电设备制造业中最薄弱的环节。而风力机其他部件，包括叶片、齿轮箱、发电机、轴承等核心部件已基本实现国产化配套（尽管质量水平及运行状况还不能令人满意），之所以如此，原因主要有以下几个。

① 我国在这一技术领域的起步较晚，尤其是对兆瓦级以上大功率机组变速恒频控制技术的研究更是最近几年的事情，这比风力机技术先进国家要落后20年时间。前已述及，我国风电制造产业是从2005年开始的，最近4年才得到快速发展，国内主要风力机制造厂家为了快速抢占市场，都致力于扩大生产规模，无力对控制系统这样的技术含量较高的产品进行自主开发，因此多直接从国外公司采购产品或引进技术。

② 就风力机控制系统本身的要求来看，确有它的特殊性和复杂性。从

硬件来讲，风力机控制系统随风力机一起安装在接近自然的环境中，工作有较大振动、大范围的温度变化、强电磁干扰这样的复杂条件下，其硬件要求比一般系统要高得多。从软件来讲，风力机要实现完全的自动控制，必须有一套与之相适应的完善的控制软件。主控系统、变桨系统和变频器需要协同工作才能实现在较低风速下的最大风能捕获、在中等风速下的定转速以及在较大风速下的恒频、恒功运行，这需要在这几大部件中有一套先进、复杂的控制算法。国内企业要完全自主掌握确实需要一定时间。

③ 风力机控制系统是与风力机特性高度结合的系统，包括主控、变桨和变频器在内的控制软件不仅算法复杂，而且其各项参数的设定与风力机本身联系紧密，风力机控制系统的任务不仅仅是实现对风力机的高度自动化监控以及向电网供电，而且还必须通过合适的控制实现风能捕获的最大化和载荷的最小化，一般的自动化企业即使能研制出样机，也很难得到验证，推广就更加困难。中小规模的风力机制造商又无力进行这样的开发。

(3) 海上风电市场不成熟

海上风电技术的不成熟导致了其市场的不成熟。风电虽然得到了很多国家的特别关注，但在发展海上风电时，大多采取了小心谨慎的态度。特别是在海上风电场出现一些意想不到的问题后，很多国家都曾停止或放弃了对海上风电项目的开发。虽然海上风力发电曾经遇到过很大的挫折，有些风力机制造商发展海上风力发电的信心受到过巨大打击，但它具有巨大的发展潜力，发展是必然的。

我国目前的现状需要靠政策培育市场和拉动市场，也需要政府来规范市场。如果是蜂拥而上的无序开发，既给投资商带来了巨大的投资风险，又将制约民族风电制造产业的发展。

### 1.3.4 中国发展海上风电的对策

随着中国风电场的迅速发展，中国在大型风电机组产业化方面取得了一定的进步，掌握了部分关键技术，涌现出一批优秀的企业和科研单位。可是与中国广大的风电市场空间相比，中国的大型设备制造业和服务业还相对落后。在过去十几年里，中国的风电产品及技术长期依赖进口，由于设备价格高，加上海外国际长途运输致使中国的风电项目成本居高不下，给风电产业带来了严重影响，这一现实与国家进一步要求降低电价形成矛盾。另外，进口设备在中国气候条件下不适应等问题更阻碍了中国风电产业的健康发展，因此开发中国特色的本土化的海上风电设备一方面会推动中国风电产业的发展，另一方面将促进中国经济的快速发展。

（1）风力机产业本土化发展

为促进我国的风力机国产化，国家发展改革委已明确风电特许权招标项目风力机国产化率不得低于70%。该措施并没有明确国产化与本土化的区别，导致我国的风力机制造企业在与国外公司竞争中仍处于十分不利的地位；虽然目前已有不少国内企业正在和外方洽谈技术转让或合资建厂，但这种模式很容易使接受方的我国企业在技术上陷入“知其然、而不知其所以然”的尴尬境地。目前，上海市政府已把大型风力机核心技术研发列入上海市科教兴市重大产业科技攻关项目，建议有关部门在此基础上制定明确的风力机产业本土化发展目标，并力争上升为国家风力机产业目标。政府应鼓励有关企业通过加强技术引进和产学研相结合，根据我国实际情况进行技术改造和二次开发，开发出适合我国环境条件（如北方的低温和风沙问题，南方的台风、潮湿和盐雾腐蚀问题等）的风力发电机型，形成风力机核心技术研发上的突破。

（2）加强风电场发电预测工作

风力发电具有随机和间歇特性，如不能预测风场出力，将需为风电留出足够的备用容量以平衡风电功率的波动，导致大规模接入电网后运行调度难度增加，增加电网投资。同时，系统需要留有更多的备用电源和调峰容量，从而增加了电力系统扩展和运行的总成本。应逐步开发建立风电场发电预测系统，为风电大规模发展提供技术保障。

（3）要开展风电接入电网技术研究

中国风电开发建设比较集中，单个风电场项目装机规模大，且大部分处于电网末端或薄弱区，风电大规模集中开发对当地乃至区域电网安全运行、电源结构配置、电源协调运行、电力消纳和外送等都产生较大影响，大规模风电接入电网技术研究有待加强。

（4）海上风电场各种技术的研究

与陆上风电不同，海上风电场施工和维护受气候、海洋、地质等环境的影响很大，施工费用占工程总投资的40%左右，合理的设计与施工方案、先进的维护技术对工程建设投资和运行成本有较大影响。国外知名风电咨询公司已针对海上风电场实际情况研究开发了海上风电场设计软件，并参与制定了国际海上风电场工程设计标准，占得了海上风电咨询业的先机。国内的勘测设计院有较强的水电工程设计与服务技术能力，在陆上风电设计上也有了较好基础。建议国内勘测设计院进一步发挥已有优势，加强与国外风电咨询公司的合作，注重合作中的消化吸收，以东海大桥10万千瓦海上风电场项目为依托，力争形成并巩固在国内风电咨询业的领先地位。

(5) 强化示范作用

开发海上风电要循序渐进、逐步进入，建设海上示范风电场是一种较好的办法。通过建设海上示范风电场，一方面可以考核引进的或自主开发的海上风电技术（设备），另一方面可以取得建设海上风电场的经验，同时还可培养一批掌握海上风电技术的人才队伍，为将来大规模开发奠定基础、做好准备。在政府的支持下，位于张北的陆上风电试验场已开始建设。在国内海上风力机研制、海上风电场建设之初，应由国家扶持，建立建设一个海上风电试验示范基地。目前已经在上海的奉贤、南汇一带近海建立一个海上风电场，作为海上风电试验示范基地，这是因为以下几方面的原因：

① 海上风资源条件较好；

② 海上风资源条件、环境条件的各种特点明显，具有代表性（包括台风影响、地形、盐雾、湿热等）；

③ 国内首个海上风电项目（东海大桥100MW海上风场项目）可作为依托；

④ 可依托上海的“产学研”优势，获得必要的技术支撑；

⑤ 上海电气的海上风力机研制已率先在国内启动。

(6) 完善风力机的控制策略

随着国内企业所开发的风力机容量越来越大，风力机控制技术必须不断发展才能满足这一要求，如叶片的驱动和控制技术、如更大容量的变频器开发，都是必须不断解决的新的课题。当前，由于风力发电机组在我国电网中所占比例越来越大，风力发电方式的电网兼容性较差的问题也逐渐暴露出来，同时用户对不同风场、不同型号风力机之间的联网要求也越来越高，这也对风力机控制系统提出了新的任务。

① 采用统一和开放的协议以实现不同风场、不同厂家和型号的风力机之间的方便互联　目前，风力机投资用户和电网调度中心对广布于不同地域的风场之间的联网要求越来越迫切，虽然各个风力机制造厂家都提供了一定的手段实现风力机互连，但是由于采用的方案不同，不同厂家的风力机进行互联时还是会有很多问题存在，实施起来难度较大。因此，实现不同风力机之间的方便互联是一个亟待解决的重要课题。

② 需要进一步提高低电压穿越运行能力（LVRT）　风力发电机组，尤其是双馈型风力机，抵抗电网电压跌落的能力本身较差。当发生电网电压跌落时，从前的做法是让风力机从电网切出。当风力机在电网中所占比例较小时，这种做法对电网的影响还可以忽略不计。但是，随着在网运行风力机的数量越来越大，尤其是在风力发电集中的地区，如国家规划建设的六个千万千瓦风电基地，这种做法会对电网造成严重影响，甚至可能进一步扩大事故。欧洲很多国家，如德国、西班牙、丹麦等国家早就出台了相关标准，要求在这种情况下风力机能保持在网运行以支撑电网。风力机具有的这种能力称为低电压穿越运行能力（LVRT），有的国家甚至要求当电网电压跌落至零时还能保持在网运行。我国也于 2009 年 8 月由国家电网公司出台了《风电场接入电网技术规定》，规定了我国自己的低电压穿越技术要求，明确要求风电机组在并网点电压跌落至 20％额定电压时能够保持并网运行 625ms、当跌落发生 3s 内能够恢复到额定电压的 90％时，风电机组保持并网运行的低电压穿越运行要求。应该说这还只是一个初步的、相对较低的运行要求，在今后可能还会出台更为严格的上网限制措施。这些要求的实现主要靠控制系统中变频器算法及结构的改善，当然和主控和变桨系统也有密切联系。

③ 实现在功率预估条件下的风电场有功及无功功率自动控制　目前，风电机组都是运行在不调节的方式，也就是说，有多少风、发多少电，这在风电所占比例较小的情况下也没有多大问题。但是，随着风电上网电量的大幅度增加，在用电低谷段往往是风力机出力最大的时段，造成电网调峰异常困难，电网频率、电压均易出现较大波动。当前，电网对这一问题已相当重视，要求开展建设风电场功率预测系统和风电出力自动控制系统，实现在功率预测基础上的有功功率和无功功率控制能力。实际上，这个系统的建设不

是一件容易的事情，涉及很多方面的技术问题，但无论如何序幕已经拉开。

(7) 风力机产业与风电场建设协同发展

据了解，英国拥有欧洲最好的风力资源，也是最早开发海上风电场的国家之一，但英国却没有形成规模的风力机制造厂。原因在于英国早期风电市场不稳定而且规模不够大，制约了本国风力机制造业的发展。近年来，虽然英国已制定了可再生能源配额法，在风电建设中引入竞争招标，但却没有和本国风力机产业发展相结合，英国政府至今还几乎没有制定直接支持风电产业发展的激励政策，导致风力机制造厂无力和国外大风电制造商相竞争。因此，中国在发展风电产业的时候充分吸取英国的经验教训，首先考虑风力机产业和风电场建设的协同发展，优先发展海上风力发电机组技术，保证风电产业的健康发展。

(8) 对风电产业实行优惠政策

风电是重要的可再生能源，加快风电发展对于增加清洁能源供应、保护环境、实现可持续发展等具有重要意义。为解决可再生能源发展存在的成本较高、风险较大、相关技术不成熟等问题，推动风电产业加快发展，国家出台了一系列财税政策予以支持。

① 设立可再生能源发展专项资金，支持风电等可再生能源发展　从2006年开始，财政部设立了可再生能源发展专项资金，对可再生能源发展给予支持。2007年，财政部已安排9218万元资金用于支持风资源详查和评价工作，“十一五”后3年将继续安排相应资金，支持完成5000万千瓦的风资源详查和评价工作。目前，财政部正在会同有关部门研究制定支持风电设备产业化政策，重点对拥有自主知识产权和品牌的兆瓦级以上风电企业的新产品研发、工艺改进和试验示范给予适当资金支持。

② 对风电产业实行税收优惠政策　这是中外应用最多的一种经济政策。实际上有两种不同的税收政策：一种是税收优惠政策，如减免关税、减免形成固定资产税、减免增值税和所得税（企业所得税和个人收入税）等。从理论上说，减免税收不需要政府拿出大量资金来进行补贴，只是减少一部分中央或地方的收入；而且，目前可再生能源产业规模小，不会构成对全国税收平衡的影响，因而易于实施。但是由于大多数税种不进入生产成本（关税例外），只影响企业产品的销售价格和企业的经济效益，因而实际上对鼓励企

业改进生产制造技术、提高效率、降低成本没有直接的作用。这就是为什么有些可再生能源技术和产业一旦这种优惠政策取消企业便生存不下去的原因所在。

另一种税收政策为强制性税收政策。如对城市垃圾和畜禽场排放的污水等物质实行污染者付费的原则等即属此类。各国的实践证明，这类政策，尤其是高标准、高强度的收费政策不仅能起到鼓励开发利用这类资源的作用，还能促进企业采用先进技术，提高技术水平，因而也是一种不可或缺的刺激措施。税收减免政策的目的在于促进技术进步和技术的商业化，因而应对什么企业减免和减免税收后应达到什么样的目标（经济的和技术的目标），则是实施这一政策首先必须明确的问题。税收政策的优惠分类如下。

a. 所得税优惠。为鼓励企业开发利用包括风力在内的可再生能源，企业所得税法及其实施条例规定，企业从事《公共基础设施项目企业所得税优惠目录》规定的公共基础设施项目的投资经营的所得，自项目取得第一笔生产经营收入所属纳税年度起，第一年至第三年免征企业所得税，第四年到第六年减半征收企业所得税；对国家重点扶持的高新技术企业，减按15%的税率征收企业所得税。风力发电新建项目属于《公共基础设施项目企业所得税优惠目录》规定的范围，风力发电技术属于国家重点支持的高新技术领域范围。符合条件的风力发电企业，可依法享受有关企业所得税减免优惠政策。

b. 增值税优惠。为了支持风电产业发展，从2001年起，对风力发电给予减半征收增值税的优惠政策。

c. 关税优惠。财政部出台了《关于调整大功率风力发电机组及其关键零部件、原材料进口税收政策的通知》（财关税〔2008〕36号），规定自2008年1月1日起，对国内企业为开发、制造符合技术规格的大功率风力发电机组而进口的关键零部件、原材料所缴纳的进口关税和进口环节增值税实行先征后退，所退税款主要用于企业新产品的研制生产以及自主创新能力建设。同时规定，自2008年5月1日起，新批准的内、外资投资项目进口国内已能生产的风力发电机组，一律停止执行进口免税政策。

此外，在增值税转型试点的基础上，财政部正在积极研究在全国范围内推开增值税转型试点的方案，由于风力发电等可再生能源的特点就是设备购置和投资额在总投资中占较大比重，因此，随着增值税转型在全国逐步推开，委员们所提的风力发电等可再生能源进项税抵扣少、增值税税负偏高的问题也将得到进一步解决。

③ 实施低息（贴息）贷款政策、价格政策和补贴政策，积极促进风电产业发展 低息（或贴息）贷款可以减轻企业还本期利息的负担，有利于降低生产成本，但政府需要筹集的一定的资金以支持贴息或减息的补贴。随着贷款数量越大，贴息量越大，需要筹集的资金也越多。因此，资金供应状况是影响这一政策持续进行的关键性因素。

由于可再生能源产品成本一般高于常规能源产品，所以世界上许多国家都采取了对可再生能源价格实行优惠的政策。归纳起来有三种：一是高价购买政策；二实行绿色电价；三是以可避免成本收购政策。

补贴政策一般有三种形式：一是投资补贴，即对投资者进行补贴；二是产出补贴，即根据可再生能源设备的产品产量进行补贴；三是对消费者（即用户）进行补贴。实践证明，现阶段的补贴政策是促进可再生能源发展的一项行之有效的措施。从目前的情况看，国际上的趋势是实行鼓励电价，取消直接的投资补贴。鼓励电价一般与国家的电价有关。

④ 利用国际贷款、赠款等支持风电发展 近年来，中国积极利用国际贷款和赠款，大力支持风电开发和风力机设备国产化。截至目前，正在实施的外国政府贷款和赠款项目中，有 25 个是风电项目，涉及新疆、内蒙古、甘肃、辽宁、吉林、河北、湖北、福建和广东等省（自治区），成效明显。

# 第2章 海上风电开发的优劣势分析

根据欧洲和中国的海上风电现状分析可以清晰地看出，欧洲和中国正在掀起海上风电建设的新高潮，这必将促进海上风电技术的进一步成熟，为提高风电行业在整个能源行业所占的比重做出积极的贡献。然而海上风电场条件要比陆上复杂得多，它除了受陆上的一系列外部条件制约外，还受到如盐雾腐蚀、台风袭击、海浪海冰撞击等诸多恶劣气候条件的影响。海上风电技术还处在探索、研究、发展之中。

本章主要介绍海上风电开发的优势和海上风电开发面临的制约因素。

## 2.1 海上风电场建设

### 2.1.1 海上风电场选址原则

近海风电场一般都在水深10～20m、距海岸线10～15km左右的近海大陆架区域建设，机位选择空间大、有利于选择场地。

我国沿海地区正在规划建设的风电场多是“一”字形排开，如果这些项目全部建起来，对沿海滩涂越冬候鸟合适的保护会造成压力和影响。欧洲国家就规定新建风电场必须离海岸 15～30km，同时要在国家海洋公园、生态保护区等范围外。

海上风电在施工期间可能给环境带来的影响包括海上施工将对部分渔民渔业生产造成影响；海底电缆沟开挖和风力机基础施工将导致海底泥沙再悬浮引起水体浑浊，污染局部海水水质，造成部分底栖生物损失、降低海洋中浮游植物生产力，对海洋生态系统带来影响；陆上升变压站施工会对施工区及周边栖息的鸟类产生一定不利的影响；陆上升压站施工废气、扬尘及噪声等影响施工区域环境质量。

而海上风电场运行期间，风力机建成后引起工程区附近海域潮流场略有变化，风电场内部略有淤积；风力机对迁徙过境及邻近区域鸟类存在碰撞威胁，并可能影响邻近区域鸟类栖息和觅食，但影响不大；风力机占用海域，减小渔业生产常用海域面积，影响渔业生产捕捞量；渔船等航行船只和风力机存在碰撞的风险；陆上升压站对周围电磁辐射造成一定影响。

根据各国的海上风电场经验，综合各种影响因素，得出风电场选址的几项基本原则，概括如下：

① 考虑风的类型、频率和周期；

② 考虑海床的地质结构、海底深度和最高波浪级别；

③ 考虑地震类型及活跃程度以及雷电等其他天气状况；

④ 范围满足城市海洋功能区划的要求；

⑤ 场址规划与城市建设规划、岸线和滩涂开发利用规划等相协调；

⑥ 符合环境和生态保护的要求，尽量减少对鸟类、渔业的影响；

⑦ 避开航道，尽量减少对船舶航行以及进港紧急避风等的影响；

⑧ 避开通信、电力和油气等海底管线的保护范围；

⑨ 尽量避开军事设施涉及的范围；

⑩ 风电场的建设应保证定期船舶及航空不受妨碍；

⑪ 考虑基础施工条件和施工设备要求以及经济性，场址区域水深条件一般控制在 5～15m。

### 2.1.2 海上风电场的配置

海上风电场风力机的优化布置对降低风电场建设成本、减少对环境的负面影响具有重要意义。同容量装机，海上比陆上成本增加 60%左右，电量增加 50%以上。可见，如何降低海上风电场的建设成本是我们面临的主要问题，而建设成本的主要部分是海底电缆和风力机基础成本，缩短机组之间的距离可以减少电缆长度，但由于海上大动湍流度较陆地低，所以风力机转动产生的扰动恢复慢，下游风力机与上游风力机需要较大的间距，因此需要进行大动湍流计算以求出最小间距。图 2-1、图 2-2 为风力机的两种不同的布置方式。图 2-1 为风电场通常所采用的矩形布置形式，是目前陆上风电场常用的风力机布置形式，风力机布置紧凑。但在海上，这种方式则不利于风力机的安装、维护管理。图 2-2 的圆形布置形式则有利于风力机的安装，风电场的维护管理和其他配套设施的布置，且风力机之间的尾流影响较小。

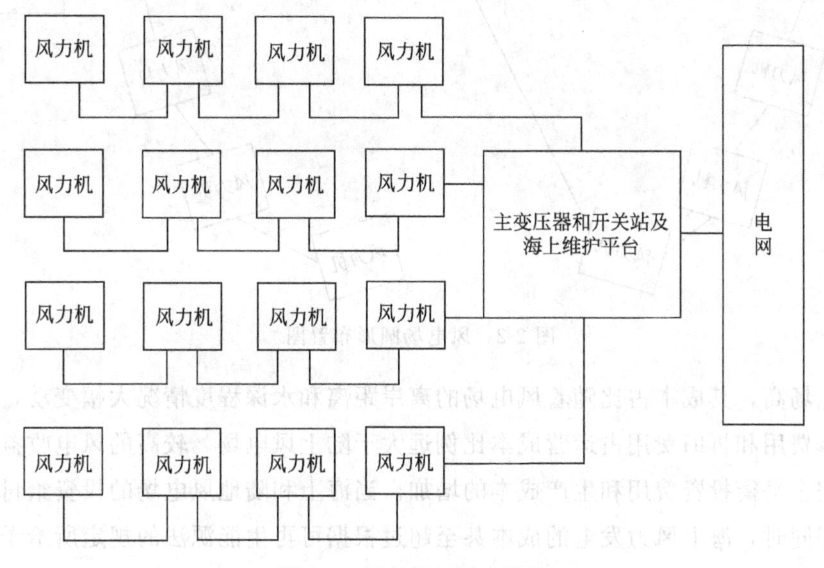


图 2-1　风电场矩形布置图

## 2.1.3　海上风电场的成本

(1) 海上风电成本现状

第一代商用风力发电装备开发项目的实施和研究结果表明，海上风能利用在欧洲地区有着良好的发展前景。如表 2-1 所示，海上风电场的初装成本中的基础建设、并网接线和安装等费用在总投资成本中所占的份额要比陆上

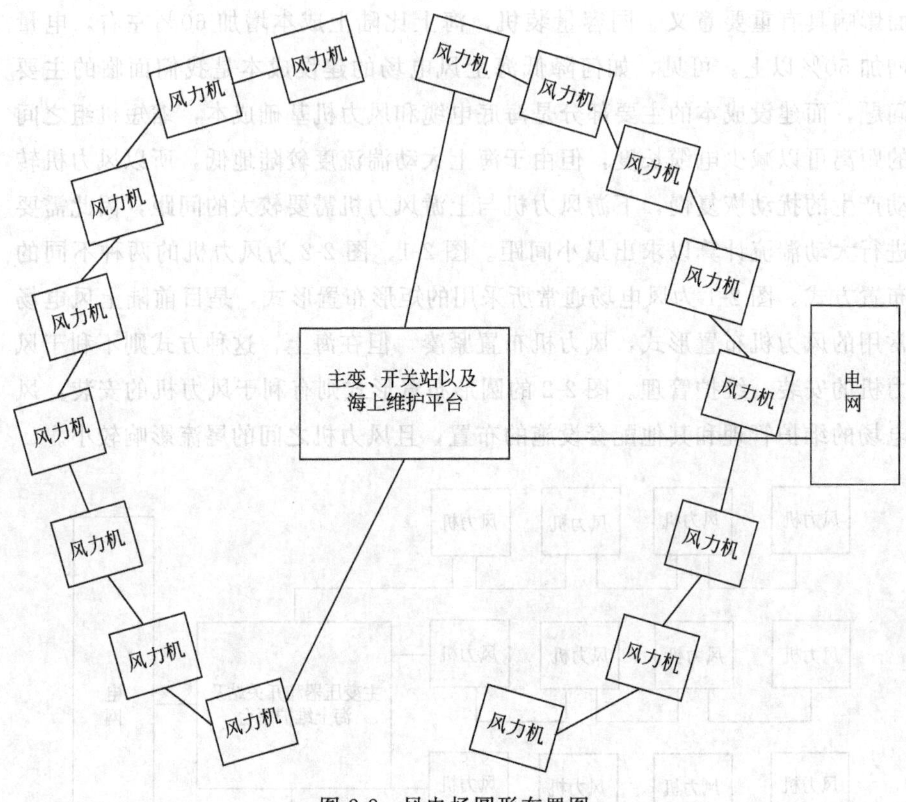


图 2-2　风电场圆形布置图

风电场高，其成本占比随着风电场的离岸距离和水深程度情况大幅变动，其维修费用和折旧费用占运营成本比例远大于陆上风电场，较高的风电收益不能完全平衡投资费用和生产成本的增加。当海上和陆地风电场的投资给付利息相同时，海上风力发电的成本甚至超过根据可再生能源法的规定所给予的补偿费用。目前的兆瓦级的风力发电技术适合应用于浅海和近海水域，它将为今后超大规模的海上风电场建设积累宝贵的经验。

**表 2-1　海上、陆上风电场成本一览表**

| 成本清单 | 陆上风电场/% | 海上风电场/% |
| --- | --- | --- |
| 风力机 | 65～75 | 30～50 |
| 安装 | 0～5 | 0～30 |
| 基础建设 | 5～10 | 15～25 |
| 电网接线 | 10～15 | 15～30 |
| 其他 | 5 | 8 |

(2) 海上风电场降低成本

目前，海上风电场的经济效益比陆上风电场稍逊一筹。为加强海上风电场的竞争力，迫切需要大幅降低成本。陆上风电场产生的电能可以与最便宜的、来源于石油的电能相竞争，而海上风电场却需要大规模降低成本才能保持竞争力。海上风电场需要更高的投资成本，同时运行和维护所耗费的成本也比陆上风电场要高得多，具体见表 2-2。

**表 2-2　海上风电场成本降低相关因素总览**

| 类　别 | 降低成本的项目 | 外　因 |
| --- | --- | --- |
| 海上风力机 | 扩大规模<br>标准化<br>改进设计<br>规模经济 | 陆上风力机的进一步发展;钢材价格 |
| 网络连接 | HVDC 电缆的标准化设计<br>XLPE 在 HVDC 电缆中的应用<br>阀门技术与电力电子技术进步 | 海底 HVDC 中继馈线的进一步发展与扩张 |
| 地基 | 地基标准化<br>规模经济<br>动力负荷设计 | 钢材价格 |
| 海上安装 | 用于基建船舶的发展与结构<br>风力机和设备的标准化 | 油价 |

## 2.2　海上风电开发的优势

随着海上风电技术的发展，风电行业的相关方把目光纷纷投向海上风电，海上风电开发的优势也日益凸显。

### 2.2.1　高质量的海上风资源

(1) 风资源丰富

海上风况优于陆地，离岸 10km 的海上风速通常比沿岸陆上高约 25%。海上风速高，很少有静风期，可以有效利用风电机组发电容量。一般估计海上风速比平原沿岸高 20%，发电量增加 70%。

（2）风能质量高

陆地表面不平，有高有低，对风力、风向、风量等有很大影响，甚至引起紊流，对风轮叶片破坏力极大，甚至导致振动、疲劳、断裂。海洋没有此类危险、海面平坦、风情稳定，也不会引发功率变动。海上风的湍流强度低，没有复杂地形对气流的影响，可减少风电机组的疲劳荷载，延长使用寿命。

（3）表面粗糙度较小

海面的粗糙度比陆上小得多，海上风切变小，可在较低的高度获得更大的风速，相对于海面上空高度的风速变化不大，支撑风力机的塔柱不必太高，造价、安装维护费用可减小。但是海面的粗糙度不是稳定的，主要取决于实时波浪的大小。风与波浪之间的相互作用又受到风速、水深、离岸距离、大动稳定等因素的影响。

## 2.2.2 更多可以借鉴的经验

海上风电产业是后起之秀，海上风电产业不仅自己发展了 30 多年，积累了丰富的经验，更重要的是，陆上风电的发展时间远远超过海上风电，海上和陆上的发展模式有很多很相似的地方，可以借鉴陆上风电发展的经验。

（1）海上风电经验

世界上第一个开发海上风电的国家是丹麦，丹麦在海上风电方面积累了一定经验，主要表现在以下几方面。

① 丹麦在大规模发展风力发电及消除风电入网障碍方面已经取得了非常宝贵的经验，可以被中国借鉴。

② 开展海上风力发电，必须充分发挥市场的作用。

③ 开展海上风力发电，政府的作用不容忽视。

④ 风力发电产业有可能成为丹麦新的经济增长点。风力发电产业的发展表明该产业的全球市场必将持续发展，这将为丹麦带来新的经济增长点。因此中国政府有必要强调发展海上风力发电必须与经济活动的联系，从而推动海上风电产业的发展。

⑤ 高强度的研究、开发、示范、培训将是海上风力发电产业创新和增长的基础。丹麦能源研究咨询理事会和丹麦能源局已经提交了一份综合性的能源研究战略报告，特别强调研究的重要作用。对于中国而言，能源领域的

企业要开展从研究到贸易的整个过程，积极促进风电技术的发展。

（2）陆上风电经验

海上风力发电机组大多是根据陆上风力发电机组改装而成的，陆上风力发电机组的技术直接决定了海上风力发电机组的技术。

① 直驱技术　目前大多风电系统发电机与风轮并不是直接相连，而是通过不同形式的增速箱，这种机械装置不仅降低了系统的效率，增加了系统的成本，而且容易出现故障，是风力发电急需解决的瓶颈问题。直驱式风力发电机可以直接与风轮相连，省去了齿轮箱，减少能量损失、发电成本和噪声，不仅增加了系统的稳定性，提高了系统的效率和可靠性，降低了系统的成本，而且特别适合于变速恒频风电控制系统，因此是风力发电系统中发电机的发展主流。

② 陆上风力机的常规技术　陆上风力机的塔筒设计、机舱底座设计、叶片设计、轮毂设计、增速箱设计和发电机设计等都可以直接或间接运用于海上风力机。只不过需要进行相应的加强设计，加强设计的主要内容有抗台风设计、防盐雾腐蚀设计、防撞击设计、波浪载荷设计等。

## 2.3　海上风电开发面临的制约因素

海上风电场对风力发电机组有着更高的技术要求，所涵盖的各类学科和专业更多、更广。海上恶劣的自然条件和环境条件，如盐雾腐蚀、海浪载荷大、海冰撞击、台风破坏等制约了海上风力机的发展。

### 2.3.1　盐雾腐蚀对风力机的影响

盐雾是悬浮在空气中含有氯化钠（NaCl）的微细液滴的弥散系统，是海洋性大气运动显著特点之一。沿海地区及海上空气中含有大量随海水蒸发的盐分，其溶于小水滴中便形成了浓度很高的盐雾。盐雾中的主要成分为 NaCl，NaCl 的溶液是以 $Na^+$ 和 $Cl^-$ 的形态存在的，盐雾的沉积率与 $Cl^-$ 的浓度成正比关系，所以在含盐浓度高的海边，其沉积率也很大，高浓度的盐雾自然成为 NaCl 溶液的载体。盐雾沉降量代表了一个区域受到盐雾腐蚀的程度，陆上盐雾沉降量一般小于 0.8mg/($m^2$ · d)，海上则高达 12.3～60.0mg/($m^2$ · d)，为陆上的 20～60 倍，高盐雾浓度下金属腐蚀速率非常高。盐雾腐蚀造成螺栓等紧固连接件强度降低、叶片气动性能下降、电气部件触点接触不良，风力机机械传动系统、叶片、电气控制系统故障率大大增加。图 2-3 是某风电场盐雾腐蚀情况。

图 2-3 某风电场盐雾腐蚀情况

2.3.1.1 盐雾腐蚀原理

盐雾颗粒通常都很微小，直径在 1～5μm 之间，颗粒越小，在空气中悬浮的时间越长。盐雾对设备的腐蚀主要是其中的大量氯离子，当盐雾与金属和防护层接触时，盐雾中的氯离子由于具有较小的离子半径（只有 $1.81\times 10^{-10}$m），具有很强的穿透本领。很容易穿透金属的保护膜。同时有着保护膜的阴极表面（保护膜中总是存在高电位的阴极部位）很容易吸附水合能不大的氯离子，结果使氯离子排挤并取代氧化物中的氧而在吸附点上形成可溶性的氯化物，导致保护膜的这些区域出现小孔，破坏了金属的钝化，加速了金属腐蚀。它对金属的腐蚀是以电化学的方式进行的，其机理是基于原电池腐蚀。大气运动中盐雾的出现与分布，与气候环境条件及地理位置有密切的关系。离海洋越远的大气运动中含盐量越低；同时盐雾的浓度还受到物体阻隔的影响，阻隔越多，盐雾量越少。

盐雾对设备的腐蚀破坏作用主要是由于其中的各种盐分。自然界中的盐雾对产品的腐蚀影响见表 2-3。

**表 2-3　自然界中盐雾对产品的腐蚀影响**

| 影响类别 | 原　理 |
| --- | --- |
| 腐蚀效应 | 反应造成的腐蚀 |
| | 加速应力腐蚀 |
| | 水中盐分电离形成酸性溶液 |
| 电效应 | 水中盐的沉积使电子元件损坏，接触不良 |
| | 产生导电层 |
| | 绝缘材料及金属的腐蚀 |
| 物理效应 | 机械部件及组合件活动部分的阻塞或卡死 |
| | 由于电解作用导致漆层起泡 |

盐雾的腐蚀作用受到温度和盐浓度的影响很大，其腐蚀作用与这两者间的关系如图 2-4 所示。

由图 2-4 可以得出，当温度在 35℃，盐浓度在 3%时，其对物体的腐蚀

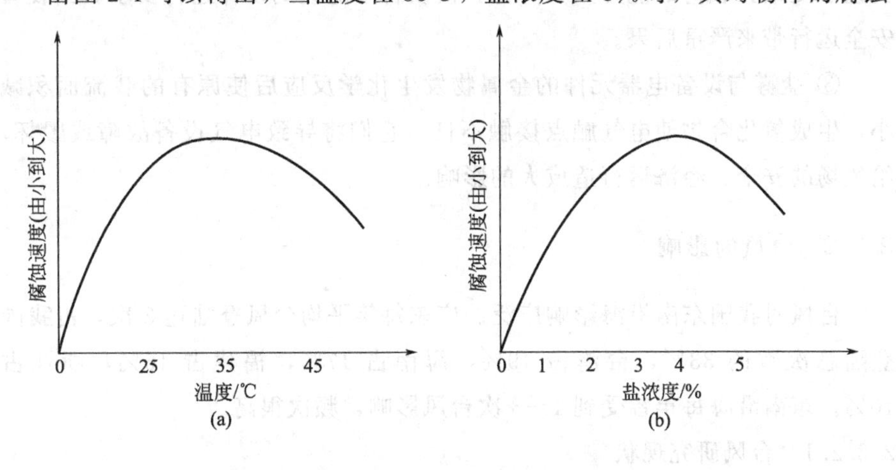


图 2-4　腐蚀速度分别与溶液温度、盐浓度的关系

(化学反应)作用最大。盐雾中高浓度的(NaCl)迅速分解为 $Na^{+}$ 和活泼的 $Cl^{-}$，$Cl^{-}$ 与很活泼的金属材料发生化学反应生成金属盐，其中的金属离子与氧气接触后又还原生成较稳定的金属氧化物。

盐雾环境是风力发电设备零部件腐蚀的主要影响因素。任何金属材料在介质中都有自己的腐蚀电位，在同一种介质中电位越正的金属活性就越差，金属就不易腐蚀。目前用于风力发电机组设备上的主要为铁、铝、铜等活性极强的金属材料，盐雾造成的金属腐蚀会使金属零部件的性能下降，影响发电机的正常运行，甚至造成重大事故。因而在盐雾的环境下，应对材料进行防腐处理。

#### 2.3.1.2 盐雾对风力发电机组的危害

我国东南部沿海属南亚热带季风气候区，多年年平均温度都在 20℃以上，年平均最高温度为 26℃，年平均最低温度为 19℃左右。盛行的海陆风把含有盐分的水汽吹向风电场，与设备元器件大面积接触，这些因素使设备受盐雾腐蚀的速度大大加快。盐雾给风力发电机组带来的危害主要为以下几种。

① 盐雾与空气中的其他颗粒物在叶片静电的作用下，在叶片表面形成覆盖层，严重地影响叶片气动性能，产生噪声污染和影响美观。

② 经过一系列的化学反应后使设备原有的强度遭到破坏，使风力发电机组承受最大载荷的能力大大降低，使设备不能达到设计运行要求，给设备安全运行带来严重后果。

③ 盐雾与设备电器元件的金属物发生化学反应后使原有的载流面积减小，生成氧化合物使电气触点接触不良，它们将导致电气设备故障或毁坏，给风场的安全、经济运行造成大的影响。

### 2.3.2 台风的影响

台风对我国东南沿海影响广泛。广东每年平均台风登陆达 3 次，占我国登陆总次数的 33%，台湾占 19%，海南占 17%，福建占 16%，浙江占 10%。东南沿海每年皆受到 1～3 次台风影响，频次很高。

#### 2.3.2.1 台风研究现状

(1) 风特性数据库

一些风工程研究发达的国家已经建立了本地区的风特性数据库，例如挪威的Froya数据库，加拿大和英国的近海风观测数据库等，还有类似美国Sparks、日本Kato和Ohukuma等在时间或空间上大规模的观测工作也能得到比较完整的分析结果。

我国的风特性实地观测研究相对薄弱，尤其是沿海地区的强风特性的实测资料还明显欠缺。

（2）台风数学模型

目前国内外学者研究台风模型主要是适用于气象领域，主要利用台风中心探测记录、卫星云图分析记录和地面测站检测资料，确定台风风场的数值模型，主要用于台风预报和地面建筑物的影响。台风模型与所处地域有很大关系，2007年10月，国际空气协会发布了适用于中国的台风数学模型，目前还没有具体资料。

然而，经典湍流模型多符合平稳序列、常态气候的脉动风场，而台风风场非平稳、非常态的湍流特性无法应用经典湍流模型去刻画和描述；台风风场中强烈的旋转结构产生的剧烈风脉动、强湍流、强切变和很大的横风分量作用目前认识不多，更缺乏系统研究。

我国这方面的研究有国家重点支持项目《登陆台风风场及其工程致灾特性研究》，参加单位有中国气象局广州热带海洋气象研究所、哈尔滨工业大学、中国气象科学研究院，项目执行期为2008年1月～2011年12月。

（3）台风模拟软件

根据美国国家大气运动研究中心（NCAR）的资料，现阶段的台风模拟软件主要针对台风的预测和台风走势的研究。国际空气协会发布的模型可以用于NCAR的CLASIC/2和CATRADER模拟软件上。目前还没有针对风力机的台风模拟软件，主要原因是台风风场的随机性很大，影响因素复杂。

2.3.2.2 台风对电网及海上风力机的破坏

（1）台风风力带来的破坏

面向海口处和台风登陆前进方向的高山风口处的杆塔，因受到超过设计风速的强台风袭击，造成倒杆、折弯，引起线路跳闸；变电站内主变压器引下线受台风影响引起风偏放电，造成主变压器跳闸。

（2）台风带来的强降雨破坏

雨水冲刷线路杆塔基础，引起杆塔倾斜甚至倒塌，洪水、泥石流对变电站、配电室特别是地下开闭带来严重影响，造成二次设备如端子箱、直流系统进水，引起继电保护装置不能正常工作或误动、拒动，甚至整个变电站停运。历次强台风都对电网造成很大影响，严重威胁系统安全，有时甚至造成大面积停电，给电网带来巨大损失。

(3) 台风对电网的损害情况

1990年以来给华东地区当地和电网带来严重损害的台风情况见表2-4。

**表 2-4 台风对华东地区当地和电网的损害**

| 时间/年 | 台风名称 | 地点 | 风速/(m/s) | 地区直接损失/亿元 | 对电网造成的影响 |
|---|---|---|---|---|---|
| 1994 | 17号 | 浙江 | 58 | 178 | 温州电网全停 |
| 1997 | 11号 | 浙江 | 57 | 186 | 台州电网全停 |
| 2004 | 云娜 | 浙江 | 58.7 | 181 | 台州电网全停 |
| 2005 | 卡努 | 浙江 | 60 | 68.9 | 台州电网损失负荷110万千瓦 |
| 2006 | 桑美 | 浙江、福建 | 68 | 111 | 浙江苍南电网全停、福建宁德电网全停 |
| 2007 | 圣帕 | 浙江、福建 | 40 | 45 | 福建全省共损失负荷23.05万千瓦；浙江电网直接损失1300万元 |

(4) 台风对风电机组的主要破坏

台风对风力机破坏力极大，表2-5为台风对风电场造成的破坏列表。

**表 2-5 台风对风电场造成的破坏**

| 时间/年 | 台风名称 | 中心最大风速/(m/s) | 风电场 | 造成破坏 |
|---|---|---|---|---|
| 2003 | 杜鹃 | 40 | 汕尾风电场 | 25台机组中，10台风力机叶片撕裂破损，6台风向仪掉落，3台偏航系统损坏，直接损失1013万元 |
| 2006 | 桑美 | 68 | 浙江苍南县(17级) | 该风电场共有28台机组，装机总容量为15.85MW，其中20台机组都遭到不同程度的破坏：1台机头刮掉，20台叶片刮坏；15台Vestas600kW机组仅可拼凑成2～3台；5台风力机被刮倒，全部倒向西南或南方(2台Windey750kW机组的基础被吹翻，2台Dewind 600kW机组的塔筒下段折断，倒地后又折为两段。1台Vestas 660kW机组在塔筒与基础连接处的螺栓拉断后被完全吹倒) |

① 叶片因扭转刚度不够而出现通透性裂纹或被撕裂，破坏机舱罩（图2-5）。

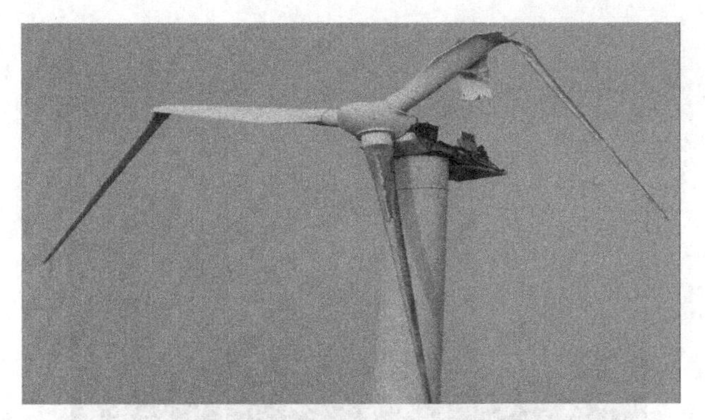

图 2-5　叶片撕裂及机舱罩破坏

② 叶片断裂（多见于根部），风向仪被摧毁（图 2-6）。

图 2-6　叶片根部断裂

③ 变桨机构疲劳断裂。

④ 偏航系统受损。

⑤ 基础或塔筒中下段断裂（图 2-7）。

### 2.3.3　海浪的载荷

#### 2.3.3.1　海浪的形成

海洋上的波浪主要是由风引起的。人们习惯上将风浪、涌浪以及由它们形成的近岸浪统称为海浪。

本质上，海浪是海面起伏形状的传播，是水质点离开平衡位置作周期性

图 2-7　塔筒中下段断裂

振动，并向一定方向传播而形成的一种波动，其周期为 0.5～25s，波长为几十厘米到几百米，一般波高为几厘米到 20m，在罕见的情况下波高可达 30m 以上。水质点的振动能形成动能，海浪起伏能产生势能，这两种能的累计数量是惊人的，巨浪对海岸的冲击力一般为每平方米 20～30t，大者可达每平方米 50～60t。在全球海洋中，仅风浪和涌浪的总能量相当于到达地球外侧太阳能量的一半。海浪的能量沿着海浪传播的方向向前。风浪和涌浪是最常见的重力波。海洋中具有各种不同频率的波，但其大部分能量集中在特征周期为 4～12s 的范围，属于重力波。一般情况下，当风速小于 1m/s 时，在平静的海面上会形成微波；当风力加强时，就会产生较大的和明显的重力波；当风速度达到 7～8m/s 时，海面上就开始形成波浪。根据风速的大小，波浪的分类如下。

(1) 风浪

风浪是指由风的直接作用所引起的水面波动。风浪的传播方向总是与风向保持一致。风浪的大小与风区、风时有关。充分成长的风浪只决定于风速。风速越大，风浪充分成长所需要的最小风时和最小风区也越大。但是充分成长的风浪并不是一有风就能产生的。对于充分成长的风浪可以用波浪谱描述它，而且风浪的大部分能量集中在一个比较狭窄的频率范围内。风速大小不同，风浪对应的特征周期也发生相应的变化。

(2) 涌浪

涌浪是一种比较规则的移动波，是风浪离开风区后传至远处，或者风区里的风停息后所遗留下来的波浪。随着传播距离的增加，涌浪逐渐衰减，涌浪波高逐渐降低。因为涌浪的传播速度比风暴系统本身的移速快得多，所以涌浪的出现往往是海上台风等风暴系统来临的重要预兆。

(3) 近岸浪

近岸浪是风浪或涌浪传至浅水或近岸区域后，因受地形影响将发生的一系列变化。外海传来的波浪，当它接近海岸时，通常波峰线总是与海岸平行的，波长变小，波高增大，且在岬角处浪高，海湾内浪较小。

波浪的年均强度体现了该区波浪作用的强度，是水域大小、风的强弱和地形特征的综合体现，是判断波浪动力的最佳指标。风越大，给海水提供的能量越多，海浪越大；水域面积越大，风携海浪行走的距离越长，海浪有更多的时间增大体积，积攒能量，海浪越大；地形因素对海浪产生的摩擦力越小，海浪越大。

#### 2.3.3.2　海浪的影响

我国曾出现过 13.6m 的最大波高海浪。一般称浪高在 6m 以上的海浪称为灾害性海浪，这类海浪对航行在世界大洋的大多数船只已构成威胁，它能掀翻船只，摧毁海上工程和海岸工程，给航海、海上施工、海上军事活动、渔业捕捞等带来极大的危害。

我国海域分布广，不同海域的灾害性海浪分布存在明显差异：南海海域 14.1 次/年，东海海域 9.8 次/年，台湾海峡 6.1 次/年，黄海海域 5.9 次/年，渤海海域相对较小，为 0.9 次/年。统计资料表明，影响我国的台风 80%都能形成 6m 以上的台风浪。台风及其伴随的灾害性台风浪可能会对海上风力机产生破坏性影响，因此，有必要研究和评价海浪对海上风力机基础的作用和影响。

海浪周期性的巨大冲击力对风力发电基础带来如下影响。

① 海浪对基础周期性的冲刷，在海浪夹带作用下，逐渐转移基础附近的泥沙土壤等，对基础造成掏空性破坏。

② 一般来说，浪高越大，对基础的影响越大。据文献报道，东海大桥风电场基础设计时发现有效浪高为 5.81m，波周期为 7.76s，波速为 9.5570m/s 的情况下，对风力机基础造成的水平冲击力达 100t 之多。

③ 海浪导致地基孔隙中水压力周期性变化，不断“松弛”地基，使其

可能产生液化现象，弱化基础承载力。

④ 灾害性海浪的频率一般较低，与基础的基频比较接近，存在产生谐振的可能性。

⑤ 海浪与台风的载荷耦合作用对风力机基础产生叠加弯矩，破坏力巨大，在极限阵风为70m/s，浪高6m，水深20m的情况下，风力机基础根部受到的最大组合弯矩可以达到2×105kN·m，比纯气动弯矩增加了125%，破坏力十分惊人。

⑥ 海浪还影响到风电基础的施工和正常维护保养，增加工程施工和维护难度。

因此，进行风电机组基础设计不但考虑风载对风力机基础的作用，还要考虑海浪对基础的冲击、淘刷、谐振作用以及风浪的耦合作用，提高设计裕度，确保基础安全、可靠。

2.3.3.3　海浪载荷计算

波浪组成要素有：波长 $2L$，波高 $2h$，波的周期 $2T$（两个相邻的波峰在某一断面处出现的时间间隔），波浪传播速度 $r$（波峰的移动速度），见图2-8。

根据《海港水文规范》（JTJ213—1998）计算波浪对桩基或墩柱的作用，平台上的波浪荷载在性质上是动力的，但对于设计水深小于15m的近海平台，波浪荷载对平台的作用可以用其等效静力来分析，即只计算作用在

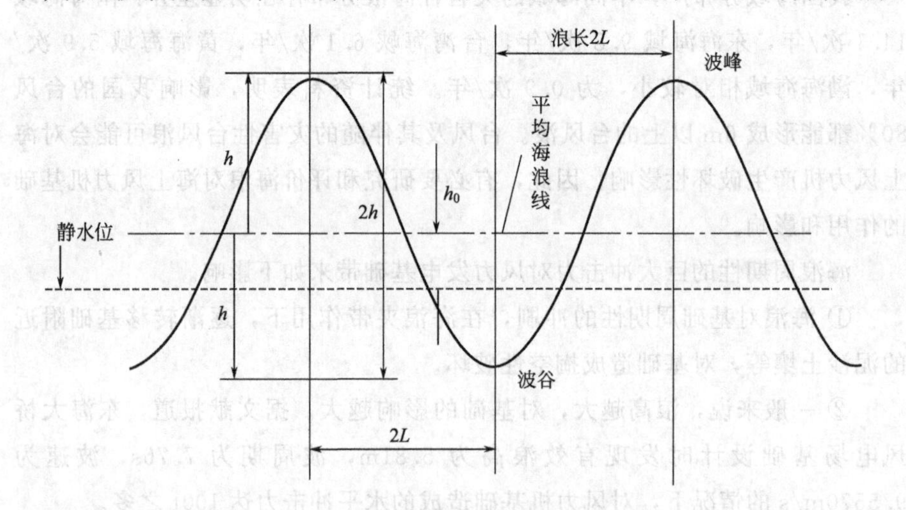


图2-8　波浪组成要素

固定平台上的静设计波浪力，忽略平台的动力响应和由平台引起的入射波浪的变形（图 2-9）。

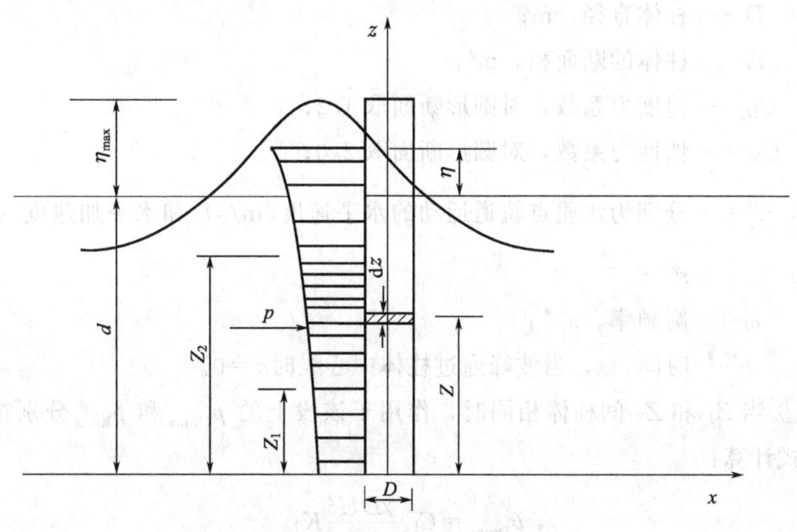


图 2-9　波浪对桩基的影响

(1) 应用莫里森公式

① 波浪力采用莫里森公式计算：

$$p_D=\frac{1}{2}\frac{\gamma}{g}C_D D u|u|$$

$$p_I=\frac{\gamma}{g}C_M A\frac{\partial u}{\partial t}$$

$$u=\frac{\pi H}{T}\frac{\operatorname{ch}\frac{2\pi Z}{L}}{\operatorname{sh}\frac{2\pi d}{L}}\cos\omega t$$

$$\frac{\partial u}{\partial t}=-\frac{2\pi^2 H}{T^2}\frac{\operatorname{ch}\frac{2\pi Z}{L}}{\operatorname{sh}\frac{2\pi D}{L}}\sin\omega t$$

$$\omega=\frac{2\pi}{T}$$

式中　$p_D$——波浪力的速度分力，kN/m；

$p_I$——波浪力的惯性分力，kN/m；

$d$——静水深度，m；

$Z$——距水底的距离，m；

$D$——柱体直径，m；

$A$——柱体的断面积，$m^2$；

$C_D$——速度力系数，对圆形断面取 1.2；

$C_M$——惯性力系数，对圆形断面取 2.0；

$u$，$\frac{\partial u}{\partial t}$——分别为水质点轨道运动的水平速度(m/s) 和水平加速度 ($m/s^2$)；

$\omega$——圆频率，$s^{-1}$；

$t$——时间，s，当波峰通过柱体中心线时 $t=0$。

② 当 $Z_1$ 和 $Z_2$ 间柱体相同时，作用于该段上的 $p_{Dmax}$ 和 $p_{Imax}$ 分别按下列公式计算：

$$p_{Dmax}=C_D\frac{\gamma DH^2}{2}K_1$$

$$p_{Imax}=C_M\frac{\gamma AH}{2}K_2$$

$$K_1=\frac{\frac{4\pi Z_2}{L}-\frac{4\pi Z_1}{L}+\mathrm{sh}\frac{4\pi Z_2}{L}-\mathrm{sh}\frac{4\pi Z_1}{L}}{8\mathrm{sh}\frac{4\pi d}{L}}$$

$$K_2=\frac{\mathrm{sh}\frac{2\pi Z_2}{L}-\mathrm{sh}\frac{2\pi Z_1}{L}}{\mathrm{ch}\frac{2\pi d}{L}}$$

$K_1$ 和 $K_2$ 可根据 $Z_1/L$、$Z_2/L$ 和 $d/L$ 分别按相关图表确定。

③ $p_{Dmax}$和 $p_{Imax}$对 $Z_1$ 断面的力矩 $M_{Dmax}$和 $M_{Imax}$分别按下列公式计算：

$$M_{Dmax}=C_D\frac{\gamma DH^2L}{2\pi}K_3$$

$$M_{Imax}=C_M\frac{\gamma AHL}{4\pi}K_4$$

$$K_3=\frac{1}{\mathrm{sh}\frac{4\pi d}{L}}\left[\frac{\pi^2(Z_2-Z_1)^2}{4L^2}+\frac{\pi(Z_2-Z_1)}{8L}\mathrm{sh}\frac{4\pi Z_2}{L}-\frac{1}{32}\left(\mathrm{ch}\frac{4\pi Z_2}{L}-\mathrm{ch}\frac{4\pi Z_1}{L}\right)\right]$$

$$K_4=\frac{1}{\operatorname{ch}\frac{2\pi d}{L}}\left[\frac{2\pi(Z_2-Z_1)}{L}\operatorname{sh}\frac{2\pi Z_2}{L}-\left(\operatorname{ch}\frac{2\pi Z_2}{L}-\operatorname{ch}\frac{2\pi Z_1}{L}\right)\right]$$

$K_3$ 和 $K_4$ 可根据 $Z_1/L$、$Z_2/L$ 和 $d/L$ 分别按相关图表确定。

(2) 应用经验公式

美国海岸工程研究中心根据实验和莫里森公式，给出了最大破碎波浪力的计算公式：

$$F\approx1.5\omega_0 gDH_b^2$$

式中　$\omega_0$——海水密度；

$D$——横断面直径；

$H_b$——破碎波波高。

### 2.3.4　撞击的风险

海上撞击物主要是海冰（图2-10），在我国渤海和黄海北部的近海，每年冬季都有程度不同的结冰现象。渤海的冰期一般超过3个月（12月至翌年3月）。辽东湾北部海域为我国海冰最严重海区，平均冰期约为140d/a，沿岸堆积冰严重，海冰漂流速度最大为0.5m/s，冰情较轻的年份，仅在辽东湾北岸30km以内海域覆盖着10cm厚的海冰；在重冰年，30～40cm厚的

图2-10　洋面上的海冰

冰几乎布满 7 万多平方公里的海面。

海冰对风力机基础的作用和影响有以下几方面。

① 在海流及风作用下，大面积冰呈整体移动，挤压基础，伴随有基础的振动。

② 自由漂移的流冰对基础的冲击作用。

③ 冻结在基础四周的冰片因水位的变化对基础产生上拔或下压。

④ 冻结在冰中的基础因温度的变化对基础产生的作用。

⑤ 当海冰与基础表面接触时，两者之间出现相对运动，产生摩擦。我国大部分有冰海域，海冰不会在基础表面冻结，大多数海上结构会遭受到摩擦损坏；另外还有些流冰沿结构物（包括船舶、管道等）侧面擦过，对基础产生严重的切割。

⑥ 堵塞冰的膨胀对基础的挤压作用。渗入混凝土基础表层毛细管孔道的海水结冰时产生膨胀压力，导致混凝土内部呈现应力状态。随着温度的剧烈变化，海冰的冰融交变过程频繁发生，混凝土会产生冻损。

⑦ 海上风力机的维护，船舶停靠时亦可能对单桩基础造成刮擦磕碰，破坏基础表面防腐涂层（图 2-11）。

图 2-11 船舶对风力机基础的撞击

为此，建设海上风电机组时要考虑漂浮物的影响，在结冰海区基础结构必须采取防御海冰的特殊设计。

## 2.3.5　海上风电场建设的困难

### 2.3.5.1　海底电缆铺设难度大

海上风电场通过敷设海底电缆与主电网并联。为了减少由于捕鱼工具、锚等对海底电缆造成破坏的风险，海底电缆必须埋起来。如果底部条件允许的话，用水冲海床（使用高压喷水），然后使电缆置入海床而不是将电缆掘进或投入海床，这样做是最经济的。

（1）需要专门的设备和施工船的精确定位

海底电缆铺设需要使用水下埋设机等专用设备，并根据水深、距离和地质进行施工工艺的合理规划，确定埋设深度、埋设速度以及海缆的固定和密封等。如“The 2.4MW Rock Trencher 1”，世界上功率最大的可在海床上行走的牵引车和造价 1000 万欧元、全球最庞大的深海遥控机器人 SMD Ultra Trencher 1(UT1)。UT1 有 50t 重，外形尺寸为 25.5 英尺×25.5 英尺×18.3 英尺（1 英尺＝0.3048m，下同），功率为 2MW，可以在 1500m 水深的坚硬海床上打出 1m 宽 2.5m 深的壕沟，并铺设电缆（图 2-12、图 2-13）。

图 2-12　牵引车 Rock Trencher 1

图 2-13　深海遥控机器人 SMD UT1

同时，海底电缆要考虑潮汐造成的冲刷，需要进行冲刷保护等措施。由于风力机之间距离近，电缆施工作业面积狭小，不利于大型电缆施工船舶施工作业，施工船只必须要精确控制和稳定船位，以保证电缆以及平台的安全(图 2-14)。

图 2-14　海底电缆施工船

（2）敷设费用昂贵

根据有关部门估算，敷设海底电缆的费用，高压 110kV 复合缆价格为 500 万元/公里以上，低压 35kV 复合缆价格约 150 万元/公里以上。根据欧洲海上风场的建设成本统计，欧洲离岸 5～10 公里风场平均每台风力机电力设施及其安装成本约 500 万～800 万元（图 2-15）。

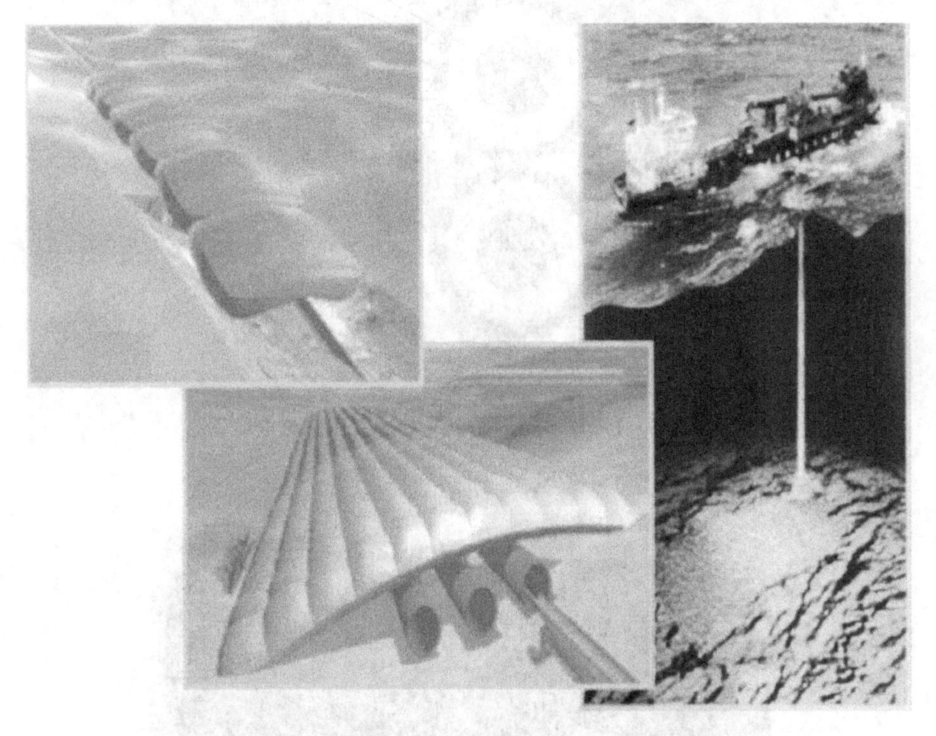

图 2-15　海底施工方式

（3）考虑优化的敷设方案和特殊的电缆结构

电缆敷设方案要考虑如何布置单芯电缆，以实现最长的输电距离。最佳方案之一是采用有外金属层的三箔膜结构，它可以连续或在几个分散点上固定，以减少充电电流引起的附加损耗。如有必要，还应分开平直敷设单芯电缆，可大幅缩短输电距离，即使是用铜材的外金属件。

图 2-16、2-17 展示了一个典型的海底交流输电电缆结构，其额定电压等级为 170kV 和 36kV。在某些情况下，在电缆线路上并联交流补偿设备是有益的。这些部件可安装在陆地上的变电站或远方海上平台上的变电站上，

海上平台上的专用设备是紧凑式动体绝缘型开关装置。可根据环境条件及布线船的运输能力，采用典型的 240MW、170kV（或 245kV）交流 XLPE 电缆。如果电压等级更高，则可考虑单芯 XLPE 电缆或充油电缆。

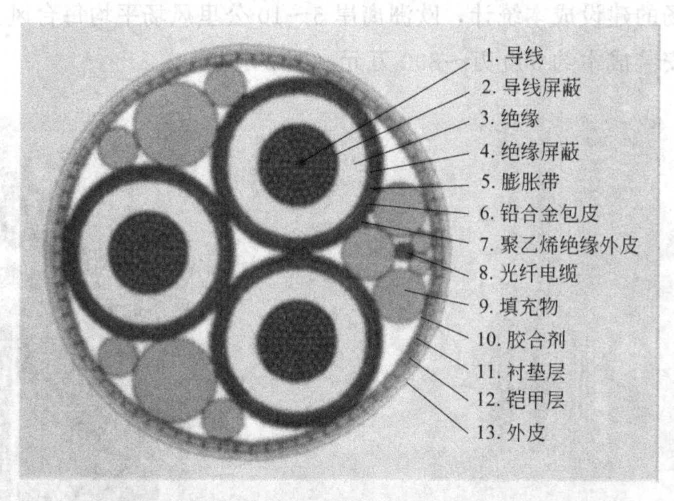


图 2-16　$1\times1200\text{mm}^2$ 170kV 三芯高压交流电缆

图 2-17　36kV $150\text{mm}^2$ 交流海底电缆

典型的三芯中压海底电缆的运行电压可高 36kV，其对应的容量为 20～40MV·A，铜导体的截面积为 95～$800\text{mm}^2$，单位质量为 15～80kg/m，三相损耗为 20～60W/m。

典型的高压三芯海底电缆的截面积可达 300～$1200\text{mm}^2$（铜导体），单位质量为 30～110kg/m，三相损耗为 50～100W/m。

#### 2.3.5.2 海上风力机基础的设计和施工复杂

海上风电机组的基础设计除了要满足和陆地同样的要求外，还要进行防腐蚀设计、防冲刷设计、防撞击设计等一系列的基础设计，根据水深、土壤和海床条件、外部载荷、施工方法与条件和成本选择合适的基础形式，如单桩基础、重力式基础、吸力基础、多桩基础和悬浮式基础，保证基础的稳定性和可靠性，从而增强基础的寿命。

海上风力机基础同时具备海洋工程、高耸结构基础、动力设备基础三种工程特性，基础设计既要考虑其所处地势及地质情况，又要兼顾经济性，根据地理位置不同分为滩涂、沙洲、浅海和近海。根据地质条件的不同，风力机基础需要考虑强度及稳定性、压缩及不均匀沉降、振动造成的地基土震陷与失稳和地基渗漏量以及水力比（图 2-18）。

#### 2.3.5.3 海上风力机安装困难

和陆上风力机相比，海上风力机的重量更大，需要更大的安装设备。而陆上的大型安装设备又不能投入使用，只能依靠安装船进行安装。安装船的安装费用十分昂贵，Arklow 安装船日租赁费达 80000 欧元左右。同时，在海上安装风力机时，海洋气候对风力机的安装影响很大，如在台风和大浪期

图 2-18 基础的安装

间就不能安装风力机。

针对海上风力机安装困难的现状，设计了两种海上风电场安装方式，分别是海上分体安装和海上整体安装。

(1) 海上分体安装

顾名思义，海上分体安装就是在海上将风力机的各个部件安装到一起。首先，在地面上将风力机的机舱、轮毂和2片叶片组装到一起，使2片叶片成“兔子耳朵”似地安装在机舱的轮毂上，使它们成为一个吊装体；然后用专门的风力机安装船把这个吊装体连同其他的部件（塔筒和另一片叶片等）运到海上安装。国外专门的风力机安装船只有“海能号”（M/V Sea Energy)、“海力号”（M/V Sea Power)、“跳爆竹号”（Jumping Jack）和“五月花决意号”（May flower Resolution)。这些专用船只由集装箱船改造而成，在船的左右两侧装备了液压自升支腿系统。当安装船到达安装地点后，先抛锚稳住船身，再通过液压系统放下支腿至海床面，依靠液压支腿承受整个船身和所载设备的荷载，这样海上的风浪不会造成船体的晃动，可以保证安装的稳定。风力机的吊装采用与陆上类似的方法进行，安装顺序为下部塔筒、上部塔筒、机舱及2个叶片和最后一个叶片，见图2-19、图2-20。

图2-19 Resolution（五月花决意号）分体式吊装

图 2-20　Sea Power（海力号）分体式吊装

(2) 海上整体安装

海上整体安装方法只在英国的 Beatrice 风场采用过。整体安装使用了最大起重能力为 4000t 的双吊臂大型起重船，起重量为 4000t 的桅杆长度为 68m，起重量为 3256t 的桅杆长度为 82m。选择码头上 200m×300m 的空地作为拼装场地，将临时支架暂时固定在地面上，塔筒放入支架内并用螺栓连接，然后依次吊装上部塔筒、机舱、轮毂和叶片。大型起重船将风力机整体吊到船上，起重船上的吊机同时吊住风力机下部的临时支架，并由抱箍抱住塔筒。拖轮将起重船拖至风力机安装点。由起重船将风力机整体和支架吊装到有导管架基础的平台上，将螺栓与塔筒连接以后，再拆除临时支架（图 2-21）。

不管采用哪种施工安装方法，要有效减少在海上的作业时间，保证施工安全，降低海上风力机的安装困难。

图 2-21 Rambiz（英国 Beatrice）整体式吊装

2.3.5.4 海上风电场并网的难题

海上风电场的并网要考虑以下问题：离岸风力机电力汇总的规格问题，离岸风电场网络建设，无功功率、闪变和谐波，可选电网配置方案的确定，对陆上电网的影响，离岸网络的安全标准，收费机制。

通常海上风电场中，风力发电机之间的距离是 500～1000m。每个风力发电机组需用电缆与相邻的机组连接，经 1 个或多个中压集控开关组件及电缆单元汇集，并进一步升压送至更高电压的电网。当风电场容量大于 100MW 时，应采用 36kV 以上的高压系统，以尽可能减少风电场内部风力发电机间互连所产生的损耗。特别是海底电缆，投资很高，需要在高可用性成本和低损耗网络结构（环网或辐射网）之间进行比较。通常考虑的 2 种可能的风电场变电站系统拓扑结构是：a. 10 台以上机组辐射式接线；b. 10 台以上机组开/闭环网接线。

(1) 输电系统的高质量性

风电场采用交流输电时，由于电缆中的电容电流存在，电缆的输电容量被减少，同时输电距离受到限制。输电容量的减少量取决于电缆的结构设计、长度、电压质量、采取的补偿措施及入网连接点对无功功率的要求。电缆任何一端的补偿度在 0～100%之间变化，但最有效的方案是在电缆两端进行相等的补偿。电缆设计时还要依据具体情况优化设计导体截面和电缆绝缘厚度。无论是电缆长度还是补偿方案都取决于远端的电压质量要求、电压等级、电缆的结构设计和敷设方案。从无载到满载产生的电压变化要依据电缆分布参数模型进行计算。通常允许的最大电压波动范围是±10%，这是长电缆运行的一个重要设计准则。

无功补偿设备应符合电网法规对其稳态和动态性能的要求，其设计应按不同项目的不同情况进行。要求的无功补偿控制能够在风力发电机上实现，无论是固定式还是可控并联补偿（SVC，STSTCOM 等）。除电网法规对稳态的要求之外，风力发电机设计上都应能耐受短时故障欠电压工况，引发故障的原因可以是任何电网干扰或主输电系统中的各类故障。

(2) 使用可控动态无功补偿

采用由晶闸管投切电抗器和电容器组成的静止无功补偿器（SVC）可对风力发电随机性引起的闪变和电压波动进行抑制。通过监测平台系统的电压，SVC 可以保证在各种运行工况下都有优化的传输特性，无功补偿要按符合电网法规的方式进行，包括在电力输送端和配电端，以保证稳态和动态运行条件下的电能质量。在高压侧入网端接点（耦合点）应满足电网法规的要求。为减少电缆无功电流和输电损耗，建议补偿设备不要连接在发电机侧。

无功补偿是最近才提出的一项对风力机的要求，这一要求的提出将会增加电网的稳定性，但是也会增加风力机的成本。

(3) 采用长距离高压直流输电

海上风电设备通常距沿岸 10～30km。由于高压交流输电（HVAC）常被反对，当离岸距离大于 150km 且三芯电缆传输容量大于 300MW，或者单回路输电大于 1000MW、距离大于 100km 时，可采用长距离高压直流（HVDC）输电技术。对于超长距离输电主要有 2 类直流换流器可以使用，即 LCC（线路整流换流器）和 VSC（电压源换流器）。典型的高压直流电缆导体损耗为 10～25W/m。

多数的 HVDC 系统处于强电网之间，允许采用晶闸管元件的 LCC 型换流器发挥作用。在强电网中，有很多大转动惯量的旋转电机位于大容量输电线路入网点附近，同时入网点位于这些旋转电机和换流器之间。对海上风电场来说，风力发电机容量相对较小而且每条输电线路也相对较弱，因此为便于启动，要在海上平台上安装一定容量的旋转设备，如旋转同步电容器等。

VSC型换流器能在无旋转电机的情况下启动并达到固定负荷。此类换流器占地小，更适合于海上使用。

采用LCC的HVDC输电线路的单芯直流电缆，其运行电压可高达±500kV，电流为1300～1500A，传输功率达1300～1500MW。晶闸管换流器能够提供高达3000A的直流电流，功率传输容量的极限是综合多因素的结果，包括耐久性、设计和制造大电流HVDC电缆的经济性。如果直流电流非常高，可以考虑在换流器的正、负极敷设2条以上平行电缆的可能性。

遗憾的是，采用长距离高压直流输电的时候，此时的无功补偿将成为技术和经济上的难题，无疑将大大增加并网发电的成本。

(4) 并网发电的局限性

① 电缆长度及热电流对输送容量的限制　电缆长度的限制主要取决于交流和直流输电电缆的电气特性。电缆的额定电流与电缆损耗及散热条件密切相关，需要考虑如下环境因素：a. 海底的最高环境温度；b. 海底或土壤的热电阻率；c. 电缆在海底或土壤里的埋设深度。

对于电缆故障情况，各种交流电缆（假定只有单回路）与HVDC双极或双单极系统相比，在可用性上将有所不同。HVDC电缆具备固有过负荷能力，在出现换流站或电缆一极不可用时，短时允许过负荷可达额定功率的150%。

② 变电站及配电装置的容量限制　理论上对一个远端海上交流集电网络不存在限制，但实际上风力发电机的馈电单元容量应在100(13.8kV，4000A)～230MW(33kV，4000A）之间或更大些。常规中压开关的极限电流为4000A，接近断路器和母线的最大热运行极限。在此情况下，总装机容量需要分割成若干个支路，每个支路包括变压器和中压分段母线，以减小电流。

③ 故障电流的限制　海上风电场采用交流电缆输电时，海上平台上的中压设备额定参数的选择要考虑远端的海上发电机和陆上电网的短路能力。当超过典型值（均方根值为31.5kA、36kV、容量约1800MV·A）时，可

采用三绕组变压器或用限流电抗器增大变压器短路阻抗。塔内单个风力发电机和相邻的开关之间的内部中压连接也须校验故障电流极限。

④ 交流电缆谐振和谐波的限制　采用交流输电，在海上平台与陆地电网之间会有严重的不可控谐波放大和谐波互作用。而采用 HVDC 输电系统，供货范围一般都包括交流滤波器，而且会进行相应的深入研究，足以充分抑制谐波互作用。某些谐波经放大后会明显造成海上中压配电系统的附加电压。图 2-22 是一个典型的系统布置。

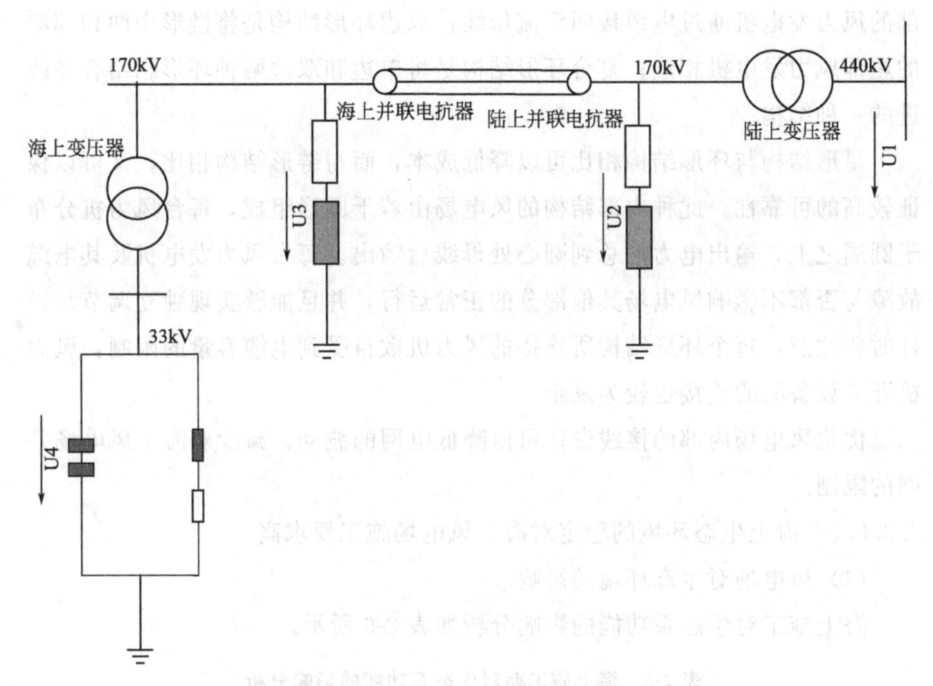


图 2-22　采用交流电缆的海上风电中压系统与陆地电网的典型连接

(5) 优化风电场内部的接线设计

东海大桥海上风电场每台风力发电机组经 0.69kV/35kV 变压器升压，通过一定形式的电气连接系统汇入风电场的母线上，继而通过海底电缆以交流/直流的形式传输到陆上，接入主电网。风电场的内部电气接线方式应视其具体情况而定。

从陆上风电场和海上风电场的设计经验来看，基本上有以下 3 种形式：链形、环形、星形。

链形是已建风电场中用的最多的一种内部连接方法，结构简单，成本不高，其基本思想是将一定数目的风力发电机（包括其附带变压器）连接在一条电缆之上，整个风电场由若干个"串"并列组成。设计时要注意的问题是：每条链上的风力机数目受到地理位置、电缆长度、电缆容量等参数限制。

环形设计比链形需要的电缆规格更高、长度更长，因此成本较高，但因其能实现一定程度的冗余，可靠性较高。环形电气接线方法又可具体分为单边环形、双边环形和复合环形 3 种。其中，单边环形结构是将链形中每串尾部的风力发电机通过电缆接回汇流母线；双边环形结构是将链形中两相邻串的尾部风力发电机相连；复合环形结构是将单边和双边两种环形相结合并改进的一种结构。

星形结构与环形结构相比可以降低成本，而与链形结构相比，又可以保证较高的可靠性。此种内部结构的风电场由若干圆形组成，每台风力机分布于圆周之上，输出电力汇总到圆心处母线后输出。每台风力发电机及其电缆故障与否都不影响风电场其他部分的正常运行，并且能够实现独立调节。设计时要注意，每个环形结构所连接的风力机数目受到电缆容量的限制，风力机开关设备间的连接也较为复杂。

优化风电场内部的接线设计可以降低电网的波动，减少对海上风电场并网的限制。

2.3.5.5 海上生态环境的稳定对海上风电场施工要求高

(1) 风电场对生态环境的影响

海上施工对生态系功能的影响分析如表 2-6 所示。

**表 2-6 海上施工期对生态系功能的影响分析**

| 生态因子 | 功 能 | 影响机理 | 影响结果 |
|---|---|---|---|
| 浮游植物 | 初级生产力，提供诱饵 | 悬浮物浓度增加，减少植物的光合作用 | 浮游植物数目减少 |
| 浮游动物 | 次级生产力，提供诱饵 | 悬浮物浓度增加，影响蚤状幼体的变态和浮游动物的摄食 | 浮游动物数目减少 |
| 底栖生物 | 提供鱼、虾、蟹饵料 | 栖息地被破坏 | 底栖动物死亡 |
| 渔业资源 | 提供终极水产品 | 悬沙浓度增加，导致鱼类呼吸困难死亡 | 成鱼回避，鱼卵、仔、幼体部分死亡 |
| 捕捞生产 | 提供水产品 | 影响生产作业 | 捕捞生产产量减少 |

(2) 高标准的施工原则

① 对海洋生态保护的施工原则　为减轻项目实施对海洋生态环境的影响，在项目建设中要注意以下几方面工作：

a. 优化施工方案，避开海洋鱼类产卵高峰期施工，并尽可能缩短水下作业时间；

b. 严格限制工程施工区域，禁止非施工船舶驶入，避免任意扩大海域施工范围；

c. 避开恶劣天气施工，保障施工安全和避免悬浮物剧烈扩散；

d. 当风力机桩基和电缆铺设完成后，应修复水生动物栖息地，加快生态修复；

e. 开展生态环境及渔业资源跟踪监测，及时了解对生态环境及渔业资源的实际影响。

② 对鸟类生态保护的施工原则　针对鸟类生态保护，施工时要注意以下几方面工作：

a. 合理安排实施施工计划，尽量避开鸟类迁徙、集群的高峰期施工；

b. 合理选择升压变电所与电缆建设位置，减少对鸟类适宜栖息地的侵占；

c. 在风力机上适当的位置安设闪烁灯光、采用不同色彩搭配，如旋转时形成鹰眼图案，促使鸟类产生趋避行为，降低撞击风险；

d. 采用生态工程措施，对陆域建设区域侵占的鸟类栖息地进行补偿，主要通过邻近地区滩涂种青、促淤以及适当圈围，形成鸟类适宜栖息地来实现；

e. 加强区域鸟类活动特征以及鸟类与风力机撞击情况的观测，合理调整运行及防范措施，将风力机鸟撞防范工作纳入区域发展规划，协调区域滩涂及邻近地区的开发建设；委托相应鸟类繁育机构进行鸟类的人工繁育和野放，以补偿鸟类撞击风力机的损失。

### 2.3.6　运行与维护

关于风电机组的维护，陆上风电场通常拥有自己的运行与维护中心，对风电机组实施维护较为便利。而对于海上风电场，受海上盐雾腐蚀、台风、海浪等恶劣自然环境的影响，螺栓等易损件失效加快，机械和电气系统故障率大幅上升，导致检修维护的频次加快，增大了风力机维护的支出。

2.3.6.1 海上风电场维护难度大

海上风电场的维护主要存在着以下几个问题。

① 海上风电场的可达性低 受海上天气多变的影响，检修人员到达风力机进行日常巡检的风险高、难度大，风力机一旦发生故障，维修周期加长，将导致机组的可利用率降低。

② 大部件发生故障时，动用大型工程船进行运输与吊装成本高 如果发电机、齿轮箱、叶片等大部件发生故障，必须动用常规大型起重船完成拆装更换，单次吊装施工费用超过250万元以上。为解决以上问题，必须根据海上风电场的长期气候规律，制定周密的巡检计划；设计专用的维护、吊装设备，实现既能快捷的完成维护、维修任务，又能大幅节省施工成本；除了维护工作以外，要在整机设计之初就加入可维护性设计的理念，也要在整机设计之时，切实加强机械及电气系统的可靠性。只有进行全面的设计考虑，才能确保海上风电场安全、高效地运行。

③ 维修检查计划难以实施 一般说来，风场运行第一年会有更多检查的必要性，规律性检查是每六个月一次，大型检修每五年进行一次；海上风场特别需要考虑由于天气原因每年取消的检修次数占成功检修次数的比例。从丹麦 Tuno Knob 海上风电场的经验来看，取消检修的次数占成功检修的15%。

④ 需要采用风力机维护的专用设备 目前的措施是每台风力发电机均配置一个起重机或提升机，但此方案成本高昂且起吊能力有限，无法完成像齿轮箱、发电机、叶片等大型风力机部件的更换与维修工作。一旦这类大部件发生故障，将可能导致长期停机、发电量严重损失。而采用常规大型工程船进行维修施工成本极高，因此必须针对海上工况的特殊性，开发一整套低成本的维修用吊装设备（图2-23）。

⑤ 增加整机的可靠性及可维护性设计 由于海上风力机的故障率高、维护成本异常昂贵，海上风电机组的设计本身需要加强可靠性和可维护性。国外现有的海上风电机组已经发生过多次故障，这些机组大部分是基于陆上机组的设计制造的，仅根据海上的气候环境稍做修改，因此不适用于海洋环

图 2-23　海上风力机维护专用设备

境的风力发电机组型式。

风电机组中各类零部件产生的小问题经常需要维修人员去现场进行维护保养。尤其当机组的质保期过后，那些小型的机械或电气元件不断地有故障产生，比如电流短路或者开关跳闸等导致风电场停工的小问题。这些故障都需要配备船只、船员、技术人员赴现场解决，导致海上风电场的运行与维护成本大幅提高。另外，当齿轮箱等大部件发生故障，则需要动用大型浮吊进行更换，单次吊装费用高达 200 多万，且造成长时间停机，发电量损失很大。为此，有必要对整机进行可靠性及可维护性设计。

① 可靠性设计　机组关键机械零部件均需进行裕度加强设计，电气系统则实施冗余设计策略，应力敏感元器件通过降额设计以提高工作寿命，紧固件采取多重防松措施，以此保证机组的年可利用率。

② 可维护性设计　在整机设计之初，即将可维护性的理念落实在结构选型、连接形式、吊装接口、结构布局等设计细节上；为方便海上风力机零部件的维护维修，需要开发低成本的专用维护吊装设备和拆卸工装，最大限度地实现风力机部件的在线维护，降低海上风电场的运行成本。

2.3.6.2　维护费用昂贵

① 受海上交通不便和天气多变的影响，风力机日常巡检和保养需要出动工程船进行，交通运输成本大大增加。

② 海上风力机受盐雾腐蚀、台风、海浪等恶劣自然环境的影响，螺栓、

电气元件等易损件失效加快，机械和电气系统故障率大幅上升，检修维护的频次加快，更增大了风力机维护的支出。

③ 当风力机发电机、齿轮箱、叶片等大部件发生故障，需要动用大型浮吊完成拆装更换，单次吊装施工费用在200万以上。

综上所述，欧洲海上风电场的运行与维护成本占每度电价的25%～30%，平均每台2.0MW海上风力机20年总维护费用约2000万～2400万元；而陆上风电场的运行维护成本仅占每度电价的10%～15%，2.0MW陆上风力机20年维护成本约640万～960万元，海上风力机运行维护成本约为陆上的2～4倍。根据欧洲对已建海上风电场的估算，运行与维护费用一般占总工程费用的20%～25%。

# 第3章 海上风力机区别于陆上风力机的特殊性

海上风力机与陆上风力机的运行环境存在着很大的差异，在进行海上风力机设计时，必须要充分考虑海上风力机所处的运行环境，结合陆上风力机的设计，以在研发时间、成本、性能、可靠性等方面达到最优组合。海上风力机区别于陆上风力机的运行特点如下。

① 风速较高，比陆上约高出20％～100％。理论上讲，风电功率与风速的3次方成正比，海洋风电功率比陆地增大1.7～1.8倍。

② 陆地表面不平，有高有低，对风力、风向、风量等有很大影响，甚至引起紊流，对风轮叶片破坏力极大，甚至导致振动、疲劳、断裂。海洋没有此类危险，海面平坦，风转稳定，功率变动比较小。

③ 海洋表面粗糙度较小，相对于海面上空高度的风速变化不大，支撑风力机的塔柱不必太高。造价、安装维护费用可减小。

④ 海上周围没有人家、不必担心噪声、电磁波、风轮挡光和转动阴影等环境影响，甚至可以实施调整运行。

⑤ 由于海上风电要求船式吊车、水下固定以及长距离海底埋设电缆，造价要比陆地高出60％，但发电量却增加50％以上，比较平衡；陆地设备

平均利用率约为 2000h，好的可达 2600h，因为海上风速较大而且稳定，海上可达 3000h。

⑥ 海面宽阔，不受场地限制，可以实现风电场的大容量化。

⑦ 高盐雾、多腐蚀、浪载大。

⑧ 与陆上风力机同等可靠性标准下，海上风力机更容易出故障，且维护困难，维护成本高。

综合海上风力机的运行环境，本章从将从海上风力机技术路线选择、风力机基础多样化设计、风力机防腐密封设计、风力机基础防撞击设计四方面介绍海上风力机的设计特点。

## 3.1 海上风力机技术路线选择

### 3.1.1 风力机故障分析

不管陆上风力机还是海上风力机，是否具有较低的故障率、较高的可靠性，都是在进行技术路线选择时需要进行考虑的非常重要的因素。尤其对于海上风力机而言，由于维护成本比较高，对低故障率、高可靠性的要求更高。风力机的转子系统、齿轮箱、液压系统主要可能出现的故障如下。

(1) 转子系统常见故障

海上风力机常见的转子系统故障主要有转子不平衡、机械松动、油膜涡动和油膜振荡、不对中、动静摩擦、共振等，如图 3-1 所示。

从图 3-1 可以清晰地看出海上风力机转子系统的故障分类。需要注意的是，不同的故障具有不同的故障特征，不同的故障特征就会对风力机造成不同的影响。因此，进行海上风力机技术路线选择时，也需要尽量对其故障特征进行分析。海上风力机转子系统的故障特征如表 3-1 所示。

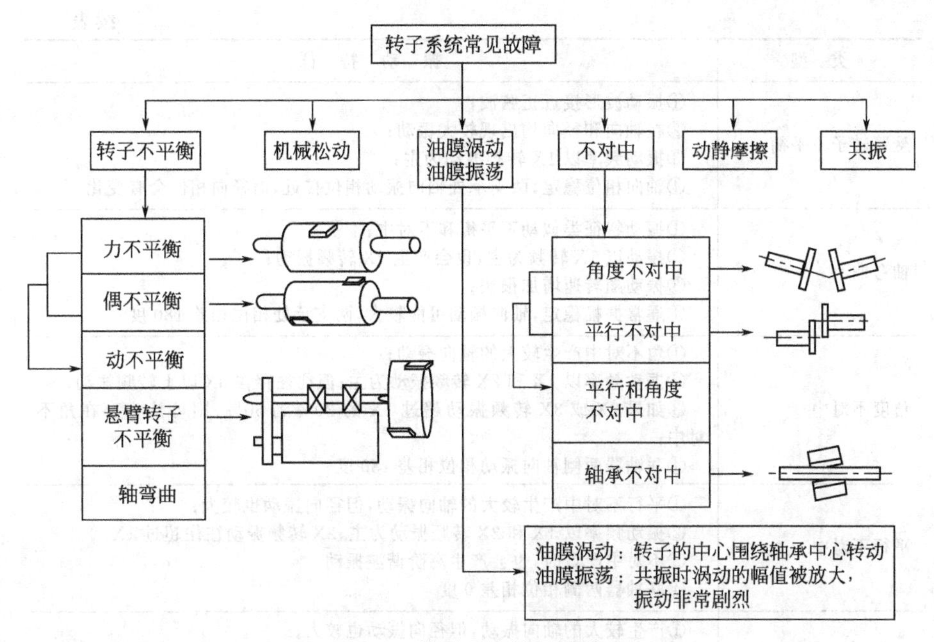

图 3-1　转子系统常见故障

**表 3-1　海上风力机转子系统的故障特征**

| 类　型 | 振　动　特　征 |
|---|---|
| 力不平衡 | ①振动波形接近正弦波；<br>②轴心轨迹近似圆形；<br>③振动以径向为主，一般水平幅值大于垂直方向的幅值；<br>④振动大小与转速平方成正比；<br>⑤振动频率以 1X 转频振动为主；<br>⑥振动相位稳定，两个轴承处相位接近。同一轴承水平方向和垂直方向的相位相差接近 90 度 |
| 偶不平衡 | ①振动波形接近正弦波；<br>②轴心轨迹近似圆形；<br>③在两个轴承处均产生较大的振动，不平衡严重时还会产生较大的轴向振动；<br>④振动大小与转速平方成正比；<br>⑤振动频率以 1X 转频振动为主，有时也有 2X、3X 等谱线；<br>⑥振动相位稳定，两个轴承处相位相差 180 度 |
| 动不平衡 | ①振动波形接近正弦波；<br>②轴心轨迹近似圆形；<br>③振动以径向为主；<br>④振动大小与转速平方成正比；<br>⑤振动频率以 1X 转频振动为主；<br>⑥振动相位稳定，两个轴承处相位接近 |

续表

| 类型 | 振动特征 |
| --- | --- |
| 悬臂转子不平衡 | ①振动波形接近正弦波；<br>②在轴向和径向均出现较大振动；<br>③振动频率以1X转频振动为主；<br>④轴向相位稳定，两支承处轴向振动相位接近，而径向相位会有变化 |
| 轴弯曲 | ①振动特征类似动不平衡和不对中；<br>②振动以1X转频为主，也会产生2X转频振动；<br>③振动随转速增加很快；<br>④通常振幅稳定，轴向振动可能较大，两支承处相位相差180度 |
| 角度不对中 | ①角不对中产生较大的轴向振动；<br>②振动频率以1X和2X转频振动为主；但往往存在3X以上转频振动；<br>③如果2X或3X转频振动超过1X的30%到50%，则可认为存在角不对中；<br>④联轴器两侧轴向振动相位相差180度 |
| 平行不对中 | ①平行不对中产生较大的轴向振动，但径向振动也较大；<br>②振动频率以1X和2X转频振动为主，2X转频振动往往超过1X；<br>③不对中严重时，也会产生高阶谐波振动；<br>④联轴器两侧相位相差0度 |
| 角度和平行不对中 | ①产生较大的轴向振动，但径向振动也较大；<br>②振动频率以1X和2X转频振动为主；但往往存在高次谐波振动；<br>③联轴器两侧轴向振动相位差为0～180度 |
| 轴承不对中 | 轴承不对中或卡死将产生1X和2X轴向振动，如果测试一侧轴承座的四等分点的振动相位，同一轴承座上顶部与底部轴向振动相位差约为180度，左侧与右侧的轴向振动相位差约为180度<br>注意：此时，通过找对中无法消除振动，只有卸下轴承重新安装 |
| 机械松动 | ①在松动方向的振动较大；<br>②振动不稳定，工作转速达到某域值时，振幅会突然增大或减小；振动频率除转轴的旋转频率(轴频)fr、可发现高次谐波(二倍频2xfr、三倍频3xfr)及分数谐波(1/2xfr、1/3xfr等) |
| 油膜涡动<br>油膜振荡 | ①径向振动大；<br>②振动频谱存在0.42～0.48倍转频振动并以高次谐波振动为主；<br>③轴向振动在0.42～0.48倍转频振动处分量较小。优化设计选择合适的承载油膜刚度和阻尼力，并采取避免转子的工作转速在轴系的一阶临界转速的两倍附近等措施来抑制涡动和振荡 |
| 动静摩擦 | ①振动频带宽，既有与转速频率相关的低频成分，又有与固有频率相关的高次谐波分量，并伴随着异常噪声，可根据振动频谱和声谱进行判别；<br>②振动随时间而变。在转速和负荷都不变的情况下，由于动静部分接触发热而引起振动矢量的变化，其相位变化与旋转方向相反；<br>③接触摩擦开始的瞬间会引起严重相位跳动(大于10度的相位变化)。局部摩擦时，无论是同步还是异步，其轨迹均带有附加的环 |
| 共振 | 强迫振动频率与系统的固有频率一致时将出现共振，振动幅值急剧放大，导致灾难性破坏往往需要通过改变结构刚度来提高或者降低固有频率 |

表 3-1 中，机械松动的故障特征还可以按部件是否可以旋转分为非旋转件松动和旋转件松动，具体的松动部位、振动频率、形态描述如表 3-2 所示。

**表 3-2　机械松动故障特征**

| 松动类型 | 松动部位 | 振动频率 | 形态描述 |
|---|---|---|---|
| 非旋转件松动 | 轴承盖、支座 | 转频，高次谐波，分数谐波 | 振动具有方向性，振动幅值稳定 |
| | 基础螺栓 | 转频，高次谐波 | |
| | 轴瓦合金松动、间隙大 | 转频，高次谐波，分数谐波 | |
| 旋转件松动 | 联轴器磨损、松动 | 转频，高次谐(有时也有分数波)，轴承特征频率 | 振动具有方向性，测点位置不同，振幅值不同，运行时稳定暂态过程振幅变化 |
| | 滚动轴承配合松动 | 转频，高次谐波(有时也有分数谐波轴承特征频率) | |
| | 转子部件配合松动 | 转频，高次谐波；转子或支承的固有频率 | |

(2) 齿轮箱故障

齿轮箱作为变速传动部件是否正常运行直接影响整台机器的工作状况，由于制造误差、装配不当或在不适当的条件（如载荷、润滑等）下使用，常会发生损伤等故障。为了更清楚地说明齿轮箱的失效情况，将齿轮箱失效原因及失效比重、齿轮箱失效零件及失效比重的关系制成表格，分别如表 3-3、表 3-4 所示。

**表 3-3　齿轮箱失效原因及失效比重**

| 失效原因 | 失效比重/% | | 失效原因 | 失效比重/% | |
|---|---|---|---|---|---|
| 齿轮箱缺陷 | 设计 | 12 | 运行缺陷 | 维护 | 24 |
| | 装配 | 9 | | 操作 | 19 |
| | 制造 | 8 | 相邻部件(联轴器等)缺陷 | | 17 |
| | 材料 | 7 | | | |
| | 修理 | 4 | | | |

**表 3-4　齿轮箱失效零件及失效比重**

| 失效零件 | 失效比重/% | 失效零件 | 失效比重/% |
|---|---|---|---|
| 齿轮 | 60 | 箱体 | 7 |
| 轴承 | 19 | 紧固体 | 3 |
| 轴 | 10 | 油封 | 1 |

齿轮箱的故障原因大致可以分为振动增大、噪声异常、温度升高、严重漏油、磨损加剧、能耗增大等，具体的原因分析如图 3-2 所示。

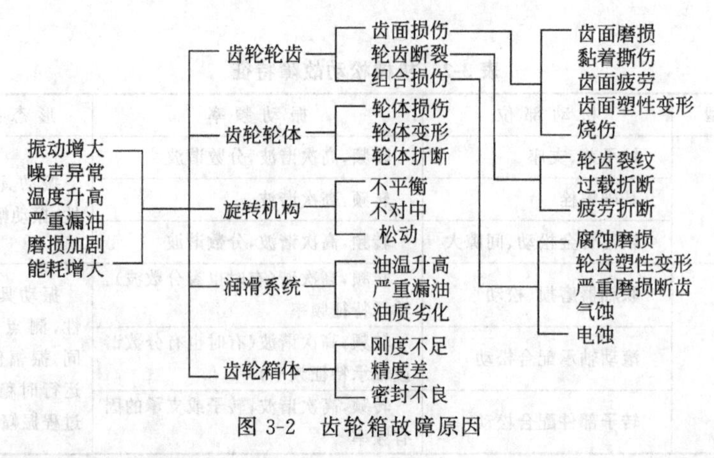


图 3-2 齿轮箱故障原因

（3）液压系统故障

液压设备的故障主要来源于油液污染、泄漏和磨损等，其故障体现出多发性、不确定性和隐蔽性的特点，往往多种故障交叉出现。液压系统故障具体分析如图 3-3、图 3-4 所示。

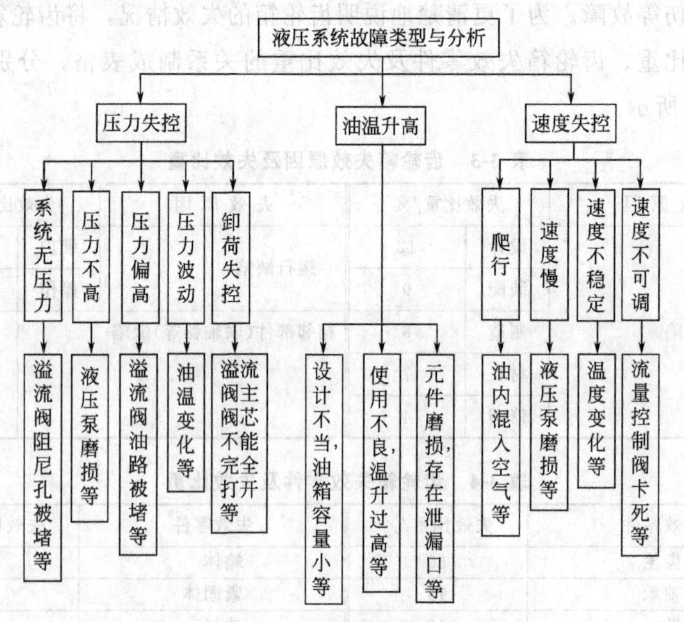


图 3-3 液压系统故障类型与分析（1）

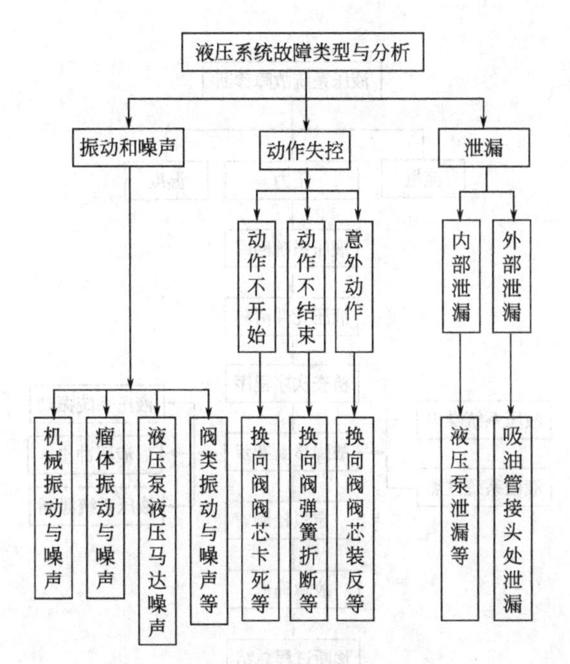


图 3-4 液压系统故障类型与分析（2）

这里需要说明一下寻找液压系统故障元件的步骤，在诊断故障过程中，如果不确定是否是液压系统的故障，或者知道是液压系统的故障，但不知道是液压系统哪一部分的故障，建议按照以下步骤依次检测，如图 3-5 所示。

### 3.1.2 主要的技术路线

海上风力机所处的环境及载荷特点与陆上风力机有很大的不同，这也决定了在进行海上风力机的设计时，要充分考虑海上的环境，选择适合海上环境的技术路线。风力机的技术路线主要有 3 种：高速双馈、半直驱、直驱。除以上三种主流技术路线以外，还有的风电公司开发出了中速双馈机型，中速双馈与高速双馈的区别在于中速双馈机型齿轮箱转速低。高速双馈、半直驱、中速双馈机舱内部结构形式差不多，都带有齿轮箱。图 3-6 所示为高速双馈风电机组，半直驱、中速双馈与之相似；直驱式没有齿轮箱，如图 3-7 所示。

以上 4 种技术路线的主要区别在于系统可靠性、可维护性、备件备品通用性三方面。

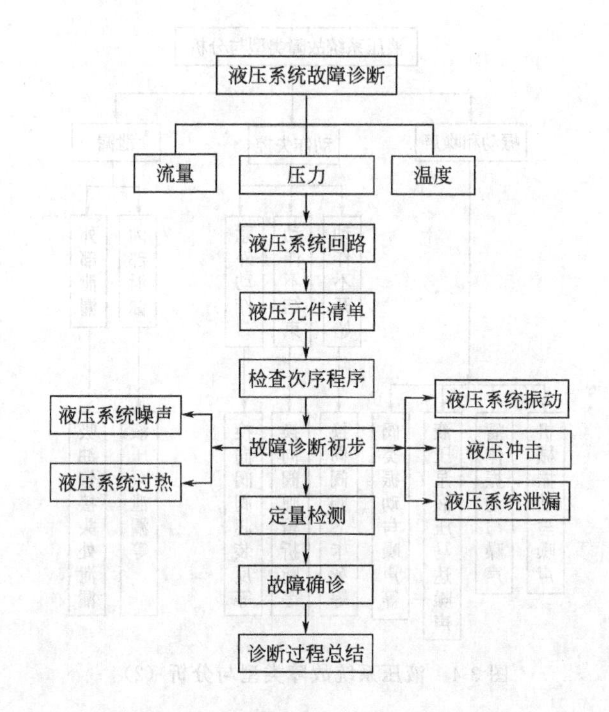


图 3-5 寻找液压系统故障元件的步骤

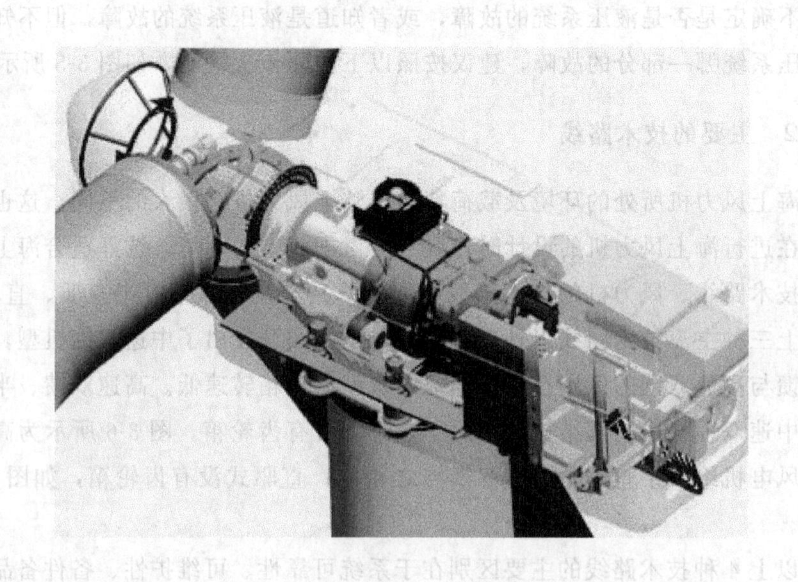

图 3-6 高速双馈风电机组

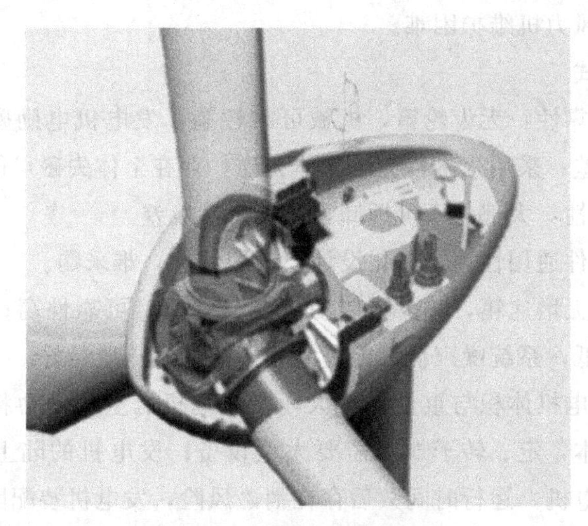

图 3-7　直驱式风电机组

(1) 高速双馈

① 系统可靠性：增速比大，可靠性低，故障率高。

② 可维护性：发电机等大部件易拆卸，可维护较好。

③ 备品备件通用性较好。

④ 优点：技术成熟、设计、制造难度低。

⑤ 缺点：整机结构较复杂，轴向尺寸较大；增速箱故障率多、可靠性差；因增速箱增速比高，负荷重，存在轴承与齿轮磨损、润滑油更换频繁、机械噪声、高速振动等。维护保养工作量大，有电刷和滑环，增加维护工作量；能量利用率降低。

(2) 半直驱

① 系统可靠性：增速箱双级行星，使用轴承多，可靠性低，效率低。

② 可维护性：增速箱发电机集成安装不可拆，机舱与轮毂不能相通，可维护性差。

③ 备品备件通用性：非标化设计，通用性差，难采购。

④ 优点：技术成熟、设计、制造难度低。

⑤ 缺点：增速箱内主轴轴承过大，外购件依赖性大；增速箱的输出轴过长，扭转刚度较差；电机、增速箱连接结构复杂，电机主轴内孔中轴嵌套太多。单个轴承承载，工况恶劣，需特制轴承；增速箱电机集成，机舱与轮

毂不能相通，风力机维护困难。

（3）直驱式

① 系统可靠性：无齿轮箱，机械可靠性高；发电机电励磁，技术不成熟，调压性能差；采用永磁，无法整体充磁，存在个体失磁可能。

② 可维护性：大部件不可拆卸，可维护性极差。

③ 备品备件通用性：非标化设计，通用性差，难采购。

④ 优点：无增速箱，减少了传动链能量损失，可靠性高；维护工作量小，维护费用低，系统噪声低；能量利用率高，发电质量好。

⑤ 缺点：电机体积与重量均较大，既影响机舱空气动力特性，又增加制造难度与成本，定、转子加工需要大型设备；发电机的陆上运输比较困难；对于永磁电机，运行时间久后存在消磁风险，发电机装配困难；对于电励磁，存在电刷和滑环，既增加机械摩擦，又增加电损耗，降低电机效率；需要全功率变流器，成本高，损耗大，且变流器制造难度大，国内无成熟产品，主要依赖进口。

（4）中速双馈

① 系统可靠性：齿轮箱增速比小，齿轮抗疲劳特性增强，寿命提高；采用双轴承支撑，机械可靠性大幅提高。

② 可维护性：齿轮箱、发电机等大部件易拆卸，可维护性好，更适合海上。

③ 备品备件通用性较好。

④ 优点：增速箱简单、体积小、故障率低、维护方便；制造难度小，对加工设备要求低，制造成本低；主轴轴承外置，对配件的要求降低。

⑤ 缺点：机舱比同规格高速双馈重；有电刷和滑环，增加维护工作量。

## 3.2 风力机基础多样化设计

### 3.2.1 基础设计条件要求

海上风力机基础需同时具备海洋工程、高耸结构基础、动力设备基础三种工程特性，基础设计既要考虑其所处地势及地质情况，又要兼顾经济性。在进行海上风力机基础设计时，需要考虑的问题比较多，但主要的是以下两大要求。

(1) 不同地理位置要求

这是海上基础设计时需要首先考虑的。海上风力机的地理位置一般有以下几种。

① 滩涂，为平均高潮线以下、低潮线以上的海域（潮浸地带），既属于土地，又是海域的组成部分。滩涂的特点是，由于潮汐的作用，有时被水淹没，有时又出露水面，其上部经常露出水面，其下部则经常被水淹没。

② 沙洲，即海滨露出水面的沙滩。

③ 水深较浅的浅海。

④ 离岸较近的近海。

(2) 不同地质条件要求

海上风力机基础设计之前要详细考察安装地的地质条件，以确定可以在此建造基础的可行性、可以建造的基础类型、地质对基础成本的影响等。对于安装地地质情况的确定，需要详细勘探、并确定地质的以下几个方面：

① 强度及稳定性；

② 压缩及不均匀沉降；

③ 振动造成的地基土震陷与失稳；

④ 地基渗漏量和水力比。

### 3.2.2 常见的基础形式

根据地理位置及地质条件的不同，海上风力机基础设计模式主要分为四种形式：重力基础、单桩基础、三脚架基础、导管架基础。

#### 3.2.2.1 重力基础

就是利用基础的重力使整个系统固定。基础的重力可以通过往基础内部填充钢筋、沙子、水泥和岩石等来获得。重力基础依靠自身的重力能提供足够的刚性，有效避免基础底部与顶部的张力载荷，并且能够在任何海况下保持整个基础稳定。但重力式基础只是依靠自身的重力保持位置和系统的稳定，所以特别需要考虑所安放的海床情况。重力式基础不适合流沙形的海底情况，但对于海底岩石较多的情况能适合。总体来说，对海床地质条件的要求比较小。

重力基础一般为钢筋混凝土结构，是所有的基础类型中体积最大、重量最大的基础，依靠自身的重力使风力机保持垂直。在制作时，一般利用岸边的干船坞进行预制，制作好以后，再将其漂运至安装地点。海床预先处理平整并铺上一层碎石。然后再将预制好的基础放于碎石之上。在与海平面接触的部位，为了减小冰荷载带来的影响，降低冰对基础的撞击危险，可以将其设计成锥形。一般来说，重力基础可以适用于水深小于 10m 的海床。当然不同的水深及地质条件对重力基础的设计建造要求不一样，成本也相差比较大。下面是重力基础的优缺点比较。

(1) 优点

① 结构比较简单，造价低；

② 抗风暴和风浪袭击的性能很好，稳定性和可靠性也比较高。

(2) 缺点

① 需要预先进行海床准备；

② 体积和重量都比较大，使得安装起来不够方便；

③ 适用水深范围太小，随着水深的增加，其经济性不仅不能得到体现，造价反而比其他类型基础要高。这也是重要基础使用范围的一个主要限制因素。

为了克服混凝土重力式基础体积大、重量大、安装不方便的缺点，有人提出了钢桶重力式基础，这种结构形式是在混凝土平板上放置钢桶，然后在钢桶里填置鹅卵石、碎石子等高密度物质。这种结构比起混凝土重力式基础来轻便很多，能够实现用同一个起重机完成基础和风力机的吊装。但是这种结构需要阴极保护系统，在造价上也比混凝土重力式基础要高。目前这种结构形式在海上风电场中还没有得到应用。

重力基础从结构上看相当于一个塔架固定安放在重力基础上，主要设计考虑是避免重力基础和海床间的浮力。重力基础示意图如图 3-8 所示，工程实例如图 3-9 所示。

图 3-8　重力基础

图 3-9　混凝土重力基础工程实例

3.2.2.2　单桩基础

单桩式基础是最简单的基础结构，为目前应用比较广泛的形式。它由焊接钢管组成，桩和塔架之间的连接可以是焊接连接，也可以是套管连接，通过侧面土壤的压力来传递风力机荷载。桩的直径根据负荷的大小而定，一般在 3～5m 左右，壁厚约为桩直径的 1%，通过打桩设备将单桩打入海床25～30m 进行固定。对于变动的海床，由于单桩打入海底较深，该基础形式有较大的优势，但对于海床有岩石的情况就不适合采用此类基础。

单桩基础插入海床的深度与土壤的强度有关，土壤强度不同，插入海床的深度也不一样。单桩基础可由液压锤或振动锤贯入海床，也可以在海床上钻孔，两种方式在选择桩的直径时有一些区别，用撞击入海床的方法，桩的直径要小一些；若用海床上钻孔的方法，桩的直径可以大一些，但壁厚要适当减小。单桩基础一般适用于水深小于 30m 且海床较为坚硬的水域，尤其是在浅水水域，更能体现其经济价值。

单桩基础的优点在于制造简单和不需要做任何海床准备。

缺点在于：

a. 受海底地质条件和水深的约束比较大，水太深时容易出现弯曲现象；

b. 安装时需要用专用的设备，如钻孔设备，施工安装费用比较高；

c. 对海水冲刷很敏感，在海床与基础相接处需要做好防冲刷防护。

单桩基础示意图如图 3-10 所示，工程实例图如图 3-11 所示。

图 3-10 单桩基础

图 3-11 单桩基础工程实例

3.2.2.3 三脚架基础

三脚桩基础采用标准的三腿支撑结构，由中心柱、三根插入海床一定深度的圆柱钢管和斜撑结构构成，钢管桩通过特殊灌浆或桩模与上部结构相连，其中心柱提供风力机塔架的基本支撑。三脚架基础是由单塔架结构演变而来的，三脚架的中心轴提供风力机塔架的基本支撑，类似单桩结构，三脚架可以采用垂直或倾斜管套，且底部三角处各设一根钢桩用于固定基础，三个钢桩被打入海床 10～20m 的地方，在单桩基础设计上又增强了周围结构的刚度和强度，增加了基础的稳定性和可靠性，同时使其适用范围得到了扩大。三脚架基础一般应用于水深为 20～80m 且海床较为坚硬的海域。

三脚架基础的优点有：

① 制造简单；

② 不需要做任何海床准备；

③ 可用于深海域基础；

④ 不需要冲刷防护。

三脚架基础的缺点有：

① 受海底地质条件约束较大；

② 不宜用于浅海域基础，在浅海域安装或维修船有可能会与结构的某部位发生碰撞，同时增加了冰荷载；

③ 建造与安装成本比较高。

三脚架基础示意图如图 3-12 所示，工程实例图如图 3-13 所示。

图 3-12　三脚架基础

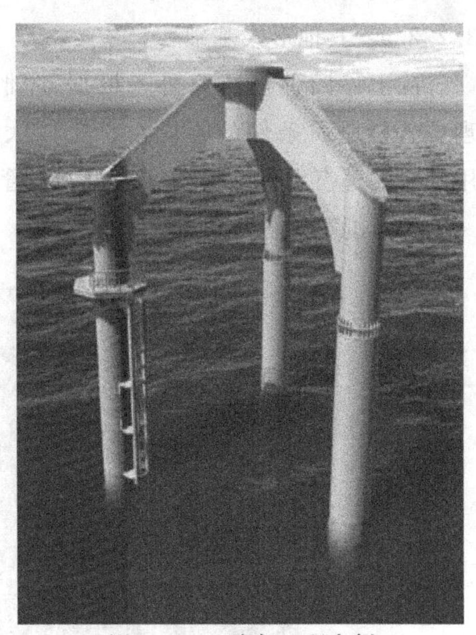

图 3-13　三脚架工程实例

#### 3.2.2.4　导管架基础

导管架基础从外形看像一个锥台形空间框架，先在陆上将钢管焊接好，再将其漂运到安装点，最后将钢桩从钢管导管中打入海底。在导管架固定好以后，在其上安装风力机塔筒即可。导管架可以适用的水深范围比较大，可以安装在水深很大的水域。但是考虑到其经济状况，一般将其用在水深大于 40m 的海域。下面是导管架基础的优缺点比较。

导管架基础的优点有：

① 导管架的建造和施工方便；

② 受到波浪和水流的作用荷载比较小；

③ 对地质条件要求不高。

导管架基础的缺点是造价随着水深的增加增长很快。

导管架基础的示意图如图 3-14 所示，工程实例图如图 3-15 所示。

图 3-14 导管架示意图

#### 3.2.2.5 其他形式基础

除上述四种模式之外，根据基础地理位置和地质条件的不同，有比较大应用前景的还有混凝土桩群桩基础、钢管桩群桩基础、漂浮式基础三种。

(1) 混凝土桩群桩基础

图 3-15 导管架基础工程实例

混凝土桩群桩基础主要有 6 个特点：

① 适合水深 0～10m；

② 物料运输方便；

③ 适合多种地质条件；

④ 锥形承台可减少水平撞击力；

⑤ 斜桩能有效减小结构水平位移，并提高水平承载力；

⑥ 成本比钢制基础低。

进行混凝土桩群桩基础设计时，需要注意以下几点。

① 几何参数，主要包括墩台和承台的直径级高度；PHC 桩的直径、壁厚、长度；PHC 桩的埋入承台深度、桩基根数；群桩布置方式；桩斜度等。

② 材料及设计载荷，主要包括墩台、承台混凝土的强度；混凝土防腐剂、防水外加剂的添加；PHC 桩的强度等。

③ 台风影响严重海域可借鉴防浪海堤的外形设计，对承台部分增加破浪措施，降低海浪对基础的冲击力。

混凝土桩群桩基础示意图如图 3-16 所示。

混凝土桩群桩基础有如下几个特点：

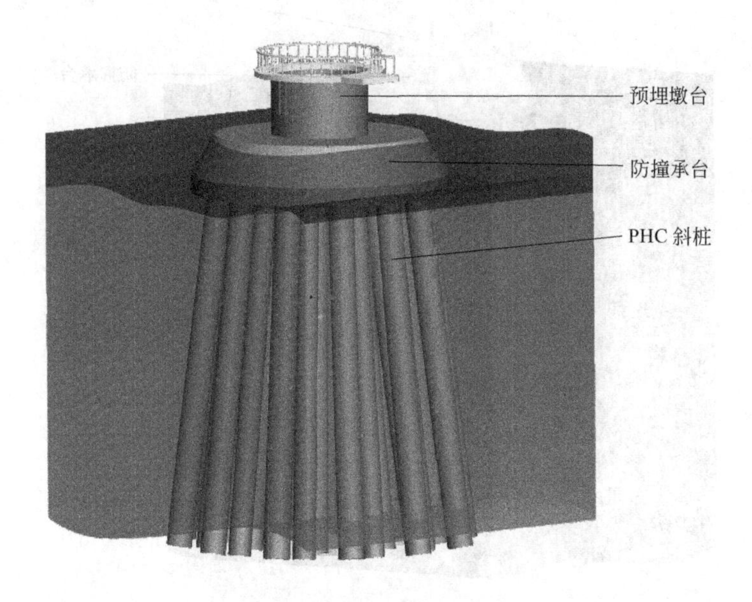


图 3-16　混凝土桩群桩基础

① 适合水深 0～10m；

② 物料运输方便；

③ 适合多种地质条件；

④ 锥形承台可减少水平撞击力；

⑤ 斜桩能有效减小结构水平位移，并提高水平承载力。

⑥ 基础受力的具体情况还要根据所处地点的风、海浪情况而定。

(2) 钢管桩群桩基础

钢管桩群桩基础的特点主要有：

① 适合水深 10～20m；

② 物料运输方便，施工周期短；

③ 适合多种地质条件；

④ 设计有防撞承台，采用斜桩设计；

⑤ 钢桩成本较高。

钢管桩群桩基础示意图如图 3-17 所示，其工程实例（东海大桥海上风

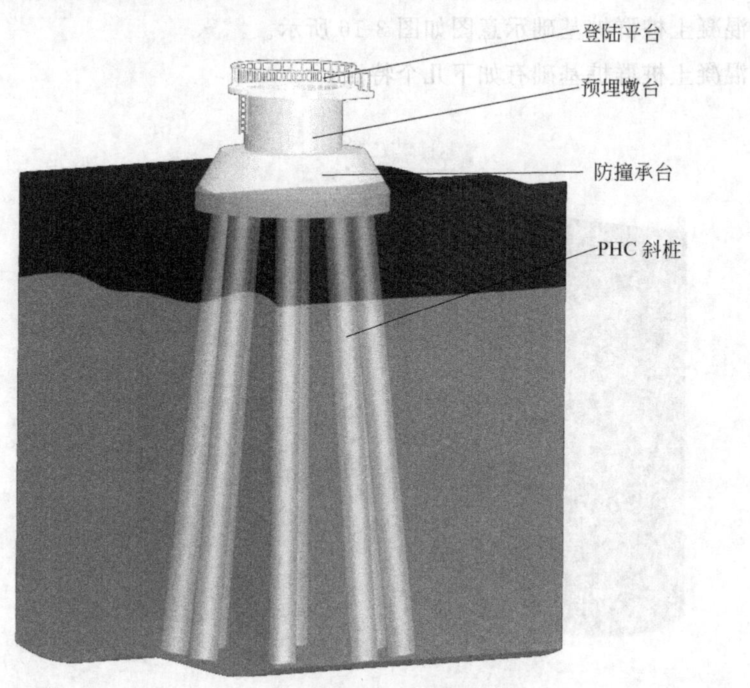


图 3-17 钢管桩群桩基础

场）图如图 3-18 所示。

（3）漂浮式基础

漂浮式基础海上风力机漂浮支架所承受的负荷主要是风电机主要活动部件的推力和海浪对活动部件的冲击力。另外，由风电机转矩和波浪漂移力产生的负荷也不可忽视，需要列入考虑的重要因素还有迎风偏航稳定性和成本。

针对最主要的负荷，即风电机推力，可以通过某些方法将推力转移到海水中或者地下。保证其稳定性的方法主要有三种：

① 采用水线面船，类似驳船或者双体船的形式；

② 在水下深处设置重物，起到制衡的作用，比如一根细长的圆柱形物体；

③ 采用系泊设备保持结构稳定，特别是拉锚。

图 3-18　钢管桩群桩基础工程实例

图 3-19　漂浮式基础

上述每种方法都有其各自的特点：采用水线面船和在水下深处设置重物类型的漂浮式基础已得到实际应用，技术可靠性高；采用系泊设备和在水下深处重物类型的漂浮式基础更适合在浅水区使用；采用系泊设备类型的漂浮式基础在质量轻巧、外观设计美观方面尚需改进。

漂浮式基础的优点可以归纳为以下几点：

① 适用国家和地区多，包括地中海沿岸的国家（法国、西班牙、意大利）、挪威、美国（东海岸和西海岸）和东亚地区（中国、日本、韩国等）。

② 理论上，在中等深度海域，成本与固定式结构接近，但尚需在漂浮式和固定式结构基础实际中得到进一步证实；

③ 建造和安装程序的灵活性强；

④ 安装与维护成本低，

⑤ 在其寿命终止时，拆除费用低；

⑥ 对水深不敏感，安装深度可达 50m 以上；

⑦ 波浪荷载较小。

漂浮式基础也存在着一些技术上的问题需要解决：

① 风电机组和海浪引起的波动最小化；

② 设计过程中的额外复杂性，包括支架结构和风电机组之间的连接设备的认识和建模；

③ 电气设备设计和成本，尤其是挠性电缆；

④ 建造、安装和维护程序，尤其需要关注建造和运营程序；

⑤ 稳定性差；

⑥ 平台与锚固系统的设计。

图 3-19 是一漂浮式基础的示意图，图 3-20 是其工程实例。

### 3.2.3 几种基础方案比较

以某型号海上风力机为例，对混凝土群桩基础、钢桩群桩基础、单桩、混凝土式重力地基、三脚架、导管架这六种基础，在应用范围、优势、缺陷及制约因素三方面进行比较分析，分析结果如表 3-5 所示。

图 3-20　漂浮式基础工程实例

**表 3-5　海上风力机基础方案比较**

| 类型＼比较项 | 应用范围 | 优　势 | 缺陷及制约因素 |
| --- | --- | --- | --- |
| PHC 群桩基础 | 滩涂、浅海区，水深 0～10m | 施工技术成熟，但其整体重量较大，材料及运费也比较贵 | 消耗材料量大，工期长 |
| 钢桩群桩基础 | 近海，所有土壤条件，适合水深 10～20m | 安装简便，工期较短，钢桩承载力加强，基础承台尺寸相应减小 | 成本高 |
| 单桩 | 多种地质条件。目前国内可施工最大桩径为 4.5m，适合水深 0～30m | 结构型式简单、轻、通用，受力明确，工期较短；最深 35m | 施工较困难；受制于打桩锤直径 |
| 混凝土式重力地基 | 所有土壤条件都可以，适合水深 0～10m | 适合所有海床状况 | 需平整海床，重量大，运输安装费用中等，工期比较长 |
| 三脚架 | 适用水深大于 20m | 稳定性强，对风暴的承受能力强 | 底座较重，结构复杂，制造成本高；纠偏的难度和施工费用均较大 |
| 导管架 | 适合水深大于 40m | 与三桩基础类似，但整个基础的受力得到改善，桩基承载力更高 | 底座较重，结构复杂，制造成本高；纠偏的难度和施工费用均较大 |
| 漂浮式基础 | 适合水深大于 50m | 适合水深范围大 | 实际应用较少，技术上还有很多难题待解决 |

### 3.2.4 基础设计流程

为了海上风力机基础设计的准时准确完成，其设计必须遵循科学的设计流程。一般来说，海上风力机基础设计要经过以下几个程序：场址勘探、外部条件确定、风电场布局、设计条件确定、运输及施工等方案的确定，如图3-21所示。

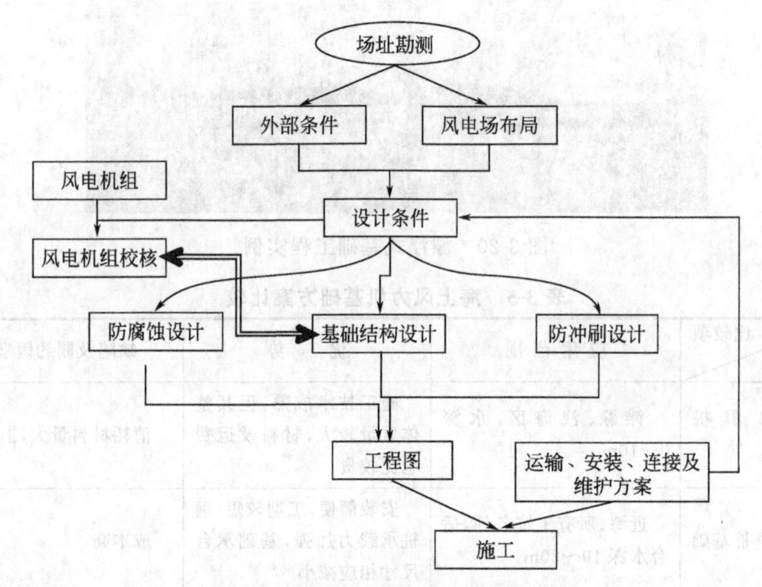


图 3-21 海上风力机基础设计流程

外部条件确定、结构设计及防冲刷设计的过程如下。

(1) 外部条件确定

要确定外部条件，首先要进行场址勘测，场址勘测主要包括以下四部分：

① 风况测量，包括风速、风向、气压等；

② 海况测量，包括波浪、洋流速度和方向、潮位等；

③ 地质勘测，包括海底地形（水深）、地层剖面、土壤条件等；

④ 其他调研，包括结冰、地震、人类活动等。

在进行以上地质勘测以后，可以得到一个场址条件数据库，对这个场址条件数据库进行分析后，就能得到进行海上风力机基础设计所需的外部条件，此时得到的外部条件主要包括以下五部分：

① 极端风速、风速分布、湍流强度、风切变等；

② 波浪能量谱、H/T/V 概率分布风、浪方向分布等；

③ 极端洋流、平均水位、极端水位等；

④ 海床运动、剪切强度、土壤刚度阻尼等；

⑤ 结冰程度、地震强度、撞击概率等；

确定外部条件的流程示意图如图 3-22 所示。

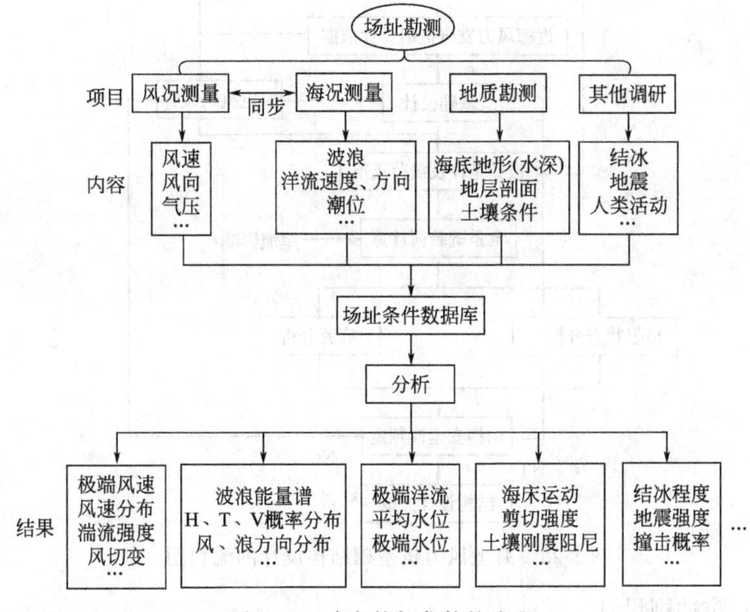


图 3-22　确定外部条件的流程

(2) 基础结构设计

基础的结构设计是在完成场址勘测和确定风电场外部条件的基础上进行的。其设计过程包括以下几步：

① 通过风电场外部条件可以得到基础的设计条件及载荷工况；

② 近海风力发电机组设计依据和风电机组的设计依据（如 IEC61400-3），进行初步的基础结构设计；

③ 根据步骤①中得到的设计条件及载荷工况对②中得到的基础进行全系统载荷计算，主要进行极限状态分析和疲劳分析，并根据结果进行结构安

全性判定；

④ 根据③中得到的判定结果确定结束结构设计还是返回步骤②对结构进行修改。

海上风力机基础结构设计的流程图如图 3-23 所示。

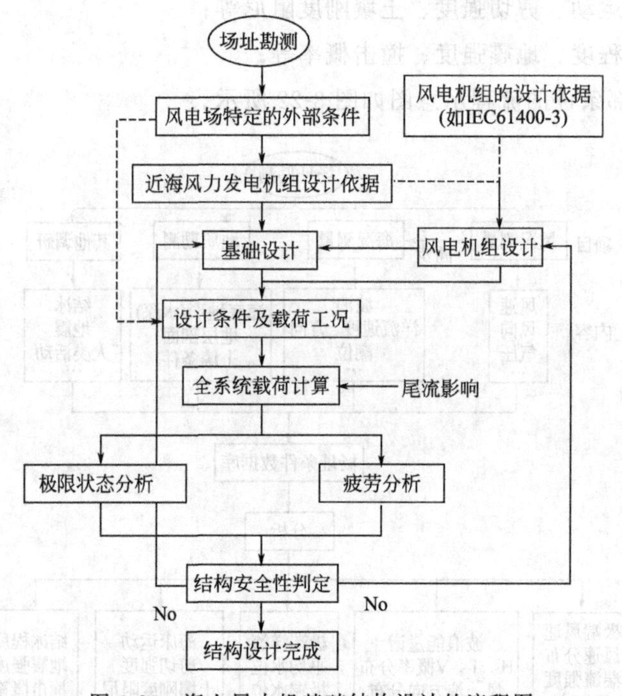


图 3-23　海上风力机基础结构设计的流程图

(3) 防冲刷设计

水流受基础阻挡形成涡旋，进而形成冲刷坑。海上风力机桩基周围的冲刷将极大地威胁了它的安全工作，所以海上风力机桩基周围的局部冲刷防护具有很大的必要性。海上风力机基础冲刷防护主要有以下几种方法。

① 桩基周围采用粗颗粒料的冲刷防护方法：采用大块石头等粗颗粒作冲刷防护。

② 桩基周围采用护圈或沉箱的冲刷防护方法：在桩基周围设置护圈（薄板）或沉箱可以减小冲刷深度。

③ 桩基周围采用护坦减冲防护：采用适当的埋置深度、宽度的护坦以达到既安全又经济的目的。

④ 桩基周围采用裙板的防冲刷方法：桩基周围采用裙板起到扩大沉垫底部面积作用，将冲刷坑向外推延。

## 3.3 基础的施工

海上风力机基础的施工需根据基础类型的不同而选择不同的施工方式。

### 3.3.1 重力式基础施工

重力式基础的施工过程、施工设备、应用实例如表 3-6 所示。

表 3-6　重力式基础施工

| 基础形式 | 重力式 |
| --- | --- |
| 基础施工过程 | 地基处理(土方开挖约 2m 深,放置钢结构,抛石制作石床)<br>驳船运输,起重船吊起放置基础到石床上 |
| 施工设备 | 基座安装:起重船<br>土方开挖与抛石:挖掘机、工程船 |
| 应用实例 | Nysted、Lillgrund、Middlegrunden、Thornton Bank、Rodsand Ⅱ、Sprogo 风场 |

图 3-24～图 3-27 分别为某重力式基础的预制、现场施工、运输、安放图。

### 3.3.2 单桩式基础施工

单桩式基础的施工过程、施工设备、应用实例如表 3-7 所示。

图 3-28～图 3-30 分别为某单桩式基础的钢管桩定位、钻孔设备与液压打桩锤、打桩施工过程图。

表 3-7　单桩式基础施工

| 基础形式 | 单桩式 |
| --- | --- |
| 基础施工过程 | 安装桩基(打桩、凿岩钻孔)<br>安装接驳平台<br>抛石组成防冲刷保护层 |
| 施工设备 | 起重船、液压打桩锤 |
| 应用实例 | Horns Rev Ⅰ & Ⅱ、Kentish Flats、Scroby Sands、Priceses Amalia(Q7)、Egmond an Zee、Burbo Bank、Barrow、Robin Rigg、Lynn Inner Dowsing、Rhyl Flats 风场 |

图 3-24 重力式基础预制

图 3-25 重力式基础现场施工

图 3-26　重力式基础运输

图 3-27　重力式基础安放

图 3-28　单桩式基础钢管桩定位

图 3-29　单桩式基础的钻孔设备与液压打桩锤

### 3.3.3　三脚架式基础施工

三脚架式基础的施工过程、施工设备、应用实例如表 3-8 所示。

图 3-30　单桩式基础打桩施工过程

**表 3-8　三脚架式基础施工**

| 基础形式 | 三脚架式 |
| --- | --- |
| 基础施工过程 | 安放底部结构<br>打桩(桩插入套管中,打入海床) |
| 施工设备 | 起重船、液压打桩锤 |
| 应用实例 | 瑞典 Nogersund |

图 3-31 为某三脚架基础的运输过程图。

图 3-31　三脚架基础运输过程

### 3.3.4 导管架式基础施工

导管架式基础的施工过程、施工设备、应用实例如表 3-9 所示。

表 3-9 导管架式基础施工

| 基础形式 | 导管架式 |
|---|---|
| 基础施工过程 | 安放底部结构<br>打桩 |
| 施工设备 | 起重船、液压打桩锤 |
| 应用实例 | Beatrice(45m) |

图 3-32、图 3-33 分别为某导管架基础的运输、安装图。

图 3-32 导管架基础的运输

图 3-33 导管架基础的安装

### 3.3.5　群桩基础施工

群桩基础的施工过程、施工设备、应用实例如表 3-10 所示。

表 3-10　群桩基础施工

| 基础形式 | 群桩基础 |
| --- | --- |
| 基础施工过程 | 安装桩基(打桩)；<br>安放钢套箱浇筑混凝土垫层；<br>抛石组成防冲刷保护层 |
| 施工设备 | 打桩船；柴油打桩锤 |
| 应用实例 | 东海大桥海上风场 |

图 3-34～图 3-36 分别为群桩基础的打桩施工、群桩施工过程、桩基模架图。

群桩桩基应用较多的主要有钻孔灌注桩、预应力混凝土桩、钢管桩三种，三种桩基础施工的对比如表 3-11 所示。

图 3-34　群桩基础打桩施工

图 3-35　群桩基础群桩施工过程

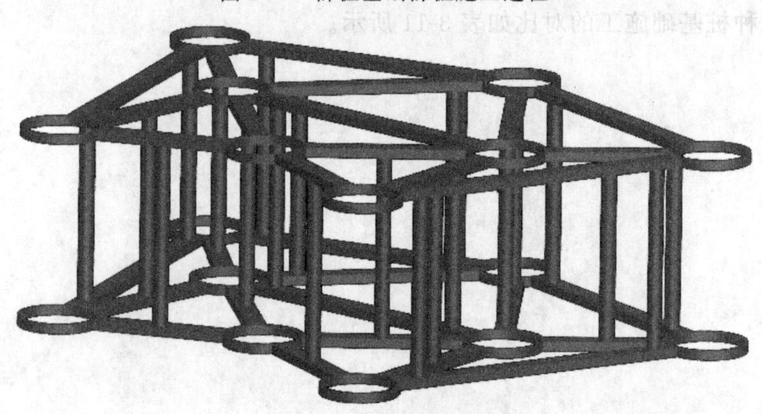

图 3-36　群桩桩基模架

**表 3-11　各群桩桩基施工对比**

| 比较项目＼桩基形式 | 钻孔灌注桩 | 预应力混凝土桩 | 钢管桩 |
|---|---|---|---|
| 单桩容许承载力 | 高 | 单桩承载力高，穿透力强 | 较高 |
| 施工难度 | 一般，施工工作量较大 | 容易 | 容易 |
| 运输 | 容易 | 大直径运输较困难 | 大直径运输较困难 |
| 施工速度 | 较慢，单墩基础施工周期长 | 较快，1台桩机，日成桩可达300～400m | 较快，1台桩机，日成桩可达500m |

续表

| 比较项目＼桩基形式 | 钻孔灌注桩 | 预应力混凝土桩 | 钢管桩 |
|---|---|---|---|
| 经济性(等强度下，以钢管桩为基准 1.0) | 约1.5 | 0.7 | 1.0 |
| 一般使用范围 | 一般用于直径较大的桩基，桩径最大可达 3.0m | 一般适用于桩径小于 1.2m 的基础施工 | 一般适用于桩径小于 1.5m 的基础施工 |
| 施工工艺流程 | 钢护筒埋设→造浆→钻孔→安放钢筋笼→水下混凝土灌注→桩基检测 | 先张预应力→离心成型→养护→检测→沉桩→接桩→桩基检测 | 钢带矫平→铣边坡口→卷制→焊接→超声波检测→管坯检测→表面防腐→插桩、沉桩 |
| 施工所需设备 | 旋挖钻机、泥浆处理系统、锤桩机(钢护筒埋入)、水上作业平台或船舶、较多水上混凝土设备、一般起重设备及相应的运输船舶 | 柴油锤桩机(或液压锤桩机、压桩机)、打桩船或工作平台、相应水上混凝土设备、大型起重设备及运输设备 | 柴油锤桩机(或液压锤桩机、压桩机)、打桩船或工作平台、相应水上混凝土设备及大型起重设备 |
| 力学性能 | 抗弯性能略差，抗压性能好 | 抗弯性和抗裂性好 | 综合力学性能优，抗弯能力强 |
| 主要缺点 | 施工工序复杂，周期长；桩身质量不易控制，易出现断桩、缩颈、筋和夹泥；桩体抗腐蚀性能较差；做成斜桩有一定难度；没有挤土效应，提供的桩侧摩阻力偏小；结构合理性不如钢管桩 | 施工时易引起周围地面隆起，还会引起已就位邻桩上浮；震动噪声大；全桩长的垂直度影响桩基的承载能力，甚至出现断桩；打桩不易穿透较厚的坚硬地层 | 防腐性能差<br>桩基成本高 |

群桩承台施工方式主要有钢板桩围堰和钢套箱围堰两种，其示意图分别如图 3-37、图 3-38 所示，图 3-39 为某围堰施工实例。

钢板桩围堰和钢套箱围堰的施工工艺流程、施工所需设备、施工难度、施工速度、缺点对比如表 3-12 所示。

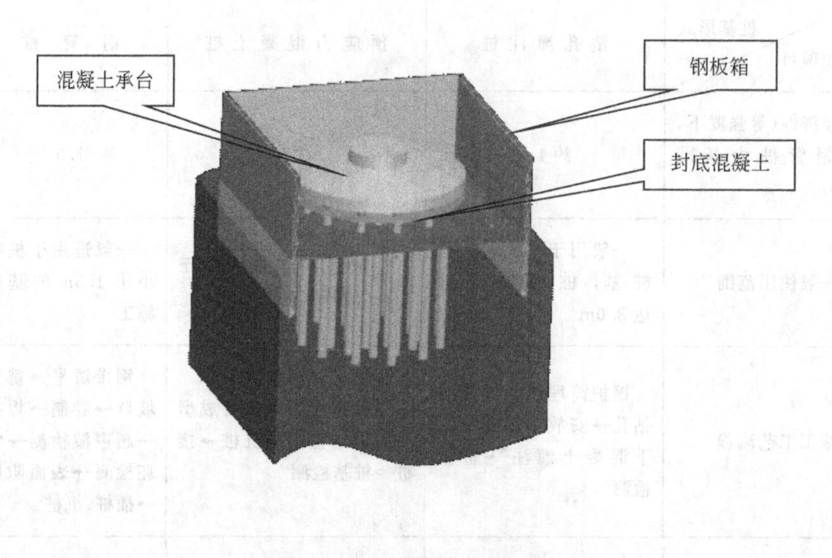


图 3-37 钢板桩围堰示意图

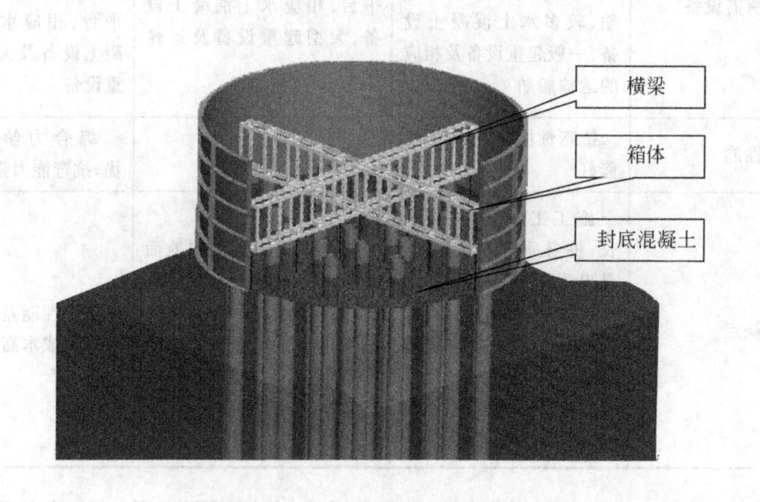


图 3-38 钢套箱围堰示意图

图 3-39　围堰施工实例

**表 3-12　桩基础承台各围堰形式对比表**

| 比较项目＼围堰形式 | 钢板桩围堰 | 钢套箱围堰 |
| --- | --- | --- |
| 施工工艺流程 | 整修钢板桩→岸上组拼→吊运至运输船，按插桩顺序堆码，停靠桩旁→按顺序加插→振动锤打至规定深度→抽水、清基、围堰支撑加固→混凝土浇筑后拔除钢板桩 | 抱箍安装→底板安装→钢套箱拼接安装→底板封孔及加固→安装钢管网片和剪力键→浇筑封底混凝土→混凝土养护→浇注桩芯混凝土→安装承台钢筋、冷却管及预埋件→浇筑承台混凝土→养护→拆除钢套箱 |
| 施工所需设备 | 锤桩机、水上作业平台或船舶、一般起重设备及相应的运输船舶 | 锤桩机、水上作业平台或船舶、相应水上混凝土设备、大型起重设备及运输设备 |
| 施工难度 | 钢板垂直度控制较困难，稳定性难以保证 | 容易，施工稳定性好 |
| 施工周期 | 一般情况下施工周期为 20 天左右 | 一般情况下施工周期为 18 天左右 |
| 缺点 | ①承台混凝土施工需另装模板，成本略高于后者；<br>②因钢板易变形，围堰内易出现漏水等现象，止水施工困难；<br>③回填砂量过大 | 围堰本身成本略高于钢板堰，但承台不需另装模板，节约了成本，缩短了施工周期 |

## 3.4 风力机防腐密封设计

海上风力机工作在高盐雾、高湿度环境，含盐雾的水汽通过导流罩、机舱罩的缝隙进入到机舱内部，对风电机组的零部件造成腐蚀，严重影响风力机的发电性能、可靠性和运行安全性。因此，海上风力发电机组的防腐设计成了风力机制造商进军海上风电市场首选需要面对和解决的课题。

以下将简要介绍风力机腐蚀的基本原理、主要的防腐蚀措施及防腐密封设计的主要方法，详尽的海上风机防盐雾系统设计方法和措施将在第 4 章展开论述。

### 3.4.1 主要的防腐蚀措施

防腐蚀指的是降低腐蚀的速度，以免容许极值被超越。这不可能达到理论的零腐蚀速率，但是可能达到几乎可以忽略的 0.01mm/a 的腐蚀速率。无防护低合金或者非合金钢在海水中的平均腐蚀速率见表 3-13。

**表 3-13 腐蚀速率**

| 区 域 | 腐蚀速率/(mm/a) | 区 域 | 腐蚀速率/(mm/a) |
|---|---|---|---|
| 大动区 | 0.05～0.007 | 全浸区 | 0.03～0.09 |
| 飞溅区 | 0.12～0.27 | 埋入区 | 0.01～0.015 |

按相关国际标准，飞溅区额定腐蚀速率为 0.3mm/a，全浸区为 0.1mm/a。在 20 年的设计寿命中，飞溅区腐蚀率为 6mm，全浸区的腐蚀率为 2mm。

目前防腐的措施主要有以下几种方式。

(1) 结构性防腐

通过绝缘的方法防止两种不同贵金属（混合结构）的直接接触。混合结构应该尽量避免使用。间隙和凹坑应该尽量避免出现，因为它们会引起潮动的聚集并且促成腐蚀的生成和蔓延。提供足够的通气孔可以避免水汽凝聚在钢结构上，由于焊接引起的小孔需要从钢结构表面去除，毛刺和锐边必须去除，达到良好的防腐涂层的条件，这有助于涂层以及提高涂层的耐久性。

（2）采用防腐涂层

重防蚀涂层的设计由底漆、中间漆和面漆组成的多层涂装体系。重防蚀涂料多由合成树脂型的涂料组成，如以有机、无机富锌为底漆，以环氧云母氧化铁为中间漆和以环氧类、氟碳涂料、脂肪族聚氨酯可复涂涂料为面漆等组成。目前，重防蚀涂料的防蚀寿命一般为10～15年。英国标准BS5493中也规定，防蚀年限在15年以上主张采用金属喷涂防蚀。

喷涂金属防蚀一般有喷锌、喷铝和喷锌铝合金，技术上均较成熟，与封闭涂料相配合，特别是加重防蚀涂装防蚀年限可达20～30年，甚至更长。

最近发展用高含铝量、电弧喷涂技术的锌铝伪合金涂层作底层，经盐雾加速腐蚀试验，推测其防蚀寿命可达50～80年。因底层未坏，只需早期检查，及时刷去表层粉化失效的涂料，不用拷铲，只需补涂几次涂料，便可达到长效保护的目的。

总之，重防蚀涂层较过去一般涂层厚，使用的涂料为高性能的合成树脂型的多层组合，其优点是防蚀效果较好，防蚀寿命较长，可达10～15年；缺点是施工设备较过去要求高，如无动喷涂设备且涂装的前处理（防锈）要求也较高，须达Sa2 1/2级，粗糙度应达到GB/T 13288的中级要求。

对于海上风力机防腐措施，要求防蚀效果更好，使用寿命达到20年，为此，考虑将重防腐涂层与金属喷涂相结合，形成双重防腐涂层。目前，很多海上风力机就采用这种喷金属涂层加重防蚀涂层的体系。

（3）采用耐腐蚀的金属材料

可以选择电位较正、活性较低的金属材料或者耐腐蚀性较好的材料，使其在盐雾的气候下不易发生腐蚀。

（4）使用锌铬膜（达克罗）涂层

其防锈机理为：a. 锌粉的受控自我牺牲保护作用；b. 铬酸在处理时使工件表面形成不易被腐蚀的稠密氧化膜；c. 层层覆盖的锌片相互叠加的涂层形成了屏蔽作用，增加了侵入者到达工件表面所经过的路径。而且，由于达克罗干膜中铬酸化合物不含结晶水，其抗高温性及加热后的耐蚀性能也很好。目前风力机的螺栓类紧固件均采用这种防腐措施。

（5）采用耐盐雾的密封材料

对电气元器件集中的区域进行密封防潮、降温保护以减缓腐蚀速度，如氰化丁腈橡胶、氟橡胶及聚氨酯等材料。

(6) 定期维护

腐蚀从起始到暴露经历一个诱导期，但长短不一，有的需要几个月，有的需要一年或两年。一般光滑的和清洁的表面不易发生点蚀。积有灰尘或各种金属的和非金属的杂屑的表面则容易引起点蚀，因而可以通过定期巡检进行防腐涂层的维护与保养。

### 3.4.2 海上风力机防腐措施

海上风力机的防腐需根据不同部件采用相应的防腐措施，总体来说主要可以分为机组内部防腐措施和外部防腐措施。不管机组内部防腐，还是外部防腐，都要遵循相同的防护原则：各部位按所在区标准涂装；与外界接触部位加强防护。

(1) 机组内部防腐蚀措施

机组内部防腐蚀是通过保持空气干燥来实现的。Nysted 海上风场的建设中，腐蚀防护就是通过一种空调系统来确保较低的空气湿度及塔架的水密性。空调投入是岸上风力机无需考虑的，但在海上，如果不注意防护，则可能造成风力机停产。还有一种措施是来自改进后的喷涂系统和内部机械营造的干燥环境。为创造一个干燥的内部环境，第一要素就是安装一个密封机，齿轮和发电机的冷却由使空冷系统中的空气再循环的热交换实现，代替早期风力机中传统的空冷元件。为了保持内部空气的低湿度，降湿装置放置于塔架和机舱室内，降湿装置将内部相对湿度控制在低于任何钢材腐蚀界限之下。

(2) 机组外部防腐蚀措施

风电机组外部防腐蚀主要有增加腐蚀允量、电极防护、镀层、喷涂四种方法，作用于元件表面。机组主要元部件，如构架、轮毂、齿轮箱、转轴和发电机等都需要镀层防护。各种钢结构元件（如机舱、引擎罩、塔架等）的外部腐蚀防护主要特征在于满足标准的喷涂系统、钻台和平台。玻璃钢叶片表面与玻璃钢船壳相同，因此用于海上风力机的叶片不再需要其他腐蚀防护措施。对于钢材地基的腐蚀防护可以通过无需人工干预的阴极防护完成。此外，高质量的防腐蚀系统还包括一些用于不同形式塔架的环氧镀层或热镀锌，起到结构保护，延长寿命的作用。

此外，海上风力机防腐蚀设计根据设计水位、设计波高可分为大动区、浪溅区、潮差区、全浸区、海泥区。各区的分布如图 3-40 所示。

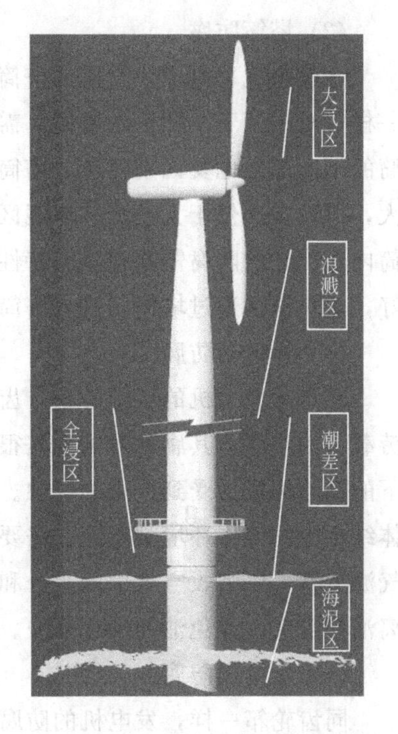


图 3-40　海上风力机各腐蚀区分布

对海上风力机进行防腐保护时，根据各部件特性、工作环境、所受载荷的不同，需要特别重视基础、塔筒、齿轮箱、发电机、变桨和回转支撑等部件的防腐。

(1) 基础防腐

无论何种结构型式，海上风力机基础的结构材料均为钢材或钢筋混凝土。海上风力机基础一般都分布于几个不同的腐蚀区，对于不同的腐蚀区，防腐需要区别对待，具体防腐实施方案如下：

① 对于基础中的钢结构、大动区的防腐蚀一般采用涂层保护或喷涂金属层加封闭涂层保护；

② 浪溅区和潮差区的平均潮位以上部位的防腐蚀一般采用重防蚀涂层或喷涂金属层加封闭涂层保护，亦可采用包覆玻璃钢、树脂砂浆以及包覆合金进行保护；

③ 潮差区平均潮位以下部位，一般采用涂层与阴极保护联合防腐蚀的措施；

④ 全浸区的防腐蚀应采用阴极保护与涂层联合防腐蚀措施或单独采用阴极保护，当单独采用阴极保护时，应考虑施工期的防腐蚀措施；

⑤ 海泥区的防腐蚀应采用阴极保护；

⑥ 对于混凝土墩体结构，可以采用高性能混凝土加采用表面涂层或硅烷浸渍的方法，可以采用高性能混凝土加结构钢筋采用涂层钢筋的方法，也可以采用外加电流的方法，对于混凝土桩，可以采用防腐涂料或包覆玻璃钢防腐。

（2）塔筒防腐

一般来说，海上风力机的塔筒分布于大动区、浪溅区、潮差区。同基础一样，对于位于不同区的塔筒，需要采用不同的防腐措施，位于同一区的塔筒的不同部分也要区别对待。塔筒位于不同腐蚀区的内表面防腐措施相差不大，但外表面位于大动区、浪溅区、潮差区的各部分就应该有区别对待；塔筒内部部件的防腐需要根据其特性、工作载荷而定；此外，塔筒门必须密封好，防止盐雾通过塔筒门进入塔筒内部，对塔筒内表面和内部件造成腐蚀。

（3）齿轮箱防腐

在海上风力机的各部件中，齿轮箱是故障率比较高的一个部件，除了疲劳载荷的作用，其腐蚀影响也是很重要的一方面，处于海上风力机运行环境下的钢结构极易受到严重的腐蚀。海上风力机齿轮箱的内表面、外表面、箱体结合面的工作环境都不同，需要分别采取相应的措施。必要时，要安装空气滤清器，以吸收空气中的水分和盐分，同时捕获齿轮箱中溢出的油雾，分离油和空气，避免油的动化损失。

（4）发电机防腐

同齿轮箱一样，发电机的防腐措施也需要根据发电机各部分的材料、工作环境而定，电机表面、轴承部分、电机引线接头、冷却器外壳等的防腐均需根据各部分特性及工作环境而定；冷却器换热管设计、冷却器结构设计和制造等也应避免各种可能的腐蚀破坏。

（5）变桨、回转支承

变桨、偏航回转支承对防腐的要求较高，涂层的防腐寿命要求不低于20年。

### 3.4.3 海上风力机密封措施

对于机舱罩、主轴承、增速箱等包含旋转运动的部件，设计相应的密封措施，防止海上盐雾与潮动的腐蚀。海上风力机不同的部件，要根据其特性设计与之相应的密封措施。设计海上风力机密封时，需要特别注意的是机舱罩/导流罩、齿轮箱、主轴轴承和变桨/偏航回转支承的密封措施。

（1）机舱罩/导流罩

机舱罩前端设置挡风板，增加密封，需要进入轮毂时，拆除该板即可由机舱进入导流罩内。机舱罩与导流罩连接处、机舱罩与塔筒连接处设置挡雨刷。上、下罩前端防雨槽配合处涂密封胶。吊装天窗、吊车口盖板处加密封垫。

排风罩部件与机舱采用环氧树脂粘牢后，再使用不锈钢螺栓连接，最后涂密封胶。风速风向仪架与机舱采用不锈钢螺栓连接，并采用树脂胶合，保证密封。

天窗采用环氧树脂粘牢后，再用螺栓连接，并采用树脂胶合保证密封。

所有贯穿机舱罩或导流罩的螺栓连接处均涂密封胶。

（2）齿轮箱

齿轮箱密封是海上风力机密封中很重要的一部分，齿轮箱密封的主要任务是防盐雾、防沙尘。盐雾可以造成齿轮箱的腐蚀，沙尘则可以加剧齿轮箱的磨损。与其他部件一样，齿轮箱的密封主要靠使用密封圈，并且有些特殊结构部分要用特殊密封圈。

（3）主轴轴承和变桨/偏航回转支承

主轴轴承和变桨、偏航回转支承应具有良好的密封性，不应有渗、漏油现象，并能避免水分、尘埃及其他杂质进入回转支承内部。主轴轴承第一次装配采用整体式，更换采用剖分式；变桨、偏航回转支承的密封形式采用油封密封。

对海上风力机密封的基本要求是密封性好，安全可靠，寿命长，并应力求结构紧凑，系统简单，制造维修方便，成本低廉。密封材料应满足密封功能的要求。由于被密封的介质不同，以及设备的工作条件不同，要求密封材料具有不同的适应性。对密封材料的要求一般是：

① 材料致密性好，不易泄漏介质；

② 有适当的机械强度和硬度；

③ 压缩性和回弹性好，永久变形小；

④ 高温下不软化，不分解，低温下不硬化，不脆裂；

⑤ 抗腐蚀性能好，在酸、碱、油等介质中能长期工作，其体积和硬度变化小，且不黏附在金属表面上；

⑥ 摩擦系数小，耐磨性好；

⑦ 具有与密封面结合的柔软性；

⑧ 耐老化性好，经久耐用；

⑨ 加工制造方便，价格便宜，取材容易。

### 3.4.4 密封圈性能比较

海上风力机的密封需要根据各部件的特性、工作环境条件等选择合适的密封圈。比较常用的密封圈有 V 形圈、迷宫密封、双唇型剖分油封等，为了便于密封圈的选择，下面对以上三种密封圈的用途、优缺点、原理、使用寿命等进行比较，结果如表 3-14 所示。

表 3-14 各类型密封圈性能比较

| 比较项<br>类型 | 用途 | 圆周速度/(m/s) | 优点 | 缺点 | 原理 | 寿命/a |
|---|---|---|---|---|---|---|
| V 形圈 | 防尘、防水 | ≤19 | 耐冲击和振动，允许一定偏心 | 防油效果不好，安装需切开，摩擦严重 | 随轴旋转，与侧壁摩擦 | 3～5 |
| 迷宫密封 | 防尘、防水、防油 | ≥4<br>≤60 | 适用高温、高速、高压，维修简单、寿命长，无摩擦 | 加工精度要求高，间隙大，易泄漏，间隙小，易磨损 | 不随轴旋转，与轴有间隙 | — |
| 双唇型剖分油封 | 防尘、防水、防油 | ≤3 | 密封性能好，拆卸容易，检修方便 | 油膜厚度不易控制，不能承受高压 | 不随轴旋转，与轴摩擦 | 3～5 |

## 3.5 风力机基础防撞击设计

建设海上风电机组时必须要考虑漂浮物的影响，在结冰海区基础结构必须采取防御海冰的特殊设计。海上风力机的防撞方法一般有结构防撞击、普通护套、防振护栏三种。

(1) 结构防撞击

结构防撞击一般通过特殊的基础结构实现防冲击作用，应用比较多的是防撞承台。在设计基础时，设计一个锥形的防撞承台，锥形结构能够有效地降低海冰等漂浮物的水平撞击力，示意图如图 3-41 所示。图 3-42 是结构防撞击的某工程实例。

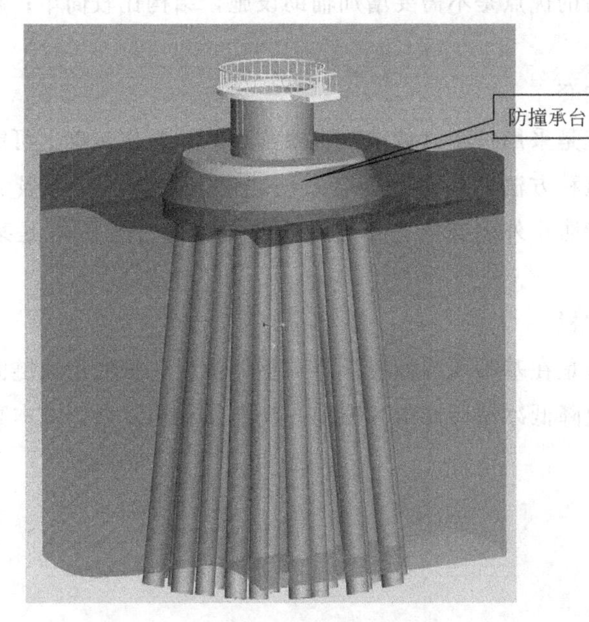


图 3-41　防撞承台

图 3-42　结构防撞击工程实例

图 3-43　防撞击护套工程实例

结构防撞击的优点是不需要增加辅助设施，结构比较简单；缺点是不能防冰激振。

（2）普通护套

普通护套就是采用护套（玻璃钢、聚乙烯等）包住基础上可能能被海冰撞到的部分。这种方法的优点是能有效防止外表划伤，并增强了其防腐能力；缺点是只能防止外表破坏，不能降低冲击载荷。图 3-43 是某防撞击护套的工程实例。

（3）防振护栏

防振护栏就是在基础周围设置漂浮式整体护栏，护栏用铁链固定。此方法的优点是有效降低冰载荷冲击和振动；缺点是结构复杂，成本高。

# 第4章 海上风力机防腐蚀系统设计

海上风力发电机组工作的环境属于高盐雾、高湿度环境，含盐雾的水汽很容易通过导流罩、机舱罩的缝隙进入到机舱内部，对风电机组的零部件造成腐蚀。因此，为了适应大风、大浪、高盐雾的海上环境，海上风力发电机组的防腐设计成了大多数风电厂家进军海上风电首先需要面对和解决的问题。

对海上风力机进行防腐保护时，根据各部件材料、工作环境、所受载荷的不同，选择不同的防腐方法。海上风力发电机组防腐的方法主要有使用防腐涂装、加密封装置防止盐雾进入、使用耐腐蚀的材料等，以下将从防腐涂装、密封、耐腐蚀材料、电气系统防腐等几个方面进行介绍。

## 4.1 防腐涂装

海上风力机防腐措施中，应用最多的是防腐涂装技术。不同的防腐涂装技术具有不同的优缺点及使用范围。重防腐涂料、热喷金属＋封闭层、热喷金属＋重防腐涂装三种常用技术的优缺点比较如表 4-1 所示。

表 4-1 防腐涂装技术比较

| 方案 \ 优缺点 | 优 点 | 缺 点 | 使用范围 |
|---|---|---|---|
| 重防腐涂料 | 施工技术成熟，防腐效果较好，一期投入少 | 在海洋环境中易老化脱落，寿命短（4～5年），需定期维护保养 | ①埕岛滩海油田；②湛江港码头；③港口设备等 |
| 热喷金属＋封闭层 | 适用范围广，无需维护，寿命＞20年 | 一次投入较高，耐冲击性不高 | ①胜利油田2号平台导管架；②老塘山港区二期煤炭专用码头等 |
| 热喷金属＋重防腐涂装 | 具有更好的屏障保护功能，良好的耐冲击性和耐磨性，寿命＞30年 | 一次投入较高 | ①英格兰 TAMA 桥；②山东石臼码头；③Vestas 海上风力机 |

防腐涂装技术的使用，需要考虑部件特性、材料种类及工作环境，不同部件特性、材料及工作环境，所用的防腐涂装技术不同。风力机中所用的金属材料主要可以分为铸造件、焊接件、锻造件、螺栓等标准件几种。

### 4.1.1 铸造件

风力机中使用的铸造件比较多，如前机舱底架、轮毂、轴承座、增速箱箱体、减速机外壳等部件。不同铸造件部件所用的防腐涂装技术如下。

① 增速箱箱体的防腐如表 4-2 所示。

表 4-2 增速箱箱体防腐

| 部 位 | 陆上风力机的防腐方案 | 海上风力机的防腐方案 |
|---|---|---|
| 箱体外部 | 1. 底漆采用环氧富锌漆，干膜厚度为40～50μm；<br>2. 中间漆采用聚酰胺环氧漆，干膜厚度为80～100μm；<br>3. 面漆采用聚氨酯漆，干膜厚度为50μm；<br>干膜总厚度为170～200μm | 1. 底漆采用环氧富锌漆（含锌≥80%），干膜厚度为60μm；<br>2. 中间漆采用厚浆环氧漆，干膜厚度为200μm；<br>3. 面漆采用聚氨酯漆，干膜厚度为60μm；<br>干膜总厚度≥320μm |
| 箱体内部 | 酚醛环氧漆：干膜厚度为100μm | 同陆上风力机 |

② 偏航、变桨减速机外壳的防腐如表 4-3、表 4-4 所示。

表 4-3　偏航减速机壳体防腐

| 部　位 | 陆上风力机的防腐方案 | 海上风力机的防腐方案 |
| --- | --- | --- |
| 外表面非加工部位及内孔 | 1. 底漆采用环氧富锌漆(含锌≥80%),干膜厚度为 60μm;<br>2. 中间漆采用厚浆环氧漆,干膜厚度为 110μm;<br>3. 面漆采用聚氨酯面漆,干膜厚度为 70μm;<br>干膜总厚度为 240μm。<br>非涂漆面涂防锈油 | 1. 底漆采用环氧富锌漆(含锌≥80%),干膜厚度为 60μm;<br>2. 中间漆采用厚浆环氧漆,干膜厚度为 200μm;<br>3. 面漆采用聚氨酯面漆,干膜厚度为 60μm;<br>干膜总厚度≥320μm。<br>非涂漆面涂防锈油 |

表 4-4　变桨减速机壳体防腐

| 部　位 | 陆上风力机的防腐方案 | 海上风力机的防腐方案 |
| --- | --- | --- |
| 外表面非加工部位及内孔 | 1. 底漆采用环氧富锌漆(含锌≥80%),干膜厚度为 60μm;<br>2. 中间漆采用厚浆环氧漆,干膜厚度为 110μm;<br>3. 面漆采用聚氨酯面漆,干膜厚度为 70μm;<br>干膜总厚度为 240μm。<br>非涂漆面涂防锈油 | 1. 底漆采用环氧富锌漆(含锌≥80%),干膜厚度为 60μm;<br>2. 中间漆采用厚浆环氧漆,干膜厚度为 200μm;<br>3. 面漆采用聚氨酯面漆,干膜厚度为 60μm;<br>干膜总厚度≥320μm。<br>非涂漆面涂防锈油 |

③ 前机舱底架、轮毂、轴承座表面防腐如表 4-5 所示。

表 4-5　前机舱底架、轮毂、轴承座表面防腐

| 部　位 | 陆上风力机的防腐方案 | 海上风力机的防腐方案 |
| --- | --- | --- |
| 非加工面 | 1. 底漆采用环氧富锌漆(含锌≥80%),干膜厚度为 50μm;<br>2. 中间漆采用厚浆环氧漆,干膜厚度为 140μm;<br>3. 面漆采用聚氨酯漆,干膜厚度为 50μm;<br>干膜总厚度为 240μm | 1. 底漆采用环氧富锌漆(含锌≥80%),干膜厚度为 60μm;<br>2. 中间漆采用厚浆环氧漆,干膜厚度为 200μm;<br>3. 面漆采用聚氨酯漆,干膜厚度为 60μm;<br>干膜总厚度≥320μm |
| 加工面 | 涂防锈油 | 涂防锈油 |

### 4.1.2　锻造件

风力机中的锻造件主要是主轴、偏航摩擦盘、塔筒法兰，以及主轴承和变桨偏航回转支承的内外齿圈等。

主轴、变桨回转支承外齿圈、偏航摩擦盘在防腐措施不充分的情况下出

现的腐蚀分别如图 4-1～图 4-3 所示。

① 变桨、偏航回转支承外齿圈　变桨、偏航回转支承对防腐的要求较

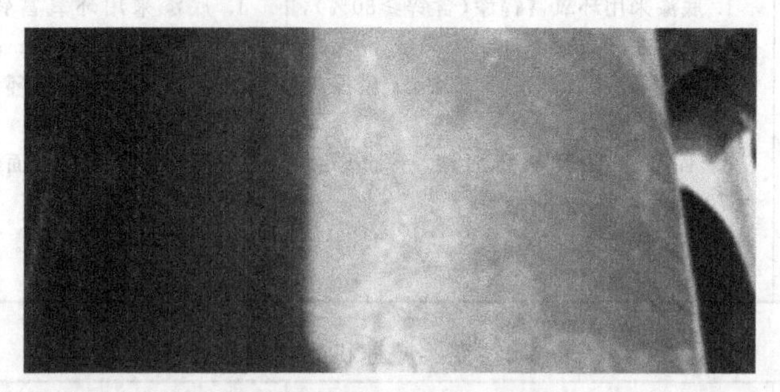

图 4-1　主轴外表面被腐蚀

图 4-2　变桨回转支承外齿圈被腐蚀

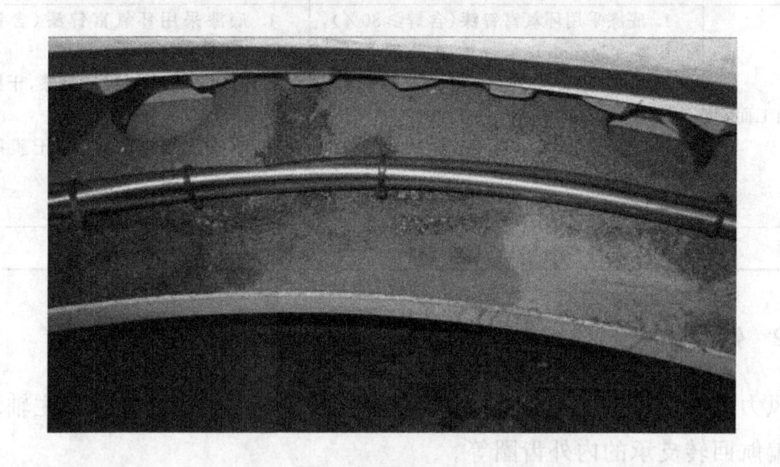

图 4-3　偏航摩擦盘被腐蚀

高，其表面防腐采用喷锌，并进行喷漆封闭的方式处理。涂装的防腐寿命要求不低于 20 年。

变桨、偏航回转支承齿圈非配合面的防腐如表 4-6 所示。

**表 4-6　变桨和偏航回转支承齿圈非配合面防腐**

| 部　位 | 陆上风力机的防腐方案 | 海上风力机的防腐方案 |
|---|---|---|
| 齿圈非配合面 | 喷锌，锌层厚度大于 50μm | 喷锌，锌层厚度大于 200μm；接合面表层厚度互差不大于 50μm |
| 齿面 | 刷防腐油 | 刷防腐油 |

② 主轴的防腐如表 4-7 所示。

**表 4-7　主轴防腐**

| 部　位 | 陆上风力机的防腐方案 | 海上风力机的防腐方案 |
|---|---|---|
| 外表面非加工部位及内孔 | 1. 底漆采用环氧富锌漆（含锌≥80%），干膜厚度为 50μm；<br>2. 中间漆采用厚浆环氧漆，干膜厚度为 140μm；<br>3. 面漆采用聚氨酯漆，干膜厚度为 50μm；<br>干膜总厚度为 240μm | 1. 底漆采用环氧富锌漆（含锌≥80%），干膜厚度为 60μm；<br>2. 中间漆采用厚浆环氧漆，干膜厚度为 200μm；<br>3. 面漆采用聚氨酯漆，干膜厚度为 60μm；<br>干膜总厚度≥320μm |

③ 主轴承防腐如表 4-8 所示。

**表 4-8　主轴承防腐**

| 部　位 | 陆上风力机的防腐方案 | 海上风力机的防腐方案 |
|---|---|---|
| 齿圈非配合面 | 喷锌，锌层厚度大于 50μm | 喷锌，锌层厚度大于 200μm；接合面表层厚度互差不大于 50μm |

④ 偏航摩擦盘防腐如表 4-9 所示。

**表 4-9　偏航摩擦盘防腐**

| 部　位 | 陆上风力机的防腐方案 | 海上风力机的防腐方案 |
|---|---|---|
| 外表面非摩擦非接合面 | 1. 底漆采用环氧富锌漆（含锌≥80%），干膜厚度为 50μm；<br>2. 中间漆采用厚浆环氧漆，干膜厚度为 140μm；<br>3. 面漆采用聚氨酯漆，干膜厚度为 50μm；<br>干膜总厚度为 240μm。<br>非涂漆面涂防锈油 | 1. 底漆采用环氧富锌漆（含锌≥80%），干膜厚度为 60μm；<br>2. 中间漆采用厚浆环氧漆，干膜厚度为 200μm；<br>3. 面漆采用聚氨酯漆，干膜厚度为 60μm；<br>干膜总厚度≥320μm。<br>非涂漆面涂防锈油 |

### 4.1.3 焊接件

风力机中应用焊接件的部件很多，主要有发电机外壳、塔筒、基础环、前后底架吊具、后底架、减震架、护栏、提升机机架、主轴楼梯、各种小型支架、走线板、连接架等，具体防腐方法如下。

① 发电机外壳防腐如表 4-10 所示。

**表 4-10 发电机外壳防腐**

| 部 位 | 陆上风力机的防腐方案 | 海上风力机的防腐方案 |
| --- | --- | --- |
| 壳体外部 | 1. 底漆采用环氧树脂漆，干膜厚度为 200μm；<br>2. 面漆采用丙烯酸聚氨酯漆，干膜厚度为 80μm；<br>干膜总厚度为 280μm | 1. 底漆采用环氧富锌漆（含锌≥80%），干膜厚度为 60μm；<br>2. 中间漆采用厚浆环氧漆，干膜厚度为 200μm；<br>3. 面漆采用聚氨酯漆，干膜厚度为 60μm；<br>干膜总厚度≥320μm |
| 壳体内部 | 1. 底漆采用环氧树脂漆，干膜厚度为 200μm；<br>2. 面漆采用丙烯酸聚氨酯漆，干膜厚度为 80μm；<br>干膜总厚度为 280μm | 同陆上风力机 |

② 塔筒防腐如表 4-11 所示。

**表 4-11 塔筒的防腐**

| 部 位 | 陆上风力机的防腐方案 | 海上风力机的防腐方案 | |
| --- | --- | --- | --- |
| | | 大气区 | 浪溅区和潮差区（下节塔筒距根部 5m 区域） |
| 外表面 | 1. 底漆采用环氧富锌漆，干膜厚为 50μm；<br>2. 中间漆采用厚浆环氧漆，膜厚为 150μm；<br>3. 面漆采用聚氨酯漆，干膜厚度为 80μm；<br>干膜总厚度为 280μm | 1. 底漆采用环氧富锌漆（含锌≥80%），干膜厚度为 60μm；<br>2. 中间漆采用厚浆环氧漆，干膜厚度为 200μm；<br>3. 面漆采用聚氨酯漆，干膜厚度为 60μm。<br>干膜总厚度为 320μm | 1. 金属涂装采用喷锌铝合金，干膜厚度>120μm；<br>2. 重防腐涂装<br>①底漆采用环氧富锌漆（含锌≥80%），干膜厚度为 60μm；<br>②中间漆采用厚浆环氧漆，干膜厚度为 200μm；<br>③面漆采用聚氨酯漆，干膜厚度为 60μm |

续表

| 部 位 | 陆上风力机的防腐方案 | 海上风力机的防腐方案 |
| --- | --- | --- |
| 内表面 | 1. 底漆采用环氧富锌漆，厚 50μm；<br>2. 中间漆采用环氧树脂漆，厚 170μm；<br>干膜总厚度为 220μm | 1. 底漆采用环氧富锌漆（含锌≥80%），干膜厚度为 50μm；<br>2. 中间漆采用厚浆环氧漆，干膜厚度为 180μm；<br>3. 面漆采用聚氨酯漆，干膜厚度为 50μm；<br>干膜总厚度为 280μm |
| 塔筒门密封 | 普通橡胶密封胶条 | 氟橡胶密封胶条 |
| 塔筒内附件 | — | 原陆上风力机所使用的镀锌件：热浸锌＞80μm，外涂聚氨酯面漆＞60μm，如是焊接件，则焊后整体进行上述处理；<br>原陆上风力机所使用的涂漆件：涂漆厚度参照海上风力机塔筒内壁的涂敷标准；<br>各节塔筒间高强连接螺栓采用达克罗技术处理，非高强螺栓采用不锈钢 316 材质；<br>外爬梯栏杆：同浪溅区防腐处理 |

③ 基础环防腐如表 4-12 所示。

**表 4-12 基础环防腐**

| 部 位 | 陆上风力机的防腐方案 | 海上风力机的防腐方案 |
| --- | --- | --- |
| 外表面 | 混凝土基础水泥面以上部分 | 混凝土基础水泥面以上部分 |
| | 1. 底漆采用环氧富锌漆（含锌≥80%），干膜厚度为 75μm；<br>2. 中间漆采用厚浆环氧漆，干膜厚度为 125μm；<br>3. 面漆采用聚氨酯漆，干膜厚度为 80μm；<br>干膜总厚度为 280μm | 1. 喷锌铝合金，干膜厚度＞120μm；<br>2. 重防腐涂装<br>①底漆采用环氧富锌漆（含锌≥80%），干膜厚度为 60μm；<br>②中间漆采用厚浆环氧漆，干膜厚度为 200μm；<br>③面漆采用聚氨酯漆，干膜厚度为 60μm；<br>干膜总厚度＞440μm |
| | 混凝土基础水泥面以下部分 | 混凝土基础水泥面以下部分 |
| | 浇注混凝土前，加涂沥青 | 浇注混凝土前，加涂沥青 |

续表

| 部　位 | 陆上风力机的防腐方案 | 海上风力机的防腐方案 |
| --- | --- | --- |
| 内表面 | 混凝土基础水泥面以上部分 | 混凝土基础水泥面以上部分 |
| | 1. 底漆采用环氧富锌底漆，漆膜厚度为75μm<br>2. 面漆采用厚浆环氧漆，漆膜厚度为125μm<br>干膜总厚度为200μm | 1. 底漆采用环氧富锌漆(含锌≥80%)，干膜厚度为50μm；<br>2. 中间漆采用厚浆环氧漆，干膜厚度为180μm；<br>3. 面漆采用聚氨酯漆，干膜厚度为50μm；<br>干膜总厚度为280μm |
| | 混凝土基础水泥面以下部分 | 混凝土基础水泥面以下部分 |
| | 浇注混凝土前，加涂沥青 | 浇注混凝土前，加涂沥青 |

④ 前后底架吊具防腐如表4-13所示。

**表4-13　前后底架吊具防腐**

| 部　位 | 陆上风力机的防腐方案 | 海上风力机的防腐方案 |
| --- | --- | --- |
| 底架吊具 | 非加工表面涂漆<br>1. 底漆采用环氧富锌底漆(含锌≥80%)，干膜厚度为60μm；<br>2. 中间漆采用厚浆环氧漆，干膜厚度为200μm；<br>3. 面漆采用聚氨酯面漆，干膜厚度为60μm。<br>加工表面涂防锈油，安装时清理防锈油 | 非加工表面涂漆<br>1. 底漆采用环氧富锌底漆(含锌≥80%)，干膜厚度为60μm；<br>2. 中间漆采用厚浆环氧漆，干膜厚度为200μm；<br>3. 面漆采用聚氨酯面漆，干膜厚度为60μm。<br>加工表面涂防锈油，安装时清理防锈油 |

⑤ 减震架、踏板支架、内踏板、电控柜支架如表4-14所示。

**表4-14　减震架等的防腐**

| 部　位 | 陆上风力机的防腐方案 | 海上风力机的防腐方案 |
| --- | --- | --- |
| 减震架、踏板支架、内踏板、电控柜支架 | 表面涂漆<br>1. 底漆采用环氧富锌底漆(含锌≥80%)，干膜厚度为60μm；<br>2. 中间漆采用厚浆环氧漆，干膜厚度为200μm；<br>3. 面漆采用(RAL7038灰色)聚氨酯面漆，干膜厚度为60μm | 表面涂漆<br>1. 底漆采用环氧富锌底漆(含锌≥80%)，干膜厚度为60μm；<br>2. 中间漆采用厚浆环氧漆，干膜厚度为200μm；<br>3. 面漆采用聚氨酯面漆，干膜厚度为60μm |

⑥ 后底架防腐如表4-15所示。

**表 4-15　后底架防腐**

| 部　位 | 陆上风力机的防腐方案 | 海上风力机的防腐方案 |
| --- | --- | --- |
| 后底架 | 非加工表面涂漆<br>1. 底漆采用环氧富锌底漆（含锌≥80%），干膜厚度为 60μm；<br>2. 中间漆采用厚浆环氧漆，干膜厚度为 200μm；<br>3. 面漆采用聚氨酯面漆，干膜厚度为 60μm<br>加工表面涂防锈油，螺纹孔用塑料帽堵塞防止防锈油侵入，安装时清理防锈油 | 非加工表面涂漆<br>1. 底漆采用环氧富锌底漆（含锌≥80%），干膜厚度为 60μm；<br>2. 中间漆采用厚浆环氧漆，干膜厚度为 200μm；<br>3. 面漆采用聚氨酯面漆，干膜厚度为 60μm<br>加工表面涂防锈油，螺纹孔用塑料帽堵塞防止防锈油侵入，安装时清理防锈油 |

⑦ 护栏、链式提升机机架防腐如表 4-16 所示。

**表 4-16　护栏、链式提升机机架防腐**

| 部　位 | 陆上风力机的防腐方案 | 海上风力机的防腐方案 |
| --- | --- | --- |
| 护栏、提升机机架 | 表面涂漆<br>1. 底漆采用环氧富锌底漆（含锌≥80%），干膜厚度为 50μm；<br>2. 中间漆采用厚浆环氧漆，干膜厚度为 180μm；<br>3. 面漆采用聚氨酯面漆，干膜厚度为 50μm | 表面涂漆<br>1. 底漆采用环氧富锌底漆（含锌≥80%），干膜厚度为 60μm；<br>2. 中间漆采用厚浆环氧漆，干膜厚度为 200μm；<br>3. 面漆采用聚氨酯面漆，干膜厚度为 60μm |

⑧ 主轴楼梯防腐如表 4-17 所示。

**表 4-17　主轴楼梯防腐**

| 部　位 | 陆上风力机的防腐方案 | 海上风力机的防腐方案 |
| --- | --- | --- |
| 主轴楼梯 | 楼梯框架表面涂漆<br>1. 底漆采用环氧富锌底漆（含锌≥80%），干膜厚度为 60μm；<br>2. 中间漆采用厚浆环氧漆，干膜厚度为 200μm；<br>3. 面漆采用聚氨酯面漆，干膜厚度为 60μm；<br>楼梯踏板做镀锌处理，镀锌层厚度为 15～20μm | 楼梯框架表面涂漆<br>1. 底漆采用环氧富锌底漆（含锌≥80%），干膜厚度为 60μm；<br>2. 中间漆采用厚浆环氧漆，干膜厚度为 200μm；<br>3. 面漆采用聚氨酯面漆，干膜厚度为 60μm；<br>楼梯踏板做镀锌处理，镀锌层厚度为 15～20μm |

⑨ 各种小支架、走线板、连接架等的防腐如表 4-18 所示。

表 4-18 各种小支架、走线板、连接架等的防腐

| 部 位 | 陆上风力机的防腐方案 | 海上风力机的防腐方案 |
| --- | --- | --- |
| 各种支架、走线板、连接架等 | 镀锌，镀锌层厚度为 15～20μm | 热浸锌＞80μm，外涂聚氨酯面漆＞60μm，如是焊接件，则焊后整体进行上述处理 |

## 4.1.4 高强螺栓联结件

高强螺栓、垫圈、螺母等联结件防锈是海上风力机防腐研究中的一个重要课题，直接影响着整机的安全性。在国内，解决这一问题方法一般分两种：一种是使用比较普通的防锈漆，其性能并不适应于侵蚀性强的野外环境下螺栓的保护，需要经常维护，不能从根本上解决防腐蚀问题，加上螺纹会被防护漆腻住，还经常会导致紧固件不能轻松旋下；另一种是使用价格昂贵的不锈钢螺栓。在国外，还经常使用优质高效的螺栓防护盖提高防护效果。

高强螺栓联结件的防腐如表 4-19 所示。高强螺栓防护盖如图 4-4 所示。

表 4-19 高强螺栓联结件的防腐

| 部 位 | 陆上风力机的防腐方案 | 海上风力机的防腐方案 |
| --- | --- | --- |
| 全部 | 达克罗涂层 | 高强螺栓、螺母、垫圈、销：达克罗涂层＋拉杜力防护盖 |

图 4-4 高强螺栓防护盖

### 4.1.5　风力机基础

海上风力机基础的结构型式很多，但无论何种结构型式，海上风力机基础的结构材料均为钢材或钢筋混凝土。海上风力机基础一般都分布于几个不同的腐蚀区，对于不同的腐蚀区，防腐需要区别对待，具体防腐实施方案如下：

① 对于基础中的钢结构，大气区的防腐蚀一般采用涂层保护或喷涂金属层加封闭涂层保护；

② 浪溅区和潮差区平均潮位以上部位的防腐蚀一般采用重防蚀涂层或喷涂金属层加封闭涂层保护，亦可采用包覆玻璃钢、树脂砂浆以及包覆合金进行保护；

③ 潮差区平均潮位以下部位，一般采用涂层与阴极保护联合防腐蚀的措施；

④ 全浸区的防腐蚀应采用阴极保护与涂层联合防腐蚀措施或单独采用阴极保护，当单独采用阴极保护时，应考虑施工期的防腐蚀措施；

⑤ 海泥区的防腐蚀应采用阴极保护；

⑥ 对于混凝土墩体结构，可以采用高性能混凝土加采用表面涂层或硅烷浸渍的方法；可以采用高性能混凝土加结构钢筋采用涂层钢筋的方法；也可以采用外加电流的方法。对于混凝土桩，可以采用防腐涂料或包覆玻璃钢防腐。

陆上风力机基础和海上风力机基础对比如表 4-20 所示。海上风力机基础形式如图 4-5 所示。

**表 4-20　陆上风力机基础和海上风力机基础对比**

| 比较项目 | 陆 上 风 力 机 | 海 上 风 力 机 |
|---|---|---|
| 基础结构形式 | 扩展基础、桩基础和岩石锚杆基础三种形式 | 单桩式、重力式、三脚架式、浮力式、导管架式、吸力式桶型基础等 |
| 基础防腐 | 地下水、环境水、周围土壤对基础产生腐蚀时需采用防腐设计 | 均需采用防腐设计，如基础表面增加防腐涂料、使用高强度混凝土减少混凝土孔隙率、钢筋采用涂层或牺牲阳极保护等措施 |
| 混凝土材料 | 满足相关强度要求即可 | 混凝土需符合海工要求，尤其是铝酸酸钙含量要求低于 12% |
| 保护措施 | 仅对可能受到洪(潮)水影响的基础采用防冲、防淘空保护措施 | 均需采用防冲、防淘空保护措施，如基础周围设置防淘沙石等 |

图 4-5 海上风力机基础形式

## 4.2 加强密封

对于机舱罩、导流罩等主机罩体及主轴承、增速箱、发电机等包含旋转运动的部件，设计相应的密封措施，防止海上盐雾与潮动的腐蚀。海上风力机不同的部件，要根据其特性设计与之相应的密封措施。设计海上风力机密封时，需要特别注意的是机舱罩、导流罩、齿轮箱、主轴轴承和变桨/偏航回转支承的密封措施。

海上风力机的密封，需要根据各部件的特性、工作环境条件等选择合适的密封圈。比较常用的密封圈有 V 形圈、迷宫密封、双唇形剖分油封等，为了便于密封圈的选择，对以上三种密封圈的用途、优缺点、原理、使用寿命等进行比较，结果如表 4-21 所示。

**表 4-21　各类型密封圈性能比较**

| 类型 | 用途 | 圆周速度/(m/s) | 优　点 | 缺　点 | 原　理 |
|---|---|---|---|---|---|
| V 形圈 | 防尘、防水 | ≤19 | 耐冲击和振动，允许一定偏心 | 防油效果不好，安装需切开，摩擦严重 | 随轴旋转，与侧壁摩擦 |
| 迷宫密封 | 防尘、防水、防油 | ≥4<br>≤60 | 适用高温、高速、高压，维修简单、寿命长，无摩擦 | 加工精度要求高，间隙大，易泄漏，间隙小，易磨损 | 不随轴旋转，与轴有间隙 |
| 双唇形剖分油封 | 防尘、防水、防油 | ≤3 | 密封性能好，拆卸容易，检修方便 | 油膜厚度不易控制，不能承受高压 | 不随轴旋转，与轴摩擦 |

### 4.2.1　机舱罩和导流罩

机舱罩前端设置挡风板，增加密封，需要进入轮毂时，拆除该板即可由机舱进入导流罩内。机舱罩与导流罩连接处、机舱罩与塔筒连接处设置挡雨刷。上、下罩前端防雨槽配合处涂密封胶。吊装天窗、吊车口盖板处加密封垫。

排风罩部件与机舱采用环氧树脂粘牢后，再使用不锈钢螺栓连接，最后涂密封胶。风速风向仪架与机舱采用不锈钢螺栓连接，并采用树脂胶合，保证密封。

天窗采用环氧树脂粘牢后，再用螺栓连接，并采用树脂胶合保证密封。

所有贯穿机舱罩或导流罩的螺栓连接处均涂密封胶。

### 4.2.2　齿轮箱

齿轮箱密封是海上风力机密封中很重要的一部分，齿轮箱密封的主要任务是防盐雾、防沙尘。盐雾可以造成齿轮箱的腐蚀，沙尘则可以加剧齿轮箱的磨损。与其他部件一样，齿轮箱的密封主要靠使用密封圈，并且有些特殊结构部分要用特殊密封圈。齿轮箱的密封如表 4-22 所示。

**表 4-22　齿轮箱密封**

| 部　位 | 陆上风力机的防腐方案 | 海上风力机的防腐方案 |
|---|---|---|
| 输入端密封 | 双唇聚醚聚氨酯密封 | 双唇聚醚聚氨酯密封 |
| 输出端密封 | 迷宫密封(QT400) | 迷宫密封(SS304) |
| 箱体结合面密封 | 乐泰 515(普通厌氧胶) | SIKAF212F(防盐雾型密封胶)或高温厌氧型法兰密封剂(ITW51031) |

## 4.2.3　主轴承和回转支承

主轴承、变桨和偏航回转支承应具有良好的密封性，不应有渗、漏油现象，并能避免水分、尘埃及其他杂质进入回转支承内部。主轴轴承第一次装配采用整体式，更换采用剖分式；变桨、偏航回转支承的密封形式采用油封密封。

对密封的基本要求是密封性好，安全可靠，寿命长，并应力求结构紧凑，系统简单，制造维修方便，成本低廉。密封材料应满足密封功能的要求。由于被密封的介质不同以及设备的工作条件不同，要求密封材料的具有不同的适应性。对密封材料的要求一般是：

① 材料致密性好，不易泄漏介质；

② 有适当的机械强度和硬度；

③ 压缩性和回弹性好，永久变形小；

④ 高温下不软化，不分解，低温下不硬化，不脆裂；

⑤ 抗腐蚀性能好，在酸、碱、油等介质中能长期工作，其体积和硬度变化小，且不黏附在金属表面上；

⑥ 摩擦系数小，耐磨性好；

⑦ 具有与密封面结合的柔软性；

⑧ 耐老化性好，经久耐用；

⑨ 加工制造方便，价格便宜，取材容易。

主轴承密封方法如表 4-23 所示。变桨和偏航回转支承密封方法如表 4-24 所示。

表 4-23　主轴承密封方法

| 部　位 | 陆上风力机的防腐方案 | 海上风力机的防腐方案 |
|---|---|---|
| 密封圈材质 | HNBR(氰化丁基橡胶) | HNBR(氰化丁基橡胶) |

表 4-24　变桨和偏航回转支承密封方法

| 部　位 | 陆上风力机的防腐方案 | 海上风力机的防腐方案 |
|---|---|---|
| 密封 | 材料为 NBR | 材料为 HNBR(氰化丁基橡胶) |

### 4.2.4　发电机

发电机的密封方案如表 4-25 所示。

表 4-25　发电机密封方案

| 部　位 | 陆上风力机的防腐方案 | 海上风力机的防腐方案 |
|---|---|---|
| 箱体结合面密封 | 普通厌氧胶 | 防盐雾密封胶 SIKAF212F |
| 轴承密封 | 迷宫密封 | 迷宫密封 |

## 4.3　耐腐蚀材料应用

为了适应海上的高盐雾环境，除了采用防腐涂装、密封等方法外，很多部件还需要采用耐腐蚀的材料。需要采用耐腐蚀材料的部件主要有增速箱、发电机、液压站、集中润滑系统等大部件使用的关键辅配件，以及螺栓、螺母、垫圈等非高强联结件等。

### 4.3.1　增速箱辅配件

增速箱辅配件使用到的耐腐蚀材料如表 4-26 所示。

表 4-26　增速箱辅配件使用到的耐腐蚀材料

| 部　位 | 陆上风力机的防腐方案 | 海上风力机的防腐方案 |
|---|---|---|
| 冷却管 | 铝制 | 不锈钢(316) |
| 油管接头 | 碳钢 | 不锈钢(304) |
| 离线过滤系统 | 无 | 增加一套(可将油品等级提高 2 级以上,齿轮、轴承等传动件寿命提高 1.5 倍) |
| 冷却、润滑用电动机 | 防护类型:F1(户内防中等腐蚀型) | 防护类型:WF2(户外防强腐蚀型) |
| 阀块体与阀件 | 普通碳钢 | 不锈钢(3Cr13) |
| 软管 | 聚丙烯软管 | 镀锌钢,外有 PVC 覆层 |
| 电缆接头 | 普通防水格兰头 | 黄铜镀镍防水格兰头(IP68) |

## 4.3.2　发电机辅配件

发电机辅配件使用到的耐腐蚀材料如表 4-27 所示。

表 4-27　发电机辅配件使用到的耐腐蚀材料

| 部　位 | 陆上风力机的防腐方案 | 海上风力机的防腐方案 |
|---|---|---|
| 冷却管材质 | 铝合金 | 白铜(B10) |
| 转子轴承 | 非绝缘轴承(SKF) | 绝缘轴承 |
| 软管 | PU-L | 镀锌钢,外有 PVC 覆层 |
| 电缆接头 | 普通防水格兰头 | 黄铜镀镍防水格兰头(IP68) |

## 4.3.3　液压站

液压站耐腐蚀材料使用如表 4-28 所示。

表 4-28　液压站耐腐蚀材料使用

| 部　位 | 陆上风力机的防腐方案 | 海上风力机的防腐方案 |
|---|---|---|
| 油箱材质 | 普通碳钢 | 不锈钢(316) |
| 阀块体与阀件 | 普通碳钢 | 不锈钢(3Cr13) |
| 软管 | 聚丙烯软管 | 镀锌钢,外有 PVC 覆层 |
| 电缆接头 | 普通防水格兰头 | 黄铜镀镍防水格兰头(IP68) |
| 空气滤清器 | 普通过滤器 | 防盐雾过滤器 |

### 4.3.4　集中润滑系统

集中润滑系统耐腐蚀材料使用如表 4-29 所示。

表 4-29　集中润滑系统耐腐蚀材料使用

| 部　位 | 陆上风力机的防腐方案 | 海上风力机的防腐方案 |
| --- | --- | --- |
| 各种接头 | 镀锌处理 | 不锈钢 |

### 4.3.5　非高强螺栓联结件

对于风力机中联结各类柜体、支架、盖板等的螺栓联结件，一律使用不锈钢材质。

## 4.4　电气柜系统防腐

海上风电电气柜必须加强防腐措施，在海上或沿海地区，盛行的海陆风把含有盐分的水汽吹向风电场与设备元器件大面积接触，这些因素使设备受盐雾、潮气腐蚀的速度大大加快。

盐雾及潮湿对电气柜的腐蚀主要有以下几个方面。

① 电气柜外表面是最直接与大气相接触的部位，若外表面的防护措施不到位，出现漏涂区域或涂层过薄等缺陷，在盐雾的气候条件下，极易发生腐蚀。

② 空调或热交换器的柜外部分直接与大气接触，因而两者的腐蚀机理一样，防腐性能都较差，尤其在盐雾及潮湿的气候条件下，极易发生腐蚀现象。

③ 以螺栓、螺钉、焊接等方式连接的区域有可能出现缝隙，缝隙深处补氧特别困难，很容易形成氧浓差电池，导致了缝隙处的严重腐蚀。金属部件在介质中，由于金属与金属或金属与非金属之间形成特别小的缝隙，使缝隙内介质处于滞流状态，引起缝内金属的加速腐蚀，这种局部腐蚀称为缝隙腐蚀；螺栓、螺钉、焊接材料等连接的区域，两种不同金属发生接触，在电解质溶液中，由于腐蚀电位不相等，有电偶电流流动，使电位较低的金属溶

解速度增加，造成接触处的局部腐蚀。

④ 密封材料的密封效果差或者密封材料的老化变形导致电气柜密封不良，湿度过大导致绝缘电阻降低，电接触不良，电性能变化，出现漏电和飞弧现象。

风电机组电气柜主要包括变桨柜、主控柜、变流器等。

### 4.4.1 变桨柜

变桨柜的防腐如表 4-30 所示。变桨柜组合式柜体如图 4-6 所示。

表 4-30 变桨柜防腐

| 部 位 | 陆上风力机的防腐方案 | 海上风力机的防腐方案 |
| --- | --- | --- |
| 柜体材料 | 不锈钢(SS306) | 不锈钢(SS316) |
| 柜体结构 | 拆卸门 | 拆卸门 |
| 元器件 | 采用模块化、元器件可方便拆卸，降额设计 | 采用集成电路，减少分立器件的数目；电子元器件采用降额设计 |
| 接插件设计 | 采用重载连接器替代接线端子排进行电缆连接，减少导电部分与空气的接触面积 | 导电接触的部位涂覆电接触保护剂；将接插件及 IC 插座改为直接焊接的方法互连，并用电接触保护剂、嵌入式或油封等方法处理 |
| 防腐密封 | 柜体与门板的结合处采用密封圈，要求防护等级不低于 IP55 | 柜体与门板的结合处采用发泡式耐盐雾型密封圈(聚氨酯、三元乙丙橡胶)，要求防护等级不低于 IP65 |
| 散热 | 散热器冷板外置，加散热风扇于柜外强制风冷冷却；柜内增加风扇促进气流循环，防止局部过热 | 采用强迫风扇冷却；电动机防护等级为 IP65 |
| 冗余设计 | 无。但驱动器与控制器实现软件冗余 | 对可靠性较低的元器件采用冗余设计；核心控制器采取冗余设计 |
| 线路板板面 | 无 | 线路板表面涂覆保护漆(三防漆) |
| 紧固用螺钉等连接件 | 低碳钢镀锌 | 不锈钢螺钉(316) |
| 线鼻子材质 | 铜 | 铜镀银 |
| 变桨电机非结合面 | 外购产品，按标准品防腐方式实施 | 1. 底漆采用环氧富锌漆(含锌≥80%)，干膜厚度为 60μm；2. 中间漆采用厚浆环氧漆，干膜厚度为 200μm；3. 面漆采用聚氨酯漆，干膜厚度为 60μm；干膜总厚度≥320μm |

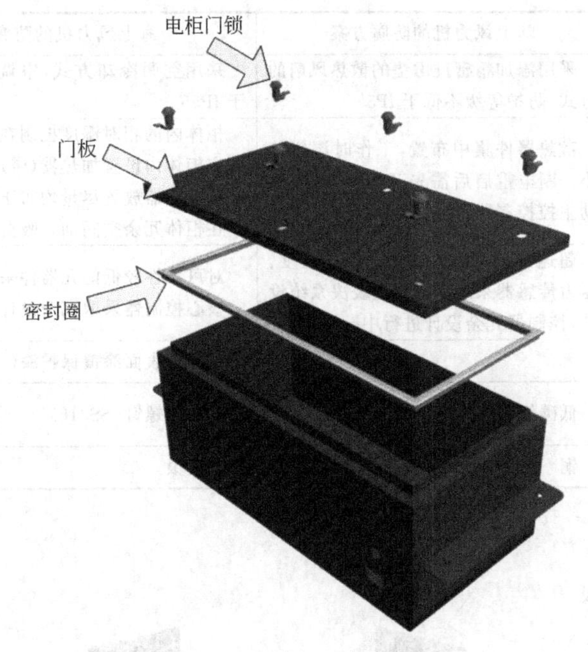


图 4-6　变桨柜组合式柜体

## 4.4.2　主控柜

主控柜的防腐如表 4-31 所示。主控柜组合式柜体如图 4-7 所示。

**表 4-31　主控柜防腐**

| 部　位 | 陆上风力机的防腐方案 | 海上风力机的防腐方案 |
|---|---|---|
| 柜体材料 | 冷轧板 | 不锈钢(316)＋喷塑(室外用喷塑涂料) |
| 柜体结构 | 铰链门＋硅胶密封 | 铰链门＋硅胶密封 |
| 元器件 | 减少继电器等中间器件的使用 | 采用集成电路,减少分立器件的数目;各类电子元器件采用降额设计 |
| 接插件设计 | 采用重载连接器替代接线端子排进行电缆连接,减少导电部分与空气的接触面积 | 导电接触的部位应涂覆电接触保护剂;将接插件及 IC 插座改为直接焊接的方法互连,并用电接触保护剂、嵌入式或油封等方法处理 |
| 防腐密封 | 柜体采用组合式机柜,各侧板,门板均采用耐腐蚀发泡式密封条(聚氨酯)进行密封 | 与控制柜框架相结合的柜门、底板及其他安装板等均采用耐腐蚀发泡式密封条(聚氨酯)进行密封,防护等级不低于 IP55 |

续表

| 部　位 | 陆上风力机的防腐方案 | 海上风力机的防腐方案 |
|---|---|---|
| 散热 | 采用添加精密过虑垫的散热风扇的方式，防护等级不低于 IP55 | 采用空调冷却方式，空调防护等级不低于 IP55 |
| 除湿 | 散热器件集中布置，工作时湿度较小。断电重启后需先开加热器，再启动主控控制器，控制湿度 | 柜体内的相对湿度控制在 65%以下；<br>在柜体内设置加热器(带风扇)；<br>电加热器放置尽量均布于柜内；<br>在柜体冗余空间加入吸湿剂 |
| 冗余设计 | 超速开关、风速风向仪、关键温度、压力传感器采用双备份或表决系统设计，控制器冗余设计进行中 | 对可靠性较低的元器件采取冗余设计；<br>核心控制器采取冗余设计 |
| 线路板表面 | 无 | 线路板表面涂覆保护漆(三防漆) |
| 紧固用螺钉等连接件 | 低碳钢镀锌 | 不锈钢螺钉(SS316) |
| 线鼻子材质 | 铜 | 铜镀银 |

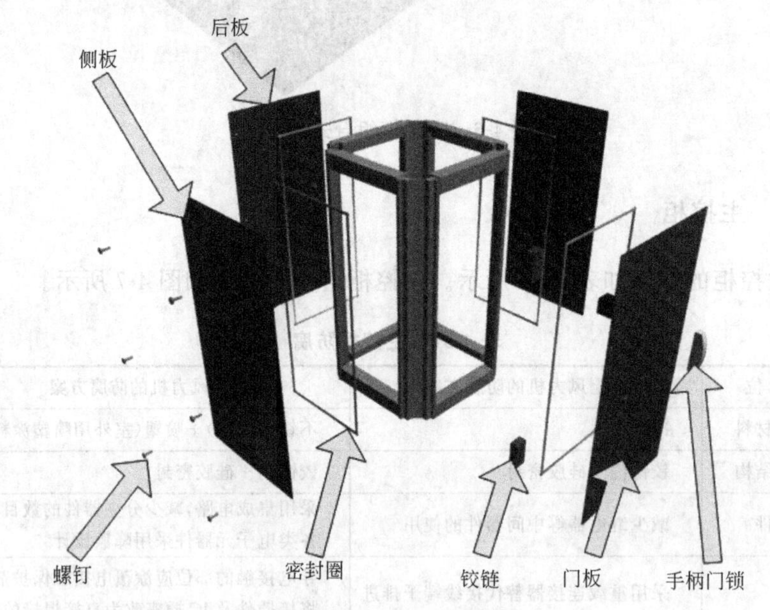


图 4-7　主控柜组合式柜体

## 4.4.3　变流器

变流器的防腐如表 4-32 所示。

**表 4-32 变流器防腐**

| 部 位 | 陆上风力机的防腐方案 | 海上风力机的防腐方案 |
| --- | --- | --- |
| 柜体材料 | 冷轧钢板 | 不锈钢(316)＋喷塑(室外用喷塑涂料) |
| 柜体结构 | 铰链门＋硅胶密封 | 铰链门＋硅胶密封 |
| 元器件 | 数字电路采用大规模数字集成电路、DSP和PLC,能满足变流器检测和控制的需要,模拟电路采用交直流性能俱佳的运算放大器和A/D采样校准,精确测量各模拟量。电阻、电容的功率和耐压均降额40%使用。控制系统供电电源降额50%使用 | 采用集成电路,减少分立器件的数目;<br>电子元器件采用降额设计 |
| 接插件设计 | 所有集成电路均不用IC插座,直接焊接在电路板上,为降低电磁干扰,在性能满足要求的情况下,均采用贴片封装。整机的强电部分均用隔离网隔离,防止误接触。PCBA板接插件采用有螺丝紧固的插头座,保证连接的可靠性 | 导电接触的部位涂覆电接触保护剂;<br>将接插件及IC插座改为直接焊接的方法互连,并用电接触保护剂、嵌入式或油封等方法处理 |
| 防腐密封 | 柜体采用组合式机柜,各侧板,门板均采用耐腐蚀发泡式密封条(聚氨酯)密封。散热风扇均添加了精密过滤垫,防护等级不低于IP55 | 与控制柜框架相结合的柜门、底板及其他安装板等均采用耐腐蚀发泡式密封条(聚氨酯)进行密封,要求防护等级不低于IP55 |
| 散热 | 柜体结构按散热功率和器件寿命分为控制柜、电抗柜和并网柜,相互隔绝。控制柜中含功率模块(水冷),同时增加空调,使得控制柜处于恒温状态,保证元器件的工作寿命。电抗柜和并网柜用散热风扇进行散热,防护等级不低于IP55。以后根据供应商沟通的结果,将电抗和变压器改为水冷,整个柜体就可以改为采用热交换散热的方式 | 采用空调冷却方式,空调防护等级不低于IP55 |
| 除湿 | 柜体按照散热器件集中布置的原则,将大功率发热元器件集中布置的柜体中分为三个柜子,工作时湿度较小。断电重启后需先开加热器,再启动主控控制器,控制湿度 | 柜体内的相对湿度控制在65%以下;<br>在柜体内设置加热器(带风扇):<br>电加热器放置位置:尽量均布于柜内;在柜体冗余空间加入吸湿剂 |
| 冗余设计 | 控制系统的冗余设计方案正在拟定中 | 可靠性较低的元器件采用冗余设计;<br>核心控制器采取冗余设计 |
| 线路板板面 | 控制电路板、电抗器和变压器涂敷三防漆 | 线路板表面涂覆保护漆(三防漆) |
| 紧固用螺钉等连接件 | 低碳钢镀锌 | 不锈钢螺钉(316) |
| 线鼻子材质 | 铜 | 铜镀银 |

## 4.5 防腐防锈工艺

### 4.5.1 涂料防腐工艺

#### 4.5.1.1 物品准备

(1) 工具选择

① 表面处理：旋转打磨机、砂纸片和水砂纸，不能采用旋转钢丝刷。

② 涂料搅拌：机械搅拌器或搅拌棒（搅拌棒要求不锈钢或非金属材质）。

③ 涂漆：空气喷枪、毛刷。大面积部位采用喷枪喷涂，小面积部位采用毛刷刷涂。

(2) 物品准备

① 涂料（底漆、中间漆、面漆）、稀释剂。

② 清洗剂或除油剂。

③ 屏蔽材料：黄油、油纸、棉布、胶带等。

④ 涂料调配桶（要求清洁干燥）。

⑤ 干净棉布、软毛刷。

⑥ 手套、口罩。

#### 4.5.1.2 涂料防腐工艺

涂料防腐工艺的基本流程如图 4-8 所示。

本涂料防腐工艺仅针对产品装配完后涂料破损的面、外露的机加面及退化的涂层表面。

(1) 除油处理

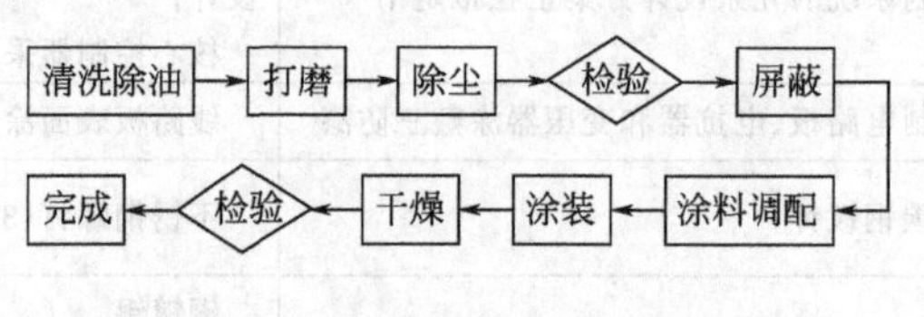


图 4-8 涂料防腐工艺流程

用清洗剂将整机表面的油污、灰尘清洗干净。表面清洗完后用干净棉布将表面擦净。清洗后的表面应洁净，无油污、灰尘等其他残留物。

(2) 打磨处理

① 涂层破损，露出金属底材和外露金属表面　露出金属底材的部位采用旋转打磨机、动力砂纸片或水砂纸（80～100 目）去除破损表面的锈蚀、氧化皮。

② 涂层破损，但没有露出金属底材　要求被损坏的涂层应完全清除，损坏区域与完好区域涂层的边缘部位应砂磨出搭接坡度，搭接区域的原涂层应砂磨露出新鲜的涂层表面，以增加修补涂层与原涂层的结合力。

面漆和中间漆损坏采用 80～100 目的水砂纸打磨或砂轮片打磨平整，用稀释剂清洁表面后补面漆。

打磨注意要点：在原始破损区周围最小 25mm 范围打磨成 45°的楔形，保证修补部位平滑过渡。

③ 涂层完整，仅有轻微退化　采用 200～240 目砂纸打磨涂层，打磨时应有序、均匀地进行，保证打磨后的表面光泽度一致，打磨时要注意不断清除打磨产生的灰尘。

(3) 除尘

用压缩空气将表面的灰尘吹干净，然后用除尘布将表面的灰尘擦干净。有油污时可用棉布蘸清洗剂擦洗干净。

(4) 屏蔽

选用黄油、油纸、棉布、胶带等屏蔽非涂料修补表面。

(5) 涂料调配（以佐敦涂料配套系统为例）

① 底漆的选取与调配

a. 底漆的选取。环氧富锌底漆 Barrier 77 基料（A），环氧富锌底漆 Barrier 77 固化剂（B），佐敦 17 号稀释剂。

b. 底漆调配。基料（A）：固化剂（B）＝3：1。稀释剂：喷涂时稀释剂的量在 20％～30％；刷涂时稀释剂总量在 10％以下，根据具体情况而定，也可以不加。

混合和搅拌应按照以下程序进行：

Ⅰ. 用动力搅拌器搅拌基料（A）；

Ⅱ. 用动力搅拌器搅拌固化剂（B）；

Ⅲ. 将全部的固化剂（B）和基料（A）调和在一起，用动力搅拌器彻底搅拌均匀。待基料与固化剂混合完全后加适量佐敦17号稀释剂搅拌均匀。搅拌过程中应不停顿按同一方向搅拌10～15min。并静置5～10min熟化。

② 中间漆选取与调配

a. 中间漆的选取。快干型环氧漆 Penguard Express 基料（A），快干型环氧漆 Penguard Express 固化剂（B），佐敦17号稀释剂。

b. 中间漆调配。基料（A）：固化剂（B）＝4∶1。稀释剂：喷涂时稀释剂的量在20％左右；刷涂时稀释剂总量在10％以下，根据具体情况而定，也可以不加。

混合和搅拌应按照以下程序进行：

Ⅰ. 用动力搅拌器搅拌基料（A）；

Ⅱ. 用动力搅拌器搅拌固化剂（B）；

Ⅲ. 将全部的固化剂（B）和基料（A）调和在一起，用动力搅拌器彻底搅拌均匀。待基料与固化剂混合完全后加适量佐敦17号稀释剂搅拌均匀。搅拌过程中应不停顿按同一方向搅拌10～15min，并静置5～10min熟化。

③ 面漆的选取与调配

a. 面漆选取。脂肪族聚氨酯面漆 Hardtop XP 基料（A），脂肪族聚氨酯面漆 Hardtop XP 固化剂（B），佐敦10号稀释剂。

b. 面漆调配。基料（A）：固化剂（B）＝10∶1。稀释剂：喷涂时稀释剂的量在20％左右；刷涂时稀释剂总量在10％以下，根据具体情况而定，也可以不加。

混合和搅拌应按照以下程序进行：

Ⅰ. 用动力搅拌器搅拌基料（A）；

Ⅱ. 用动力搅拌器搅拌固化剂（B）；

Ⅲ. 将全部的固化剂（B）和基料（A）调和在一起，用动力搅拌器彻底搅拌均匀。待基料与固化剂混合完全后加适量佐敦10号稀释剂搅拌均匀。搅拌过程中应不停顿按同一方向搅拌10～15min。并静置5～10min

熟化。

(6) 涂装操作

① 检查待刷工件涂层除油、打磨状态，要求待刷表面无油污、灰尘，涂层平整无露底。

② 喷涂或刷涂时保证刷涂均匀，不多涂、漏涂。

③ 涂层最低干膜厚度。

表4-33规定了各道涂层的最低干膜厚度。

**表4-33 各道涂层最低干膜厚度**

| 序号 | 涂层配套 | 涂料牌号 | 最低干膜厚度/μm |
| --- | --- | --- | --- |
| 1 | 底漆 | 环氧富锌底漆 Barrier 77 | 60 |
| 2 | 中间漆 | 快干型环氧漆 Penguard Express | 200 |
| 3 | 面漆 | 脂肪族聚氨酯面漆 Hardtop XP | 60 |
| 4 | 漆膜总厚度 | — | 320 |

(7) 涂层干燥

① 环氧富锌底漆 Barrier 77： 常温固化23℃，干燥时间1.5h；
烘烤固化40℃，干燥时间40min。

② 快干型环氧漆 Penguard Express：常温固化23℃，干燥时间3h；
烘烤固化40℃，干燥时间2h。

③ 脂肪族聚氨酯面漆 Hardtop XP： 常温固化23℃，干燥时间7h；
烘烤固化40℃，干燥时间4h。

注意：只有前道涂层完全干燥后，方能进行后道涂层的涂覆，严禁前道涂层未干就涂覆后道涂层，这样会大大降低涂层的防腐性能。温度越低，涂层的干燥时间越长，以上只给出了23℃及40℃时的干燥时间，温度变化则应相应调整干燥时间，具体数值可与涂装工程师进行沟通。

4.5.1.3 需涂料防腐的部位

风力发电机组需防腐的部位见表4-34。主要需要防腐的位置有外露机加面（机械加工面，下同）以及涂料破损等区域。

**表 4-34 风力发电机组需防腐的部位**

| 序号 | 部 位 | 处 理 | 处理方式 | 备注 |
|---|---|---|---|---|
| 1 | 胀紧套内圈外露端面及增速机行星架外露端面 |  增速机行星架端面<br>胀紧套内圈端面 | 涂 漆（底漆＋中间漆＋面漆） | |
| 2 | 机舱底架与增速机扭矩臂配合后的外露机加面 |  | 涂 漆（底漆＋中间漆＋面漆） | |
| 3 | 前机舱架与轴承座配合后的外露机加面 |  轴承座与机舱底架配合后的外露机加面 | 涂 漆（底漆＋中间漆＋面漆） | |

续表

| 序号 | 部　位 | 处　　理 | 处理方式 | 备注 |
| --- | --- | --- | --- | --- |
| 4 | 前吊座与前机舱底架配合后的外露机加面 | 前吊座与前机舱底架配合后的外露机加面 | 涂 漆（底 漆 ＋中间漆＋面漆） | |
| 5 | 后机舱底架支座与发电机减震器支座配合后的外露机加面 | 后机舱底架发电机垫圈配合后的外露机加面 | 涂 漆（底 漆 ＋中间漆＋面漆） | |
| 6 | 各个支撑架与机舱底架配合后的外露机加面 | 支撑架与机舱底架配合后的外露机加面 | 涂 漆（底 漆 ＋中间漆＋面漆） | |

续表

| 序号 | 部　位 | 处　　理 | 处理方式 | 备注 |
| --- | --- | --- | --- | --- |
| 7 | 前机舱底架与后机舱底架配合后的外露机加面 |  | 涂漆（底漆＋中间漆＋面漆） |  |
| 8 | 减震架与机舱底架配合后的外露机加面 |  | 涂漆（底漆＋中间漆＋面漆） |  |
| 9 | 机舱底架上防雷接线后外露加工面 |  | 涂漆（底漆＋中间漆＋面漆） | 机舱底架有多处防雷接线，接好后外露加工面均需要涂漆处理 |

续表

| 序号 | 部　位 | 处　　理 | 处理方式 | 备注 |
|---|---|---|---|---|
| 10 | 轮毂上防雷接线后的外露加工面 |  | 涂漆（底漆＋中间漆＋面漆） | 机舱底架有多处防雷接线，接好后外露加工面均需要涂漆处理 |
| 11 | 轮毂内侧防雷接线后外露加工面 |  | 涂漆（底漆＋中间漆＋面漆） | 机舱底架有多处防雷接线，接好后外露加工面均需要涂漆处理 |
| 12 | 液压站支架与机舱底架配合后的外露机加面 |  | 涂漆（底漆＋中间漆＋面漆） | |

续表

| 序号 | 部位 | 处理 | 处理方式 | 备注 |
|---|---|---|---|---|
| 13 | 前机舱底架工艺机加面（用于风场主轴系统拆卸） | 前机舱底架工艺机加面（用于风场主轴系统拆卸） | 涂漆（底漆＋中间漆＋面漆） | 螺纹孔要用螺塞进行保护后方可涂漆，涂完漆后螺栓不拆下 |
| 14 | 发电机底部四脚凸出的部分 | 发电机底部四脚 | 涂漆（底漆＋中间漆＋面漆） | |
| 15 | 增速箱与高速轴制动器配合后的外露机加面 | 增速箱与高速轴制动器配合后的外露机加面 | 涂漆（底漆＋中间漆＋面漆） | |

续表

| 序号 | 部　位 | 处　　理 | 处理方式 | 备注 |
|---|---|---|---|---|
| 16 | 涂层破损区域 | 涂层破损区域 | 补漆（底漆＋中间漆＋面漆） | 不同颜色涂层破损应用不相同颜色的漆 |
| 17 | 其他安装后涂层破损区域 | 安装后涂层破损区域 | 补漆（底漆＋中间漆＋面漆） | |
| 18 | 轮毂上防雷接线加工面 | 轮毂上防雷接线加工面 | 涂漆（底漆＋中间漆＋面漆） | |

续表

| 序号 | 部位 | 处理 | 处理方式 | 备注 |
| --- | --- | --- | --- | --- |
| 19 | 轮毂与后支架连接的外露机加面 | 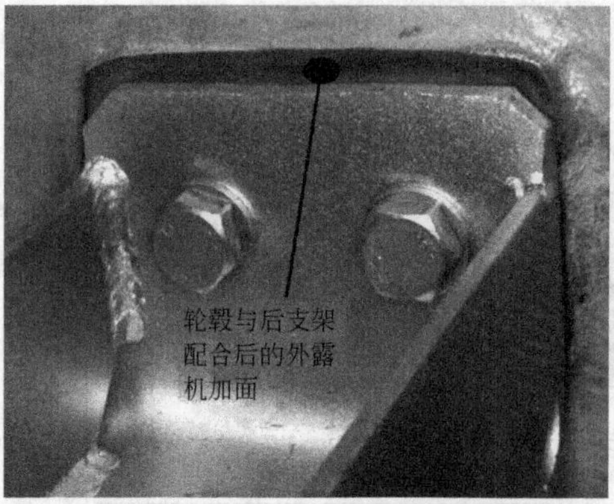 轮毂与后支架配合后的外露机加面 | 涂漆（底漆＋中间漆＋面漆） | |
| 20 | 轴承座右侧端面（不安装锁紧盘定位销一侧） | 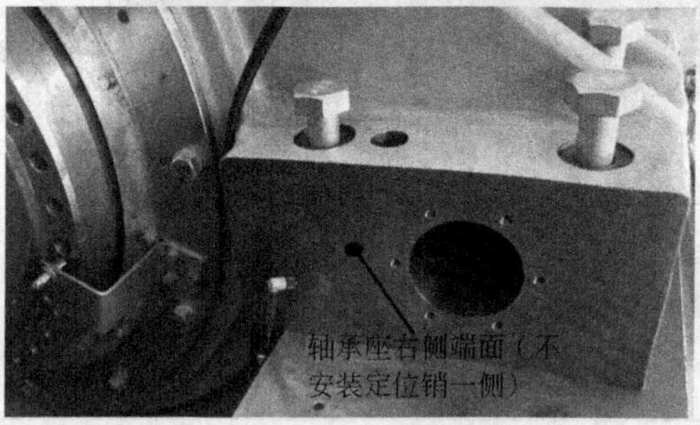 轴承座右侧端面（不安装定位销一侧） | 涂漆（底漆＋中间漆＋面漆） | M8螺纹孔用螺塞或M8螺栓堵上，涂料不得污染螺纹孔 |
| 21 | 轴承座左侧端面（安装锁紧盘定位销一侧） |  轴承座左侧端面（安装定位销一侧） | 涂漆（底漆＋中间漆＋面漆） | |

续表

| 序号 | 部　位 | 处　　理 | 处理方式 | 备注 |
|---|---|---|---|---|
| 22 | 机舱底架与减震架或支撑架配合后的外露机加面 | 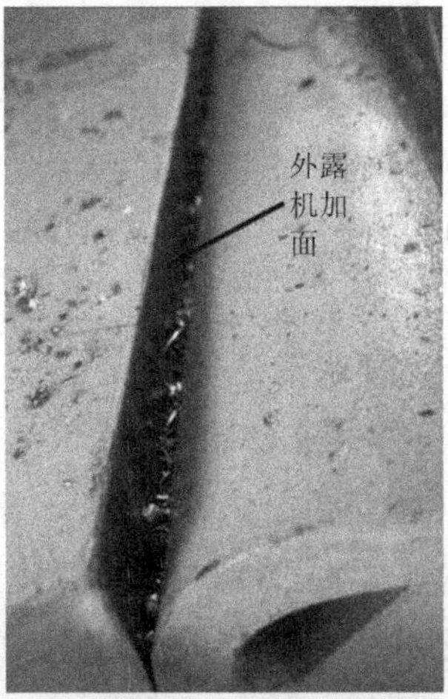 外露机加面 | 涂漆（底漆＋中间漆＋面漆） | |
| 23 | 轮毂与支架一配合后的外露机加面 |  | 涂漆（底漆＋中间漆＋面漆） | |
| 24 | 机舱底架与电缆固定桥架配合的外露机加面 | 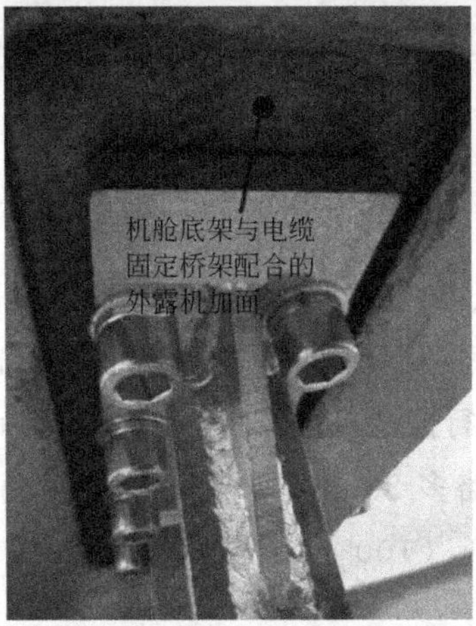 机舱底架与电缆固定桥架配合的外露机加面 | 涂漆（底漆＋中间漆＋面漆） | 如果涂漆有困难则刷涂防锈油 |

### 4.5.2 防锈油防锈工艺

4.5.2.1 物品准备

① 清洗剂；

② PSC-002A 金属零部件油脂清洗剂；

③ 移路多 2000（除锈剂）；

④ PSA-006 硬膜防锈剂；

⑤ 涂防锈油的工作桶若干（要求清洁干燥）；

⑥ 工业百洁布 120×84、干净棉布、软毛刷；

⑦ 动力砂纸片或水砂纸（100 目）、铲刀；

⑧ 劳保用品：手套（要求厚实）、口罩（根据操作工人人数决定）；

⑨ 废旧铁桶（用于收集使用过的棉布、清洗剂、PSC-002A 金属零部件油脂清洗剂、除锈剂等有害物品，之后集中处理）。

4.5.2.2 防锈油涂覆工艺

（1）涂覆表面无锈蚀

① 用螺塞将螺纹孔堵上，如零件自带螺塞，则不得拆下。

② 用清洗剂清洗配合表面，保证表面无油污、灰尘等杂物。

③ 用软毛刷在待防护表面刷涂 PSA-006 硬膜防锈剂，保证刷涂均匀，不多涂、漏涂。

④ 干燥：硬膜防锈油的表面时间为 30min，实干时间为 24h。要求防锈油涂覆 30min 内不得用手触摸，以免将防锈油磕碰掉。

（2）涂覆表面有锈蚀

① 除锈

a. 用螺塞将螺纹孔堵上，如零件自带螺塞，则不得拆下。

b. 采用铲刀将锈蚀表面的浮锈清除干净后，用除锈剂移路多 2000 喷涂在锈蚀表面，并用百洁布进行擦拭，将表面锈蚀清除干净。

c. 如果使用除锈剂移路多 2000 清除后的表面仍残留锈蚀和氧化皮，则用动力砂纸片或水砂纸（100 目）再次清除，保证锈蚀完全清除干净。

d. 锈蚀清除干净后，用干净棉布将表面的灰尘擦拭干净，再用清洗剂将表面清洗干净，保证表面无油污、灰尘等杂物。

② 防锈油涂覆

a. 保证表面无油污、灰尘等杂物。

b. 用软毛刷在待防护表面刷涂 PSA-006 硬膜防锈剂，保证刷涂均匀，不多涂、漏涂。

c. 干燥：硬膜防锈油的表面时间为 30min，实干时间为 24h。要求防锈油涂覆 30min 内不得用手触摸，以免将防锈油磕碰掉。

4.5.2.3　需防锈油防护的部位

需防锈油防护的部位见表 4-35，以下所示部位均要求刷涂硬膜防锈油 PSA-006。

**表 4-35　需防锈油防护的部位**

| 序号 | 部位 | 图　示 | 备　注 |
|---|---|---|---|
| 1 | 变桨正装轮毂与放置工装连接的配合面 |  | ①保证螺纹孔均用螺塞堵上后进行清洗，然后刷涂 PSA-006 硬膜防锈剂，完成后将螺塞去掉后直接与轮毂放置工装连接。<br>②到风场后与主轴连接前，用 PSC-002A 金属零部件油脂清洗剂清洗干燥后方可进行装配 |

续表

| 序号 | 部位 | 图示 | 备注 |
| --- | --- | --- | --- |
| 2 | 变桨正装轮毂顶部与前支架连接后的机加面 |  轮毂顶部连接前支架后的外露配合面 | ①要求变桨系统出厂房，吊下车后保证螺纹孔均有螺塞堵上后刷涂硬膜防锈油。<br>②到风场后安装导流罩定前，用 PSC-002A 金属零部件油脂清洗剂清洗干燥后方可进行装配 |
| 3 | 变桨倒装轮毂与主轴连接的配合面 |  变桨倒装轮毂与主轴连接的配合面 | ①要求变桨系统出厂房，吊下车后保证螺纹孔均有螺塞堵上后刷涂硬膜防锈油。<br>②到风场后与轮毂连接前，用 PSC-002A 金属零部件油脂清洗剂清洗干燥后方可进行装配 |
| 4 | 变桨倒装轮毂与放置工装连接的配合面 |  变桨倒装轮毂与放置工装连接的配合面 | ①保证螺纹孔均用螺塞堵上后进行清洗，然后刷涂 PSA-006 硬膜防锈剂，完成后将螺塞去掉后直接与轮毂放置工装连接。<br>②到风场后与安装导流罩顶前，用 PSC-002A 金属零部件油脂清洗剂清洗干燥后方可进行装配 |

续表

| 序号 | 部位 | 图　示 | 备　注 |
| --- | --- | --- | --- |
| 5 | 主轴与轮毂连接的机加面(包括止口的裸露面) |  主轴与轮毂连接的机加面 | ①在机舱罩装配完成后刷涂防锈油，注意主轴止口外露机加面也需要刷涂。<br>②到风场后与轮毂连接前，用 PSC-002A 金属零部件油脂清洗剂清洗干燥后方可进行装配 |
| 6 | 增速箱与滑环连接的轴 |  增速箱与滑环连接的轴 | ①连接滑环后刷涂硬膜防锈油。<br>②硬膜防锈油到风场后不得清除 |
| 7 | 轮毂连接主轴一侧的内圆机加面 | 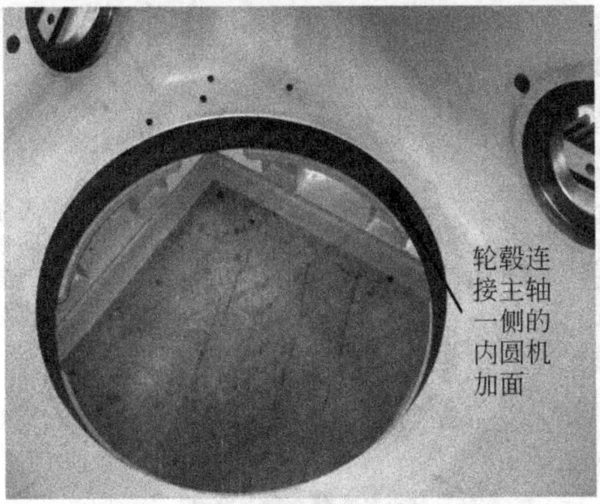 轮毂连接主轴一侧的内圆机加面 | 到风场后轮毂连接主轴的端面以内的 40mm 距离(如下图所示)的圆周部位在轮毂与主轴装配前需用 PSC-002A 金属零部件油脂清洗剂硬膜防锈油清除干净；其余面积的防锈油不得清除 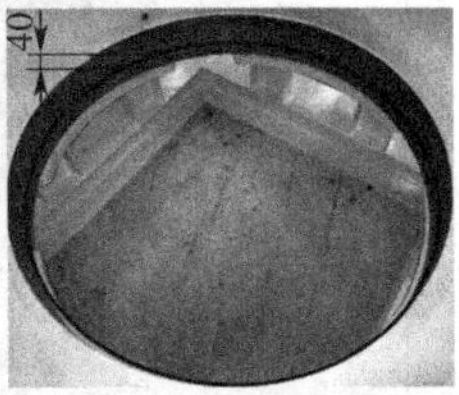<br>40 |

续表

| 序号 | 部位 | 图示 | 备注 |
| --- | --- | --- | --- |
| 8 | 增速箱与胀紧套之间的裸露面 | 增速箱与胀紧套之间的裸露面 | ①打完胀紧套螺栓力矩后刷涂防锈油。<br>②硬膜防锈油到风场后不得清除 |
| 9 | 变桨减速机端面 | 变桨减速机端面 | ①齿轮安装完成后刷涂硬膜防锈油。<br>②硬膜防锈油到风场后不得清除 |
| 10 | 偏航减速机端面 | 偏航减速机端面 | ①齿轮安装完成后刷涂硬膜防锈油。<br>②硬膜防锈油到风场后不得清除 |

续表

| 序号 | 部位 | 图　示 | 备　注 |
| --- | --- | --- | --- |
| 11 | 前轴套外露的表面 | 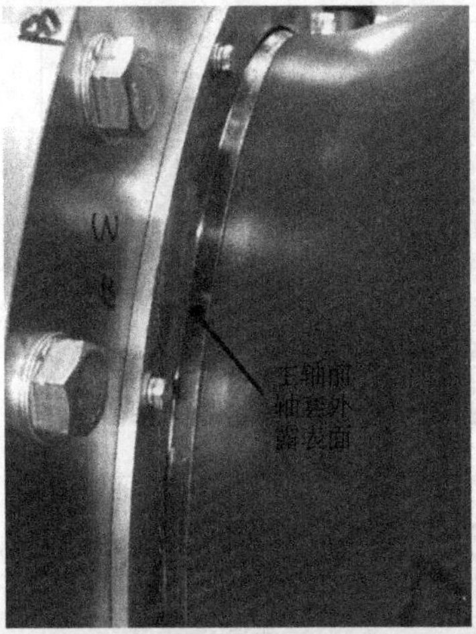 | ①压环安装完成后刷涂硬膜防锈油。<br>②硬膜防锈油到风场后不得清除 |
| 12 | 后轴套外露表面 |  | ①压环安装完成后刷涂硬膜防锈油。<br>②硬膜防锈油到风场后不得清除 |
| 13 | 发电机对中调完后外露的发电机输出轴 |  | ①在发电机端胀紧套紧固后联轴器安装前涂硬膜防锈油。<br>②硬膜防锈油到风场后不得清除 |

续表

| 序号 | 部位 | 图示 | 备注 |
|---|---|---|---|
| 14 | 齿轮箱输出轴安装联轴器后外露的表面 |  | ①高速刹车盘安装完成后联轴器安装前刷涂硬膜防锈油。<br>②硬膜防锈油到风场后不得清除 |
| 15 | 轴承座右侧 $\phi120$ 的通孔 |  轴承座右侧<br>$\phi120$ 的通孔 | 通孔内所有面积涂硬膜防锈油，到风场后不得清除 |
| 16 | 前机舱底架与后机舱底架用螺栓连接后的螺栓孔 |  前机舱底架与后机舱底架<br>用螺栓连接后的螺栓孔 | ①前机舱底架与后机舱底架用螺栓连接完成后，露出的螺栓孔刷涂防锈油并用螺塞将螺栓孔堵上。<br>②硬膜防锈油及螺塞到风场后不得清除 |

续表

| 序号 | 部位 | 图示 | 备注 |
| --- | --- | --- | --- |
| 17 | 机舱底架与偏航制动器配合后的外露机加面 |  | ①偏航制动器安装完成后刷涂硬膜防锈油。<br>②硬膜防锈油到风场后不得清除 |
| 18 | 靠近主轴锁紧螺母的外露机加面 |  | ①主轴锁紧螺母安装完成后刷涂硬膜防锈油。<br>②硬膜防锈油到风场后不得清除 |
| 19 | 联轴器不锈钢护罩 |  | ①不锈钢联轴器护罩安装完成后焊缝处刷涂硬膜防锈油。<br>②硬膜防锈油到风场后不得清除 |

4.5.2.4 防锈油的清除

① 用PSC-002A金属零部件油脂清洗剂配合干净棉布将涂有硬膜防锈油的表面清洗干净。

② 装配前表面干燥，无油污、灰尘等杂物。

### 4.5.3 润滑脂防锈工艺

（1）物品准备

① 润滑脂（润滑脂应选择与回转支承或齿轮运转相同的牌号）；

② 软毛刷；

③ 刮刀。

（2）润滑脂防锈工艺；

① 用软毛刷将回转支承的齿面及齿轮的齿面的砂粒及铁屑等杂物清除干净。

② 用刮刀将润滑脂涂抹到齿面，保证所有齿面均覆盖润滑脂，不得漏涂。

（3）需涂润滑脂的部位

需涂润滑脂的部位见表 4-36。

表 4-36 需涂润滑脂的部位

| 序号 | 部位 | 图示 | 处理方式 | 备注 |
|---|---|---|---|---|
| 1 | 偏航回转支承外齿 | 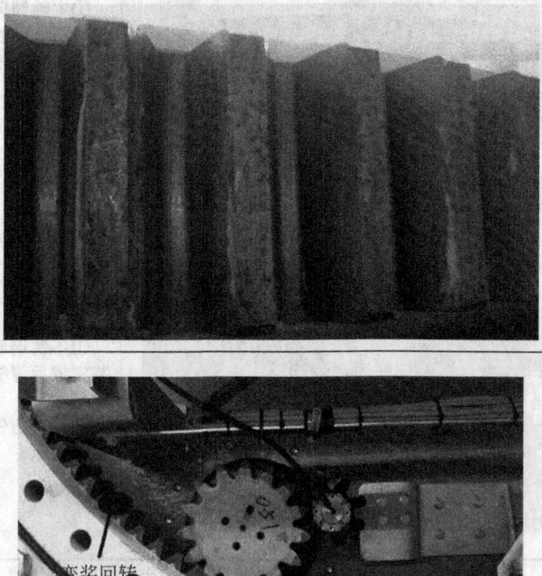  | 涂与回转支承运行时相同牌号的润滑脂 | 在整机试验完后，安装机舱罩前刷涂硬膜防锈油 |
| 2 | 变桨回转支承工作齿 |   | 涂与回转支承运行时相同牌号的润滑脂 | 安装导流罩前刷涂 |

续表

| 序号 | 部　位 | 图　　示 | 处理方式 | 备注 |
|---|---|---|---|---|
| 3 | 变桨齿轮所有齿面 |   | 涂与齿轮运行时相同牌号的润滑脂 | 安装导流罩前刷涂 |
| 4 | 偏航齿轮所有齿面 |   | 涂与齿轮运行时相同牌号的润滑脂 | 整机试验完后安装机舱罩前刷涂硬膜防锈油 |

## 4.5.4　达克罗涂层及镀锌层修补工艺

（1）物品准备

① 冷镀锌自喷漆 CRC18412；

② 清洗剂；

③ 砂纸；

④ 棉布。

（2）达克罗涂层及镀锌层修补工艺

① 用清洗剂将待修补表面的油污清除干净。

② 用砂纸轻轻打磨涂层表面，不得将涂层完全打磨掉。

③ 用棉布将涂层表面灰尘清除干净后再用清洗油将表面清洗干净。

④ 对非喷涂部位进行保护。

⑤ 保证涂层表面无灰尘、油污等杂物且干燥后对表面进行喷涂。

⑥ 冷镀锌自喷漆表干时间约为 20～30min，在表干时间内不允许用手触摸，冷镀锌自喷漆的完全干燥时间为 24h 内。

⑦ 用记号笔重新划线，记号线须通过螺栓、螺母、垫片及被连接件（非高强螺栓略去此步骤）。

（3）需进行修补的部位

需喷涂冷镀锌自喷漆的部位见表 4-37 所示，主要修补的部位包括达克罗螺栓、镀锌件。其中达克罗螺栓包括：轮毂与变桨回转支承连接螺栓、前机舱底架与偏航回转支承连接螺栓、增速箱支撑座与机舱底架连接的螺栓、发电机与减震器连接的螺栓、前后机舱底架连接螺栓、主轴轴承座与机舱底架连接的螺栓等；镀锌件包括主轴楼梯、踏板等结构件。

**表 4-37 达克罗涂层及镀锌层修补工艺**

| 序号 | 部位 | 图 示 | 处理方式 | 备注 |
|---|---|---|---|---|
| 1 | 达克罗螺栓螺栓头侧面 |  | 冷镀锌漆 CRC 18412 | 力矩紧固后喷涂 |

续表

| 序号 | 部位 | 图　示 | 处理方式 | 备注 |
|---|---|---|---|---|
| 2 | 主轴踏梯 |  | 冷镀锌漆 CRC 18412 | 如涂层未破坏，则不需要喷涂。如果涂层损坏，则在安装机舱罩后进行操作 |
| 3 | 踏板 | 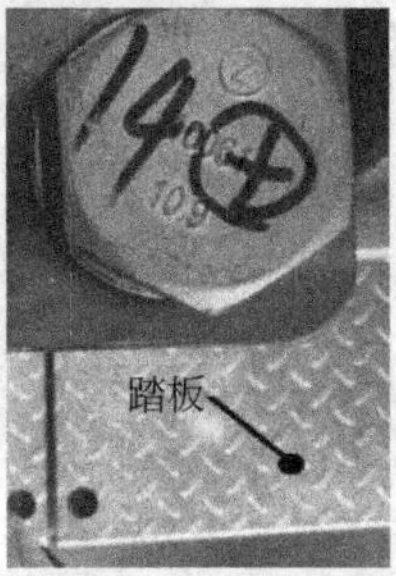 | 冷镀锌漆 CRC 18412 | 如涂层未破坏，则不需要喷涂。如果涂层损坏，则在安装机舱罩后进行操作 |

### 4.5.5　工艺螺纹孔防护

轴承座上的定位销孔、增速箱上拆箱用的螺纹孔、前机舱底架工艺机加面上的螺纹孔，轴承座未安装锁紧盘定位销的一侧的 M8 螺纹孔在装配完成后均需要用螺塞将螺纹孔堵住，见表 4-38。

**表 4-38　螺纹孔需加螺塞的部位**

| 序号 | 部　位 | 图　示 | 备　注 |
|---|---|---|---|
| 1 | 轴承座上的定位销孔 |  | SY7715.2-14 孔塞将轴承座两边的定位销孔堵上 |

续表

| 序号 | 部位 | 图示 | 备注 |
| --- | --- | --- | --- |
| 2 | 前机舱底架工艺机加面上的螺纹孔 | 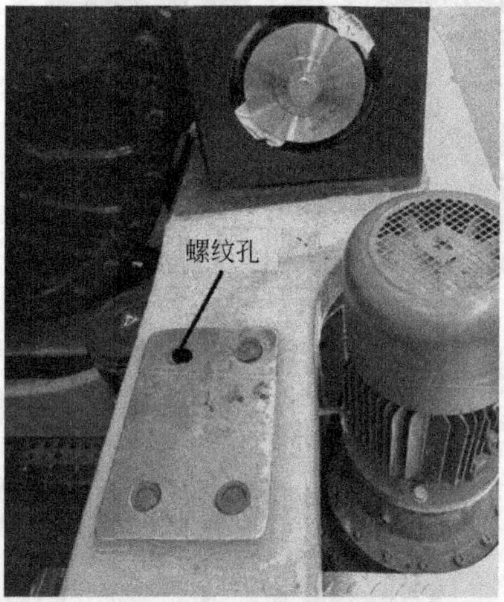 | 用螺塞堵上 |
| 3 | 轴承座未安装锁紧盘定位销的一侧的 M8 螺纹孔 | 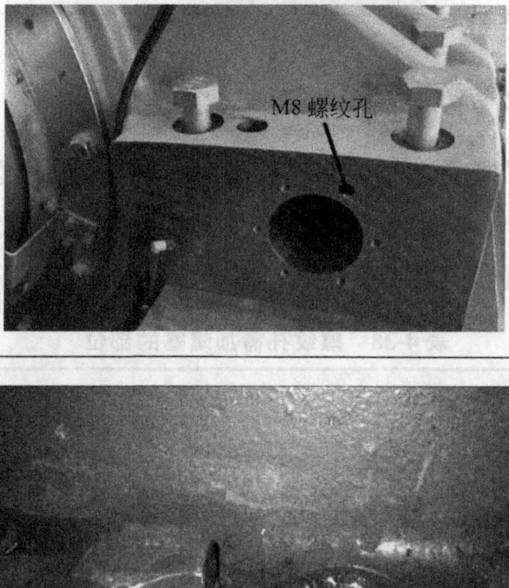 | 用螺塞或螺栓堵上 |
| 4 | 增速箱上拆箱用的螺纹孔 | | 用螺塞或螺栓堵上 |

# 第5章 防台风加强设计与应对策略

台风由大风区、暴风雨区、风眼三部分构成。风眼边缘宽度约为10～20km的云墙区是破坏力最大的区域，而台风前进方向的右前方风力最为强大。

台风对我国东南沿海影响广泛。广东每年平均台风登陆达3次，占我国登陆总次数的33%，中国台湾占19%，海南占17%，福建占16%，浙江占10%。东南沿海每年皆受到1～3次台风影响，频次很高，台风对风力机破坏力极大，台风具有以下特点。

① 影响区域广　台风直径通常为500～1000km，平均风速大、湍流强度高。台风中心湍流强度可达0.6～0.9（无台风时通常<0.1），高湍流导致17级台风瞬态风速可突破100m/s，风力机承受载荷巨大。

② 风向变化率大　数小时内风向即可由北风、东北风突变为南风、西南风，如风力机失去偏航能力，则90°侧吹时塔筒平均倾覆力矩将比对风状态增加37%。

③ 风切变大　为额定风速时（12m/s）的3～5倍，大切变导致风力机振动响应幅值急剧增加。

④ 持续时间长、伴随台风浪　同一地点受台风持续影响的时间一般在12～24h，且伴随6m以上台风浪，长时间风浪耦合作用，导致风力机低周

疲劳破坏。

台风对风电场的破坏力惊人，例如叶片断裂、塔筒折断、机舱罩倾覆等，经济损失巨大。为了抵御台风的破坏，必须对台风途径海域的海上风力机进行增强设计，并且优化台风期间控制策略。

## 5.1 台风破坏的分析

### 5.1.1 台风的形成

台风形成于高温、高湿等条件适宜的热带洋面。每年夏、秋两季，北半球的热带海面温度常高达27℃以上，大量的海水蒸发到了空中，会发展成一个低气压中心，使周围的冷空气不断流入下方补充空位，在赤道以北受地球自转影响，形成逆时针旋转的空气旋涡；温度不变时，空气旋涡逐渐变大，形成台风。

台风形成必须具备以下几个条件。

(1) 广阔的高温洋面

台风的形成与发展要有巨大的能量，其能量主要来源于大量水汽凝结所释放的潜热。热带洋面上，海温高，蒸发强，通过湍流运动向大动输送大量热量和水汽，具有高温高湿不稳定条件，其大量内能是台风产生和发展的巨大能量来源。

(2) 合适的流场

适宜的环流条件能启动和诱导高温高湿的空气产生扰动，使气流辐合上升。

(3) 合适的地转偏向力

气流产生扰动后，必须有一定地转偏向力作用。若地转偏向力达不到一定数值时，向中心辐合的气流则会直达低压中心，使之填塞不能形成气旋性涡旋，台风无法形成。所以台风大多发生在南、北纬5°～20°之间。

(4) 风的垂直切变要小

在地转偏向力作用下，辐合上升气流发展为气旋性涡旋。气流上升，绝热冷却产生凝结，凝结释放的潜热使空气增暖。风的垂直切变小，使潜热不向外扩散，保持台风的暖心结构。暖心的反馈作用使台风中心气压继续降低，空气涡旋愈旋转愈强，最后发展为台风。

台风中心附近最大风力达到 12 级以上，直径通常为 500～1000km 左右（最大为 2000km，最小为 160km），中心气压平均在 950hPa 以下，最低可为 887hPa。表 5-1 为根据国家气象局公布的数据整理的台风等级表。

表 5-1　台风等级表

| 风力等级 | 名称 | 风速 | | 海面大概波高/m | |
|---|---|---|---|---|---|
| | | km/h | m/s | 一般 | 最高 |
| 12 | 飓风/台风 | 118～133 | 32.7～36.9 | 14 | >16 |
| 13 | | 134～149 | 37.2～41.4 | — | — |
| 14 | | 150～166 | 41.5～46.1 | — | — |
| 15 | | 167～183 | 46.4～50.9 | — | — |
| 16 | | 184～201 | 51.1～55.8 | — | — |
| 17 | | 202～220 | 56.1～61.1 | | |

### 5.1.2 台风的分布规律

（1）台风的全球分布

受地球自转影响，台风生成后沿偏西方向运动，进而转向偏东方向，因此欧洲大陆近海不受台风影响，而我国东南沿海是台风登陆最为频繁的地区。

台风形成后要发生移动，移动路径基本上沿副热带高压外缘，自东向西移动。但受众多因素影响，移动路径又很复杂（图 5-1）。以北太平洋西部地区台风移动路径为例，其路径分为三条。

① 西移路径　台风从菲律宾以东洋面一直向西移动，经过南海，在我国海南岛或越南一带登陆。

② 西北路径　台风从菲律宾以东洋面向西北方向移动，穿过琉球群岛，在我国江浙或浙闽一带登陆。

③ 转向路径　台风从菲律宾以东洋面向西北方向移动，然后转向东北方向移去，路径呈抛物线状。

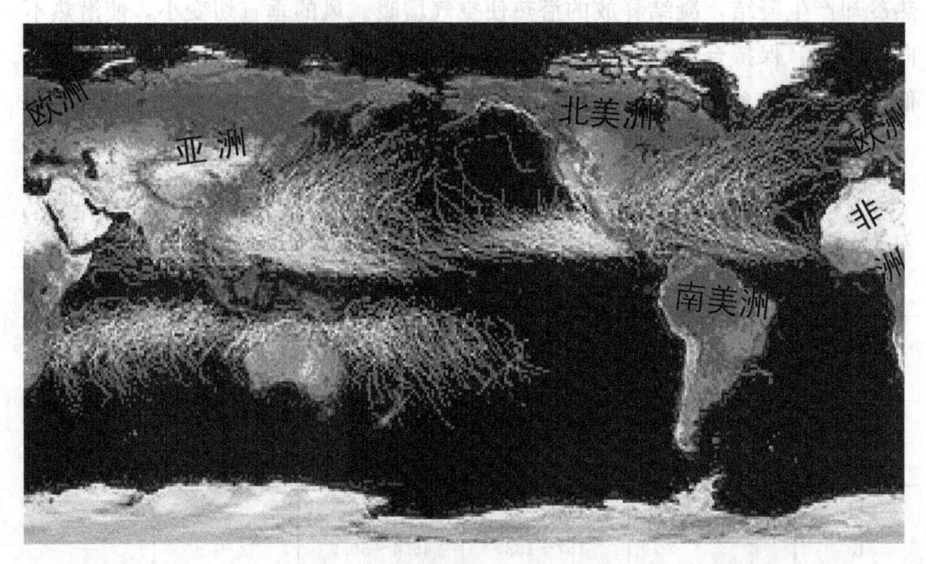


图 5-1　1985～2005 年全球热带气旋（6 级以上）路径分布图

（2）台风在中国的分布

我国沿海各省区受台风影响程度存在很大差异，随纬度的向南变化，台风影响愈严重。台风登陆后，受到地表粗糙度的阻碍，强度逐渐减弱，即台风影响程度随离岸距离的变化而变化。

### 5.1.3　台风浪的形成和传播

在台风范围内可以造成海面巨大的海浪。据对西北太平洋 50 个台风的波浪资料统计，台风在初始阶段，海面上虽有较大的风速，但波高不大，通常是在台风外围约有 3m 的大浪，而在台风中心附近有 4～5m 的巨浪。这可能是由于在台风初始阶段由于风时、风区的不足而使波高较小，随着台风的不断发展和加强，波高也随着风速的增大而增高，波高与风速成正比关系。当台风发展到成熟阶段时，风速不再增大，而大风范围逐渐向外扩展，在这个阶段内，波高也达到充分成长，波高值不增高，而大浪区的范围向台风外围扩展。当台风处于消失或减弱阶段，风速随之减小，但台风影响的海域仍有较大的波高。台风中心的大浪形成后，就从台风中心向四周传播。当浪离开台风区域传向远处时便形成涌浪。涌浪以台风移速的 2～3 倍向外传播。

涌浪的来向表示台风中心位置所在方向，如果发现涌浪方向保持不变且浪高逐渐变大，说明台风正在靠近。

相比一般海浪，台风浪区域范围要大很多，且浪高势急，冲击力极强，所受影响就更加严重。而且在台风涡旋区内，往往天空昏暗，暴雨倾盆，恶浪滔天，浪花飞溅，很容易打到叶片上，造成叶片的破坏。

### 5.1.4　台风的主要特点及其对海上风力机的影响

（1）台风影响区域广

台风直径通常为 500～1000km，由大风区、暴风雨区、风眼三部分构成，风眼边缘宽度约为 10～20km 的云墙区是破坏力最大的区域。

（2）平均风速大、湍流强度高

台风中心湍流强度可达 0.6～0.9（无台风时通常＜0.1），高湍流导致 17 级台风瞬态风速可突破 100m/s，风力机承受载荷巨大。通过对登陆台风的实测数据计算分析发现，在登陆台风中心附近近地层的湍流强度（简称湍强）可异常增大达 0.6～0.9，且湍强最大的层次不一定出现在底层，3 个观测塔中有 2 个塔的实测数据显示，40～60m 高度的湍强可比 10m 高的值大 0.2 左右，此外，台风中心靠近时底层和高层的湍强变化并不同步，而是存在十几到几十分钟的时间差。

台风中心近地层特有的湍流特征，对风力机的抗风设计提出了挑战。风的湍流扰动对风力机这样的柔性结构系统会产生一种随机的强迫振动，对于线性结构系统，湍流脉动引起的结构振动响应均方根与湍流度取值成正比，这意味着如果湍流度增大了 2～3 倍，则结构动态响应或脉动风荷载的计算值也会成倍增加。而目前，典型的风力机抗湍强设计参数一般不超过 0.2，这对于无台风影响地区且地形平缓的风电场是适宜的，但对于受台风影响地区的风电场，风力机的抗风设计还需要进一步研究、实验，以适应这种特殊的抗风减灾需要。

（3）台风风向变化率大

数小时内风向即可由北风、东北风突变为南风、西南风，如风力机失去偏航能力，则 90 度侧吹时塔筒平均倾覆力矩将比对风状态增加 37%。

（4）台风期间风切变大

为风力机额定风速（12m/s）的 3～5 倍，大切变导致风力机振动响应幅值急剧增加。

(5) 台风持续时间长、伴随台风浪

同一地点受台风持续影响的时间一般在 12～24h，且伴随 6m 以上台风浪，长时间风浪耦合作用导致风力机低周疲劳破坏。

(6) 台风对风力发电的影响利弊兼有

在登陆我国的台风中，有 55.5%的个例可以为风电场带来良好的发电效益，即平均每年有 6.6 个“好台风”登陆我国。但平均每年也有 3.5 个破坏型台风登陆我国，登陆台风威胁较大的地区主要在我国台湾、广东、海南、福建、浙江等省份的沿海风电场。一旦登陆，就对风电场造成了很大的破坏。

### 5.1.5 台风破坏的原因分析

(1) 强烈的湍流扰动和风向变化

风的湍流扰动对风力机产生一种随机的强迫振动。对于线性结构系统，湍流脉动引起的结构振动响应均方根与湍流强度取值成正比，即湍流强度大了两三倍，则结构动态响应或脉动风载荷的计算值也会成倍增加。目前典型的风力机抗湍流强度设计参数一般不超过 0.2，登陆台风中心附近地层的湍流强度可异常增大达 0.6～0.9，并且在 40～60m 高度的湍流强度比 10m 的大 0.2 左右。强烈的湍流扰动是导致风力发电机组断裂损坏的主要原因。台风风向变化大而快，数小时内几乎要有 180°以上的变化。

湍流强度反映了风的脉动特征，湍流强度值越大，对风力机的破坏性越强。湍流强度的计算公式为某时距（一般取为 10min）的脉动风速标准方差与平均风速的比值：

$$I=\frac{\sigma}{U}$$

式中 $\sigma$——脉动风速的均方根；

$U$——10min 平均风速；

$I$——湍流强度。

由于轴式风速仪通常只能测量水平风速，故由此计算的湍流强度值即为水平方向的湍流强度，其中，脉动风速时距为 1s，平均风速时距为 10min。

相比于风力的旬周期和日周期变化，风的湍流变化则指的是风在相对短的时间中其速度的波动变化，通常这种时间是以分、秒甚至更小的时间单位来计的。在台风情况下，应该说这种变化的时间周期小于 10s，也就是说在台风中风湍流的变化频率是很高的。因此，它对风力机叶片有着十分显著的影响。

湍流强度取决于如上地球表面边界层的“粗糙度”以及海拔高度等。所处的区域越“粗糙”，湍流强度就越高，湍流强度高的地方，其风速就相对低一些，这是受动量和能量守恒所制约的，这种情形下湍流区域有较大的气流混合与动量转换活动。

（2）地形条件

台风“杜鹃”中损坏的 9 个风力机都处在复杂的丘陵地形区域中。即使是在正常风况的运行情形下，风流通过该区域的时候都会产生一些尺度较大的湍涡流，这些湍涡流会增加风流的变化，因此增加了对风力机主要部件的疲劳损伤。

（3）低周疲劳应力

实验表明，由疲劳带来的断裂应力小于材料的实际屈服应力，疲劳循环次数越多，其失效的应力也就越小。因此，重复循环的应力和应变将更容易导致其结构的破坏直至断裂，叶片谐振的发生将使循环应力、应变最大化。如图 5-2 所示，叶片、塔筒、基础等发生低周疲劳累积损伤断裂是台风给风电场造成毁灭性破坏的主要原因。

在台风“杜鹃”中损坏的 9 个叶片的后表面蒙皮（即翼壳后沿）受到了损坏，因为实际的风力机叶片会受到扭曲激振，当台风气流变化所带来的激振荷载强劲而又与该叶片的固有频率接近时，将发生扭谐振，将对叶片产生极端疲劳荷载，极易破坏叶片。

（4）叶片表面的极微裂纹

叶片表面的极小区域受到局部集中应力的作用，而局部集中应力又远大于粘接叶片翼后缘胶的黏合平均应力以及叶片蒙皮复合材料的平均应力。当这类较高的切应力反复作用时，就导致了极微裂痕的形成，这些极微裂痕又会进一步延伸至黏胶层内部和叶片蒙皮的相邻区域中去，最终导致黏胶和复

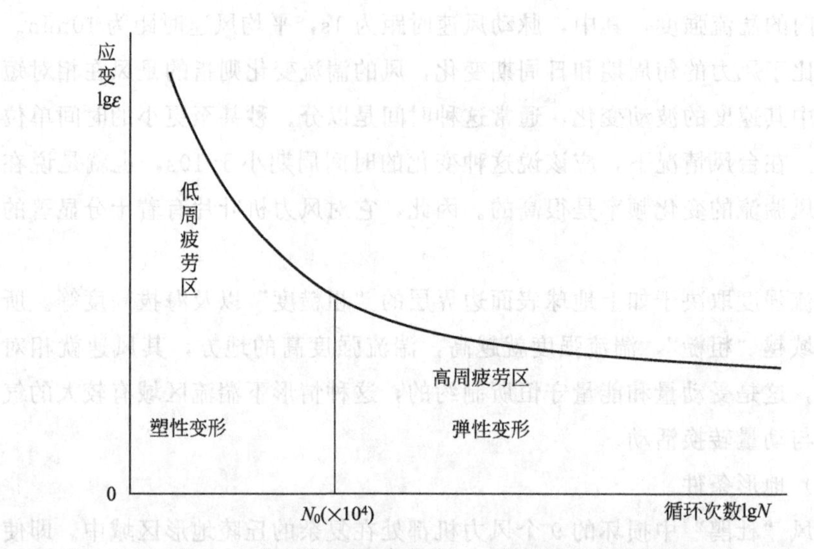


图 5-2 典型应变-寿命曲线——低周疲劳与高周疲劳

合蒙皮强度的降低（图 5-3、图 5-4）。

（5）叶片和台风发生共振

台风“杜鹃”中，在台风不是足够大时，每台受损风力机一般只有一只叶片遭到破坏，其原因是以下因素同时作用的结果：

① 风力机叶片的固有频率（叶片的谐振方向）与风湍流的激振（风的变化方向）频率接近；

图 5-3 蒙皮及后缘开裂

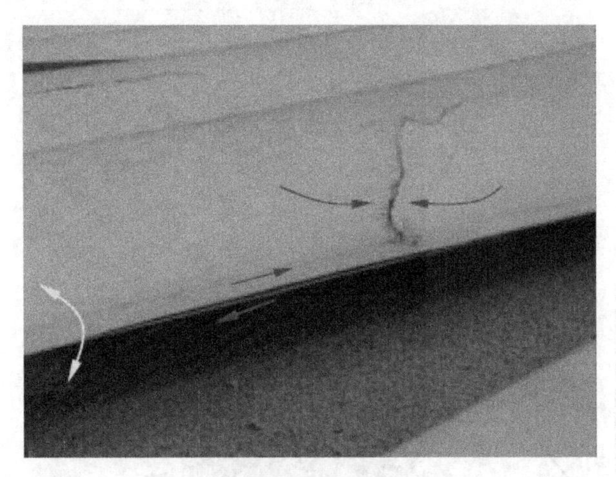

图 5-4　典型的鼓包隆起、开裂

② 叶片的位置使其自身的谐振方向与来风的谐振方向一致。

如果某叶片恰好占据了恰当的位置，那么另外两个叶片便没有可能在这 360°范围拥有同一位置。

### 5.1.6　台风影响等级划分三维坐标体系

不同纬度、离岸距离、地质条件的海域受到的台风影响频度及强度差别很大，因此建立我国近海台风影响等级划分 3D 坐标体系，对应不同区域确定相应的风力机防台风等级，为风力机防台风设计提供设计依据，见图 5-5。

根据我国实际情况，可将近海海域划分为五类区域，见表 5-2。

我国海上风力机抗台风机型可据此划分为五类。

表 5-2　近海海域抗台风等级表

| 台风次数 / 抗台风等级 | 12～13 级 台风频度 | 14～15 级 强台风频度 | 16～17 级 超强台风频度 |
|---|---|---|---|
| Ⅰ（例：广东、海南） | 8 次 | 2 次 | 1 次 |
| Ⅱ（例：福建） | 8 次 | 1～2 次 | 0 次 |
| Ⅲ（例：浙江） | 5～8 次 | 0 次 | 0 次 |
| Ⅳ（例：广西） | 1～4 次 | 0 次 | 0 次 |
| Ⅴ（例：山东、江苏） | 0 次 | 0 次 | 0 次 |

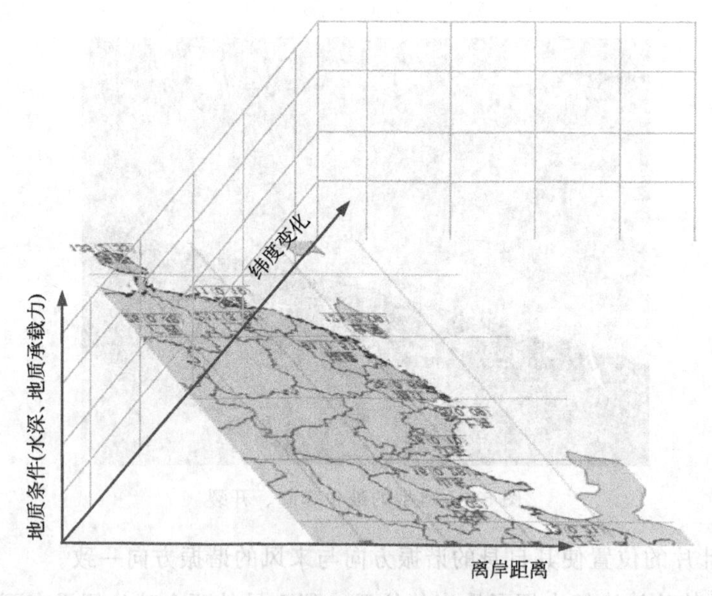


图 5-5　台风影响的三维坐标体系

## 5.1.7　抗台风加强设计总体思路

根据台风影响等级划分的三维坐标体系锁定某一风区，针对该风区台风影响的强弱，对该风区进行相应的风力机抗台风设计。由风力机的工况可知，海上风力机的运行状况可分为正常运转期和受台风影响期。在抗台风加强设计中，重点考虑台风期间风力机的运行情况。受台风影响期间有以下两种情况。

(1) 风力机可以主动偏航对风

为了保证风力机主动偏航对风，首先要加强载荷安全链的设计，保证风力机各个零部件的正常运转；在台风出现频繁的区域增加质量阻尼器的设计，减少台风对风力机的振动；加强机舱罩的防台风设计，在台风期间机舱罩完好，保护机舱罩内部的零部件；加强风速风向仪的固定，力争在台风期间风速风向仪能够正常运行；同时预备应急的对风方案；最后优化控制策略，保证抗台风偏航控制的顺利进行。

(2) 失去主动偏航，发生侧吹

这种情况是在主动偏航对风失效的情况下，为了进一步降低风力机承受的载荷，减少台风对风力机的破坏不得不采取的一种策略。侧吹时，风力机各部分的载荷明显增加，远远大于对风时的载荷，有些关键零部件的载荷能增加 30%以上。然而发生侧吹的概率很小，可以在发生侧吹时采用下风向自动对风的策略。

## 5.2　传动链增强设计

风力机的载荷形成一个传递链，要保证风力机的抗台风强度，必须保证这条传递链的安全，故称之为载荷传递安全链。在这个链条中，任何一处不符合抗台风设计要求，一旦遇到大型台风，很可能会遭受重大损失。当然，此处的安全链不同于普通所说的风力机安全链，普通的安全链是在主 PLC 上，与控制系统相互独立（“硬件实现的”），它是一个安全方面的传感器的闭路链。

载荷传递安全链包括：叶片、变桨轴承、轮毂、主轴、主轴轴承、轴承座、机舱底架、偏航轴承、塔筒、基础法兰和基础。其中，叶片和变桨轴承、变桨轴承和轮毂、轮毂和主轴、轴承座和机舱底架、机舱底架和偏航轴承、偏航轴承和塔筒、塔筒和基础法兰均通过螺栓进行连接，如图 5-6 所示。

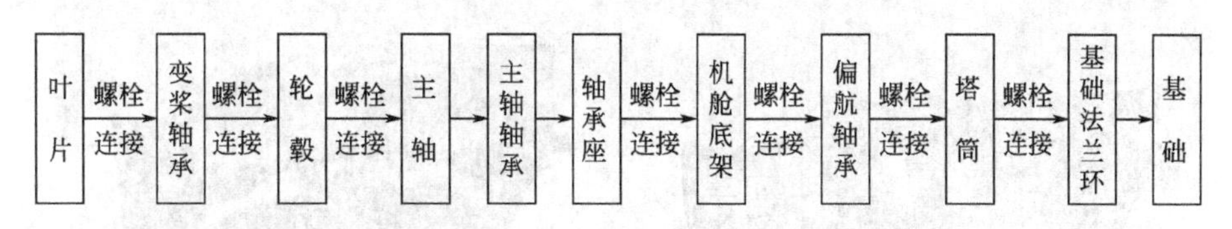


图 5-6　载荷传递安全链

安全链设计首先要计算安全链部件的载荷，载荷计算的过程见图 5-7。

然后对其进行静强度和疲劳强度的校核。静强度校核一般使用 ANSYS 软件，先对零部件建模、划分网格，然后进行有限元分析（图 5-8）。

如果静强度和疲劳强度校核通过则进行匹配性设计和强度校核。如果静强度和疲劳强度校核不通过的话，要进行安全链的加强设计，基本方法有以下 3 种。

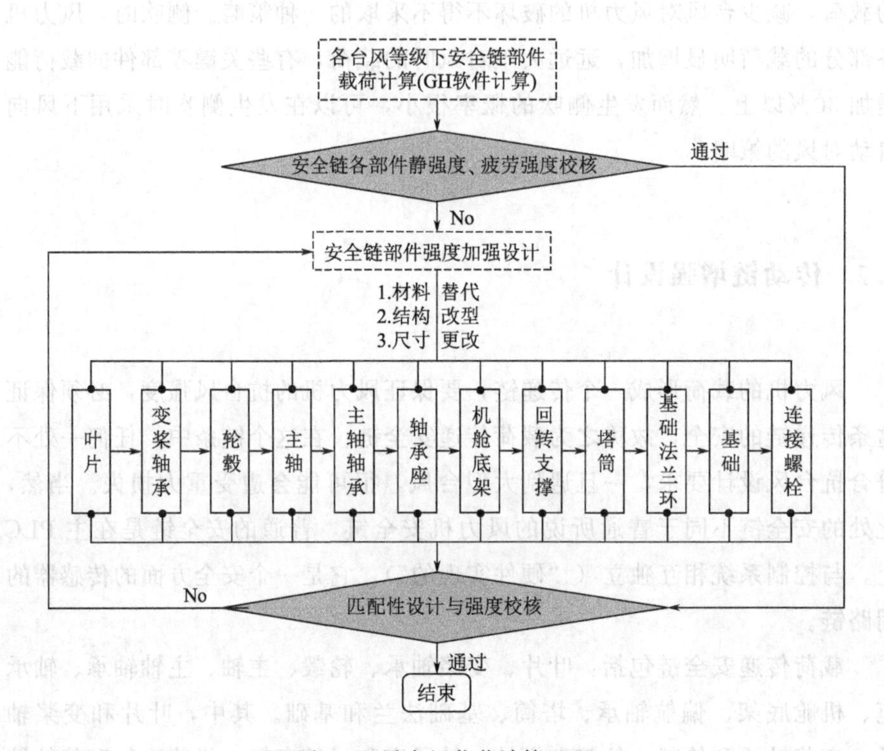


图 5-7 风力机载荷计算过程

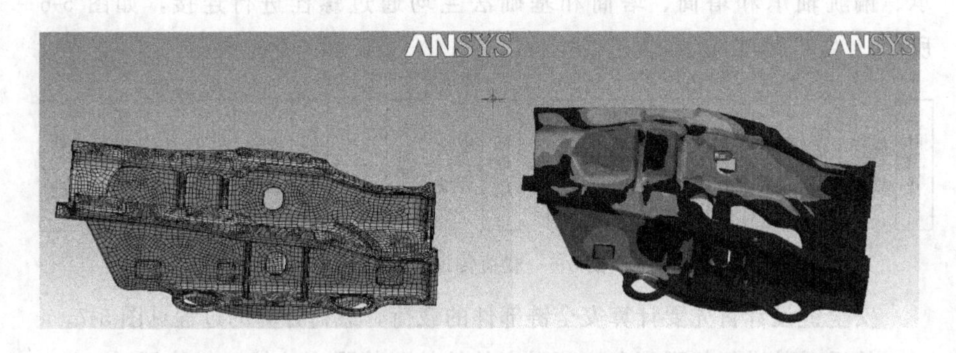


图 5-8 静强度校核

（1）材料替代

轴承座、轮毂和前机舱底架的材料用高强度的材料，材料的抗拉强度可以大大提高；对于叶片，采用柔性材料，当台风袭来时，桨叶变形，使其受力大大减少，保护机组主体不受损坏。

(2) 结构改型

主轴刹车系统的改进，在台风到来的时候进行主轴制动，防止冲击传递到齿轮箱；在风速过高时，允许风轮进行慢慢转动，以便于风轮卸载。通过控制低速轴和高速轴两个制动系统的配合，实现防抱死刹车，减小刹车对齿轮箱的冲击，实现最短时间内停机。

(3) 尺寸更改

提高塔筒强度的主要措施是增加塔筒钢板厚度和增加塔筒的直径；轴承座需要随着主轴轴承的尺寸变化而变化，提高轴承座强度的主要措施是随着轴承的尺寸变化相应加宽、加厚和增大加强筋的厚度；提高主轴强度的主要措施是增大轴径和减小孔径，综合考虑制造成本，参照轴承选择合适的轴径，在达到强度的前提下增大孔径减重，使总成本降低；偏航回转支承增强措施主要是增大滚子直径，增加滚道硬化层深度和更换高承载能力的回转支承型号。

对安全链的各个部分进行单独增强设计后，满足静强度和疲劳强度的校核，然后进行风力机系统参数与发电量匹配优化设计。具体设计方案是。

(1) 建立风力机成本模型

分别从各部件的成本模型出发，建立风力机系统强度-成本模型，运用优化算法，获取最优强度模型。

(2) 风力机强度增强条件下的参数优化设计

针对抵御台风的风力机强度加强设计，一方面提高了风力机的强度，另一方面却增大了风力机的冗余，而绝大部分时间风力机工作在非台风模式下，因此可利用风力机冗余的强度增大风力机的发电能力，即可通过优化风力机风轮直径、额定风速等设定值等设计参数，达到风力机满功率发电比例和年发电量达到最优。

(3) 校核与反复

由于改变了风力机的风轮直径、额定风速，需重新校核风力机的载荷情况，经过若干反复，寻求最优设计。

## 5.3 机舱罩的加强设计

为了保护风力机设备免受风沙、雨雪、冰雹、盐雾等恶劣外部环境的直接侵害，并且减少噪声排放，机舱与轮毂均采用罩体密封。机舱的基本结构和尺寸根据整机结构尺寸确定，机舱罩由左下部机舱罩、右下部机舱罩、上部机舱罩三个主要部分通过螺栓连接组合而成。机舱罩内侧都有筋板，用以增加强度，左下部机舱罩和右下部机舱罩的纵向还有底板。

机舱应选用整体箱形机舱罩，不宜选用顶部开启式或背掀式结构。因为台风有可能从各个方向吹向机舱，在机舱盖高速气流造成的负压和大风吹入机舱的正压双重作用下，开启式机舱罩可能被吹飞。保证机舱和塔筒在台风中不受破坏，就能保证风电设备的80%完好。

### 5.3.1 加强机舱罩连接部位

(1) 海上风力机机舱罩的装配

机舱罩的装配是机舱罩制作中最为关键的一个环节，工作内容是将各个零部件进行装配，必须做到部件连接处配合紧凑、密封防水、外形美观等要求，装配质量直接影响着产品的各项性能，并影响着机舱罩、整流罩与风力发电机组间的配合。同时，对装配现场管理有着很高要求，设计人员要认真分析每个步骤和部件的作用，在此基础上制定出详细的操作规范，以保障装配过程的整体质量。事实上各部件的精度和装配的规范程度严重影响着装配结果，甚至一个螺丝都有可能造成装配问题。

各部件的连接基本采用机械连接的方法，采用螺栓、铆钉和卡扣等将相关部件连接在一起，这种连接方式存在连接强度和可靠性较高以及操作快捷、简单等的优点。但也容易存在下列缺点：

① 连接处受力后易凹陷或凸起，影响外观；

② 易在连接处形成应力集中；

③ 金属件的质量要求高，如锈蚀则影响连接强度。

因此，在连接时要严格控制关键两点：

① 金属件、紧固件的质量至关重要，重要件需进行达克罗涂层处理，提高防腐能力；

② 螺栓的连接要用力矩扳手，保证连接的强度跟设计强度一致。

由于机舱罩、整流罩和风力发电机组的配合是靠底舱支撑板的连接孔位置来保证，为此，根据机组的机架连接方式专门设计和制作了打孔工装，打孔和装配其他配件时以此工装为基准进行操作。

（2）机舱罩连接的加强设计

对装配完的机舱罩进行强度校核，确保其满足抗台风设计要求。如果不满足强度要求，对机舱罩的连接部分进行加强设计，其措施如下：

① 增加螺栓个数，采用双排螺栓连接，扩大螺栓连接面积；

② 增加螺栓强度，采用更高强度的螺栓，增加抗拉强度，增强抗台风能力；

③ 增加机舱罩连接部分的厚度，可以提高抗拉强度，抵御台风的破坏；

④ 使用更高性能的机舱罩材料，可以从整体上提高机舱罩的刚度和强度，便于风力机的偏航控制，更好地实现风力机在台风期间的对风。

### 5.3.2　舱内设置钢板加强筋

机舱罩加强筋有两种方法。

（1）机舱的整体加固

上机舱罩的前中后三部分加固，上机舱罩和下机舱罩连接处加固，下机舱罩的左右两部分连接处加固，下机舱罩的左右两部分内部分别加固，见图 5-9。

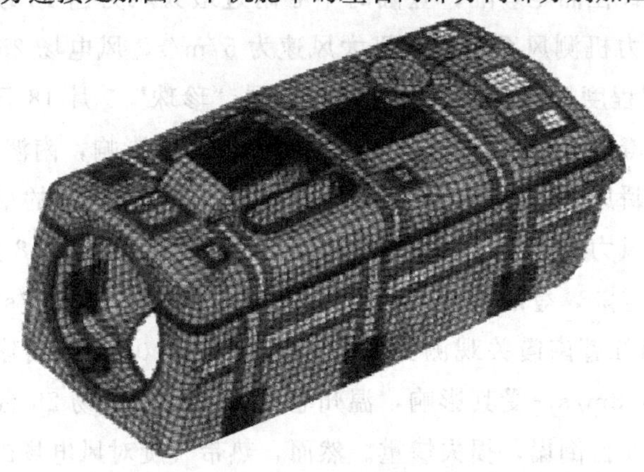

图 5-9　机舱罩整体加固

(2) 前筋板用于防止机舱掀盖，后筋板可以加固测风仪

前后筋板加固可平衡受力，减少台风的破坏，见图 5-10。

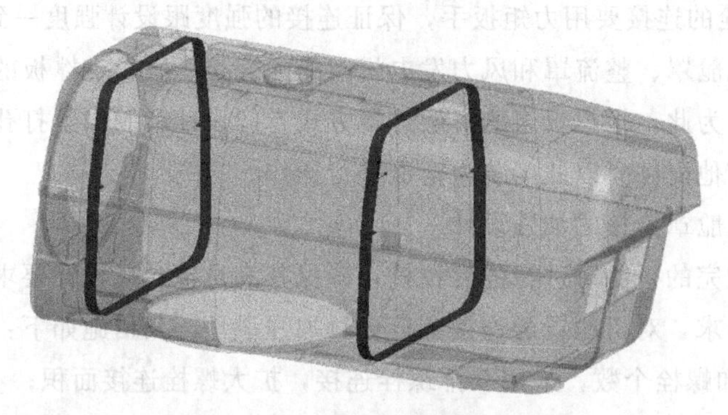

图 5-10　机舱罩前后筋板加固示意

## 5.4　风速风向仪选取

### 5.4.1　灾难性气候对风电机组的破坏

影响风电场安全运营的气象灾害主要为热带气旋、雷暴、龙卷风、强沙尘暴、低温及积冰等，其中以热带气旋最为严重。2003 年 13 号台风“杜鹃”于 9 月 2 日在汕尾登陆，登陆时中心附近最大风力达 12 级，登陆点附近某风电场风力机测风系统测得极大风速为 57m/s，风电场 25 台风力机中 13 台受到不同程度损坏。2006 年 1 号强台风“珍珠”5 月 18 日凌晨穿过南澳岛，在广东澄海登陆，登陆时风力为 12 级，受其影响，南澳某风电场3＃机组测风系统瞬风速时达到 56.5m/s，是南澳 57 年来经受的最强台风，南澳多台风电场风力机受损。2006 年第 8 号超强台风“桑美”8 月 10 日在浙江省苍南沿海登陆，登陆时中心附近最大风力为 17 级 (60m/s)，中心气压为 920hPa，浙江苍南霞关观测到的极大风速为 68.0m/s，福建福鼎合掌岩观测到的为 75.8m/s，受其影响，温州苍南鹤顶山风电场 28 台发电机组全部受损，其中 5 台倒塌，损失惨重。然而，热带气旋对风电场的运营也有其好的一面，强度较弱的热带气旋及其外围环流影响的区域可以给风电场带来

较长的“满发”时段（目前一般风力机为 13～25m/s 为额定风速，大于 25m/s 自动切出）。

IEC 61400 标准“风力发电机组安全要求”中规定了各等级风力发电机组设计参数，其中将 10min 平均最大风速分为 4 级：50m/s、42.5m/s、37.5m/s 和 30m/s，分别对应着不同的风力机设计等级。为了弄清沿海各地可能受到的热带气旋影响，以离岸 3 个纬距左右的海上划分警戒线，进入警戒区为影响中国沿海的热带气旋，1961～2006 年共挑取进入警戒区的热带气旋 428 个，使用上海台风研究所提供的热带气旋影响期间沿岸各气象站大风资料，按站挑取这些热带气旋影响下的最大风速值。杭州湾以南沿海风速基本上都在 25m/s 以上，杭州湾以北大多在 25m/s 以下，也就是说杭州湾以北的风电场遭遇热带气旋破坏的可能性很小。风速超过 35m/s 的区域出现在福建北部和浙江沿海及福建南部至广东西部和海南东部沿海，40m/s 以上的区域集中在珠江口以东的广东沿海和海南东部沿海，最强发生在汕尾附近，即这些地区的风电场极易受到热带气旋的破坏。

测风仪可以准确地测量出风速风向，把参数传递给控制系统，便于控制系统调整控制策略，减少灾难性气候对风力机的破坏。

### 5.4.2　测风仪的分类及特点

测风仪分传统风速、风向测风仪和超声波测风仪两种。

传统风速、风向测风仪的优点是结构简单，测风精度满足要求，价格低廉。缺点是轴承存在磨损，悬臂杆结构薄弱，整体结构松散，如图 5-11 所示。

超声波测风仪的优点是受风面积小，不易受破坏；没有机械零件，可靠性高；测风精度高。缺点是受温度的影响（波速），价格贵，如图 5-12 所示。

### 5.4.3　风力机风向仪的故障原因及设计原则

根据测风场业内人员测风设备运行情况介绍，风力机测风仪经常出现的故障如下：

图 5-11 风杯式风速、风向测风仪

图 5-12 超声波测风仪

① 雷暴天气易导致风向标、风速仪损坏；

② 测风设备长期在潮湿环境下运行，寿命缩短；

③ 线路捆扎不结实，大风天气造成线路中断；

④ 风速仪保护等级不高，会导致进入沙尘失灵，甚至使风速传感器抱死；

⑤ 常温测风设备在低温、恶劣环境下工作失灵。

针对海上风电场风力发电机组测风仪的特殊要求，测风仪应满足具有防海水腐蚀，自加热功能，抗震性能好，抗高频电磁干扰，防极性接反（连接），旋转叶片在高风速时不变形，风向指针有极强的抗冲击和振动的能力，无扫描间隙（真正 360°扫描）等技术要求。详细的设计原则如下。

① 具有较强的防腐蚀功能　要求测风仪采用全铝镁合金设计而成，表面通过防腐层处理，具有防海水腐蚀功能，为海上风力发电机组达到了有力的安全保障。

② 加强自加热功能　要求热敏电阻感应温度变化随着温度的降低而加热，随着温度的增高而降低。工作功率可达 18～20W。测风仪采用全铝镁合金设计，加热时通体加热均匀，有效除去因冰雪天气而影响测风仪结冰的现象。

③ 增加抗震性能　该系列测风传感器具有抗震性的专业设计，风速传感器风杯与风向传感器的尾翼有专业的抗震凹槽设计，为避免风力发电机组的震动而影响测风仪的数据传输。

④ 提高抗高频电磁干扰　内置的高性能处理芯片能有效防止风力发电机组产生的高频电磁干扰而影响测风仪的数据传输。

⑤ 保证旋转叶片高风速不变形　测风仪因采用全铝镁合金设计，应用特殊材质，在高风速旋转叶片时不变形，不会因为高风速而损坏。

⑥ 防极性接反　专业的传感器接口设计，航空插头为防极性接反特殊设计。

⑦ 增强安全保护等级　采用 IP64 保护等级，为防沙绝尘、防水做好有力的安全保护等级。

## 5.5 测风仪应急预案

当风场内某台风力机由于外界因素或自身故障导致测风仪停止工作时，需要采取的应急措施有以下几个：

① 通知风电场主控制室；

② 主控制室自动调取最近的风力机测风仪或测风塔风速、风向数据；

③ 紧急维持故障风力机的正常运行，等待维修（图 5-13)。

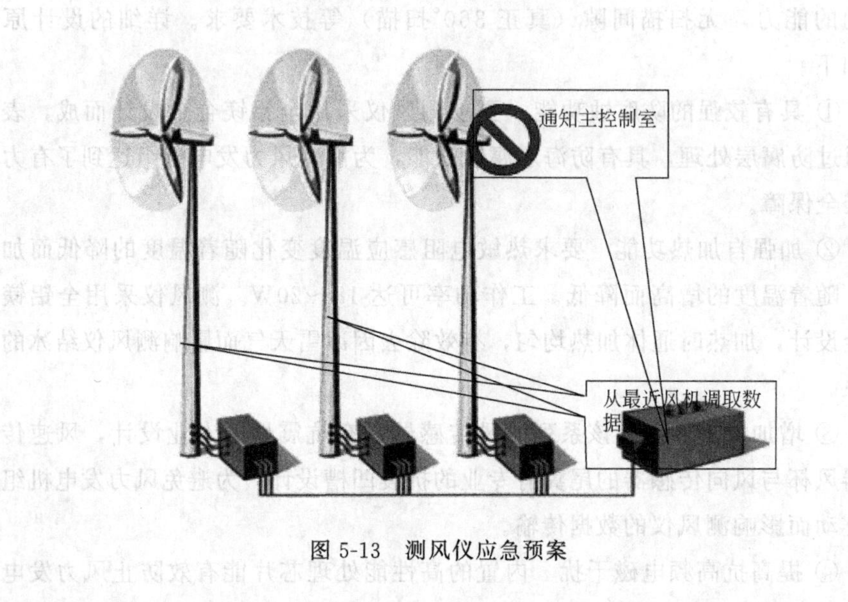


图 5-13 测风仪应急预案

## 5.6 台风期间控制策略

风力机的控制系统包括主控系统、变桨控制系统和变流器三部分。控制系统是风力机的大脑和神经中枢，控制策略的合理性和可靠性直接关系到风力机承受载荷的大小、运行的平稳性、发电量以及整机的使用寿命。台风期间风力机的控制策略是：

① 台风预报，启动台风控制策略，叶片顺桨，松开高速轴刹车；

② 释放偏航刹车，机组主动偏航至下风向（供电方式：电网供电或备用电源）；

③ 台风来临，机尾迎风，通过叶片风载实现自由偏航；

④ 台风过后，机组切换至正常控制策略。

## 5.7　质量阻尼器减振设计

风力机中用的质量阻尼减振器安装在塔筒内部，基础隔振改变了结构的周期，可以大大减少结构在台风中的受力。柔性的连接将台风荷载转化消耗到结构的运动中，起了很大的减振作用。然而，它附加产生出的位移经常是工程界难以接受的。阻尼器可以成功地减少这一振动中的位移，它已经成为基础隔振系统中必不可少的孪生手段。用于结构整体减少振动的隔振系统中的阻尼器应该通过计算确定，吨位不宜过小。一般来说，构件的疲劳寿命近似与其受力变形挠度的 3 次方成反比，由此可推论，增加质量阻尼器（取 $m=2\%\times M$）不仅可以大大降低台风对风力机的振动破坏，而且可延长塔筒疲劳寿命约 4.63 倍，机舱内部机械和电气部件的寿命亦可大幅提高。见图 5-14、图 5-15。

### 5.7.1　阻尼器的分类

到 20 世纪末，人们设计制造出了各种形式的阻尼器。已经成功使用的阻尼器主要的有以下三种。

（1）摩擦阻尼

利用金属（或非金属）之间的摩擦产生阻尼。加拿大 Pall Dynamic 公司的摩擦阻尼最有代表性。它的构造简单，造价低。缺点是承受力较小，温度的稳定性差。

（2）黏弹性阻尼

利用一些黏弹性材料产生的阻尼。美国 3M 公司的黏弹性阻尼在日本有了很大的应用。但它有个初始刚度，也有温度的稳定性问题。

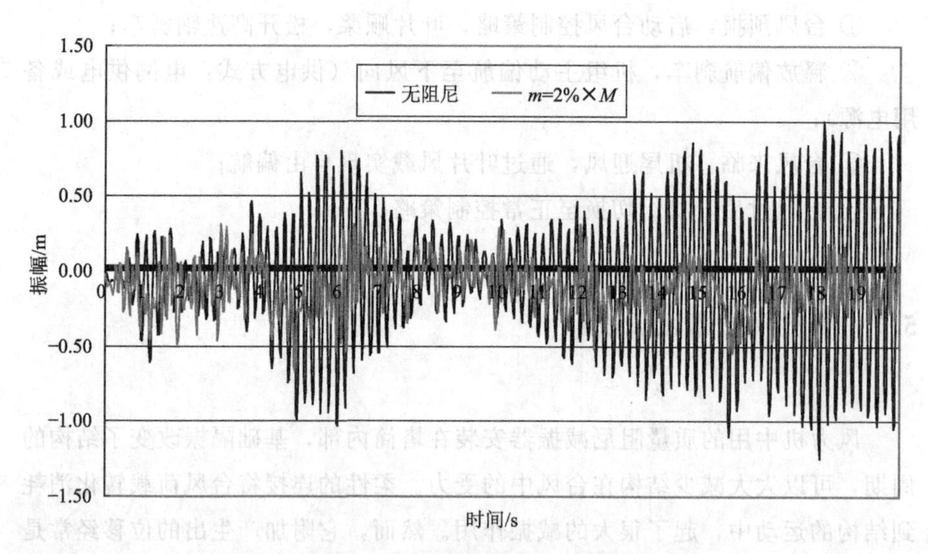


图 5-14 有无阻尼器机舱振幅时域仿真对比图
（风速 25m/s，湍流 0.2，阻尼比 0.02）

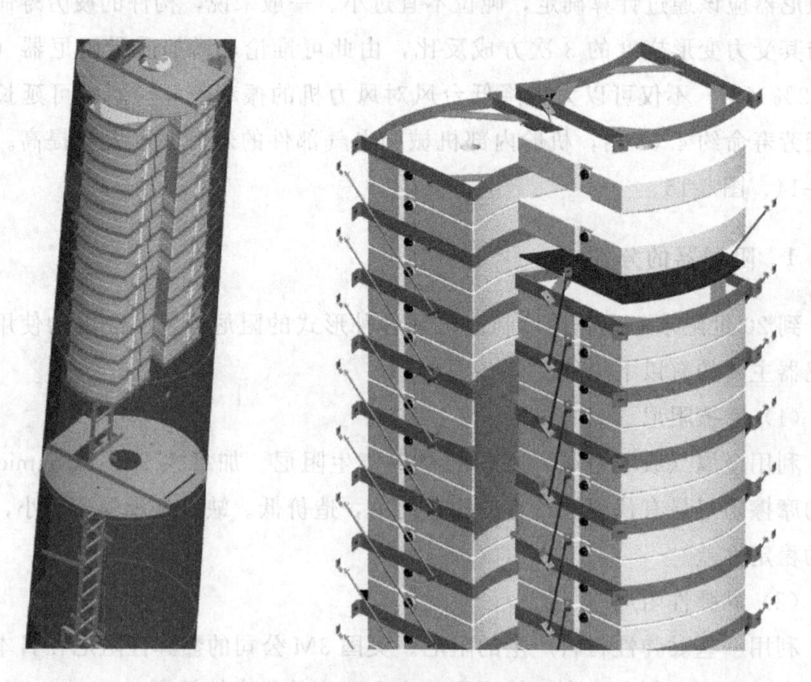

图 5-15 风力机上使用的阻尼器

（3）液压黏滞阻尼

利用液体在运动中的黏滞特性产生阻尼。这种阻尼器在军事和宇航上已经成功的应用了几十年，精确性好，稳定性高，缺点是价格较高。

已经得到结构界广泛共识的是，这种液压黏滞阻尼器最适合于结构工程应用，主要是在静止情况下它没有起始刚度，不会影响到结构的其他计算（如周期、振型等）。也不会产生预想不到的副作用。这种阻尼器既可以降低地震反应中的结构受力，也可以降低反应位移。这种阻尼器在其他领域上已有几十年的应用历史，成熟的经验、稳定的结果都给在建筑结构上迅速成功应用带来了很大帮助（图 5-16）。

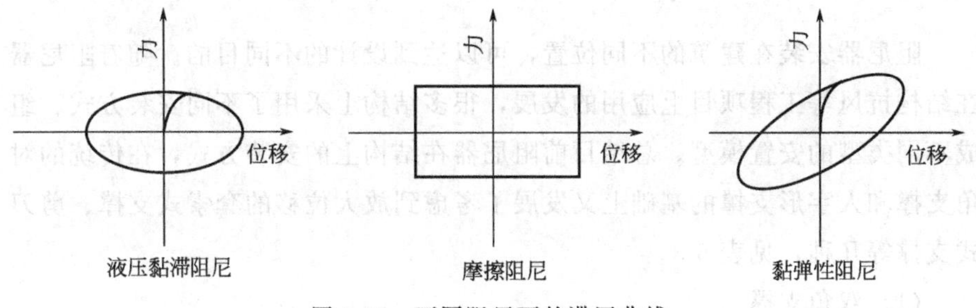


图 5-16　不同阻尼下的滞回曲线

## 5.7.2 结构上使用阻尼器的特点

阻尼器可以看成减振器，但它和普通汽车、电梯间的减振器不同。对结构工程师说来，最重要、最关心、也一定要考虑的是以下几方面。

（1）精确性

要求阻尼器不仅能在定性上“减振”，还要求能精确地计算出它的阻尼力、带来阻尼的大小。最初阻尼器的使用是作为一种锦上添花的抗震措施，基本的结构分析可能并不考虑它。但是随着阻尼器的使用发展，它已经进入抗震分析中，也就是说，用了阻尼器可以减少其他结构要求，美国规范和工程界都已经接受，计算的精确性是影响其使用的重大因素。

（2）可靠性

结构要在各种不同的环境下使用，也就要求阻尼器一定要在各种环境下可靠，如温度、天气下的可靠。

(3) 耐久性

长期使用的稳定，包括疲劳、长期应用下的徐变等影响。

这些要求就使得我们选择阻尼器产品时不能简单地看外形，要看一、二次试验的结果，还要从它的材料、设计制造、产品检验、模型和原型振动分析、工程应用、实际地震的考验、规范和工程界接受等诸方面评价。特别要强调的是，如果没有真正深入了解技术的专家组的鉴定，没有长时间应用的检验就使用的阻尼器，可能会带来很多意想不到的有害副作用。

### 5.7.3 阻尼器的安置形式

阻尼器安装在建筑的不同位置，可以达到设计的不同目的。随着阻尼器在结构抗风等工程项目上应用的发展，很多结构上采用了不同安装方式、组成不同类型的安置模型。总结目前阻尼器在结构上的安装方式，在传统的对角支撑和人字形支撑的基础上又发展了考虑到放大位移的套索式支撑、剪刀式支撑等几种，见表 5-3。

(1) 双角支撑

在结构的对角支撑的位置方向上安置阻尼器，看上去和传统的结构对角支撑很相似。其连接方式简单，阻尼器的作用清楚，广泛被结构工程师使用，常被标为“阻尼支撑”。实际上，对于无刚性的液体黏滞阻尼器，它完全不是一般概念下的支撑，而是仅仅增加阻尼的体系。如果希望它增加刚度和阻尼两方面起作用，应该采用液体黏弹性阻尼器。这种连接方式中，阻尼器的利用效率较低，在倾角等于 37° 时仅为 0.8 (图 5-17)。

注意这样使用的阻尼器应为一端铰接、一端固结，两端铰接会形成三铰一线的失稳状态。

(2) 人字形支撑

这是一种完全用来减少水平层间位移的体系，阻尼器的一端通过一个“人”字形支撑和该层下楼层结构相连并运动一致。而阻尼器的另一端和楼层上端结构相运动一致。支撑的“人”字交点处与上梁并不作受力连接（仅允许水平滑动）。

**表 5-3　各种安装形式对比**

<table>
<tr><th>编号</th><th>简图</th><th>名称</th><th>放大系数 $f$</th><th>阻尼比 $\xi$</th><th>描述</th></tr>
<tr><td>1</td><td></td><td>对角支撑</td><td>$f=\cos\theta$</td><td>$f=0.80$<br>$\xi=0.03$<br>$\theta=37^\circ$</td><td rowspan="5">以一个单层结构安置线性阻尼器为例，$u$ 和 $u_D$ 分别表示结构的层间位移和阻尼器两端的相对位移：$u_D=fu$<br>整个阻尼装置提供的力：$F=fF_D$<br>线性器阻尼力 $F_D=C_0\dot{u}_D$<br>则：$F=C_0f^2\dot{u}$<br>式中，$\dot{u}$ 为层间速度。这样，单层框架结构安装的线性流体黏滞阻尼装置的阻尼比可以写成：<br>$\beta=\frac{C_0\cdot f^2\cdot g\cdot T}{4\cdot\pi W}$<br>放大系数对整个装置的阻尼比影响是很大的，阻尼比正比于放大系数的平方</td></tr>
<tr><td>2</td><td></td><td>人字支撑</td><td>$f=1.0$</td><td>$f=1.00$<br>$\xi=0.05$</td></tr>
<tr><td>3</td><td></td><td>剪刀型支撑</td><td>$f\frac{\cos\Psi}{\tan\theta}$</td><td>$f=2.16$<br>$\xi=0.23$<br>$\theta=9^\circ$<br>$\Psi=70^\circ$</td></tr>
<tr><td>4</td><td></td><td>上部套索</td><td>$f=\frac{\sin\theta_2}{\cos(\theta_1+\theta_2)}+\sin\theta_1$</td><td>$\theta_1=31.9^\circ$<br>$\theta_2=43.2^\circ$<br>$f=3.191$<br>$\xi=0.509$</td></tr>
<tr><td>5</td><td></td><td>反向套索</td><td>$f=\frac{a\cos\theta_1}{\cos(\theta_1+\theta_2)}-\cos\theta_2$</td><td>$\theta_1=30^\circ$<br>$\theta_2=49^\circ$<br>$f=2.521$<br>$\xi=0.318$<br>$a=0.7$</td></tr>
</table>

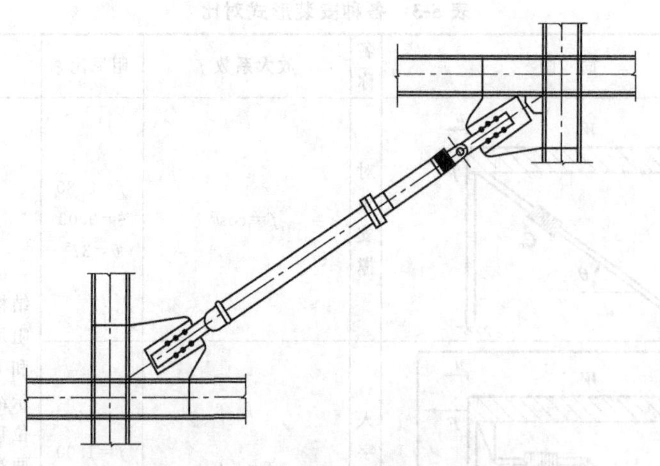

图 5-17 北京银泰中心的对角支撑型

注意人字支撑与主体柱下端（结点）的连接一定为刚性连接，切勿用成铰接。这种连接对水平层间运动的耗能作用优于上述对角形支撑，其 $f=1$，但对于只连一个阻尼器的体系，“支撑”用钢量可能大于对角连接方式。当然，人字形也可以“倒”用成“V”字形状，还可以在一套“人字形支撑”上安置两个阻尼器，见图 5-18。

图 5-18 北京火车站的人字形支撑

(3) 套索式连接

泰勒公司专利的套索式连接，实际上是用一个几何放大将阻尼器的作用放大到 2～3 倍，在减振效果相同时可以将阻尼器数减少几乎一半。在宿迁某工程的计算分析中，保持同样或更好的抗震效果，都很容易地把阻尼器的个数从 130 多个（线性阻尼器对角放置）减少到 80 多个（非线性阻尼器，人字形放置）、再减少到 50 多个（非线性阻尼器，套索式放置）。这种连接方式的计算模型和实际连接构造都比较复杂，出平面的运动控制有特殊的要求。

（4）剪刀型连接

美国 Constantinou 教授申报专利的剪刀支撑安装方式也可以把阻尼器的作用放大到两倍以上，它的安置比套索形式更紧凑，特别适用柱间距离小，放置阻尼器困难的刚性结构（图 5-19）。

图 5-19　剪刀式安置

## 5.7.4　海上风力机使用阻尼器的作用

（1）增加抗台风能力

原设计可能已经可以满足所有规范规定的抗台风要求，加上液体黏滞阻尼器在振动过程中起到耗能和增加结构阻尼的作用，从而降低结构反应的基底剪力，减少整个结构的受力，也就可以大大提高结构的抗台风能力。同时，只要阻尼器安装的合适，设置到不同的需要方向，还可以预防和减少原设计没有考虑或考虑不足的振动受力。

处在台风高发区的风机，对特别重要的结构，设置这一第二防线是很值得的。安装方式如图 5-20 所示，阻尼质量块是质量为 5.2t 的普通铸铁，8 个共 1t 重黏滞液体阻尼器，在塔筒第四节设置。增加此阻尼系统后，仿真结果显示效果显著，如表 5-4 所示。增加不同质量的固体阻尼器后振幅衰减量如图 5-21 所示。

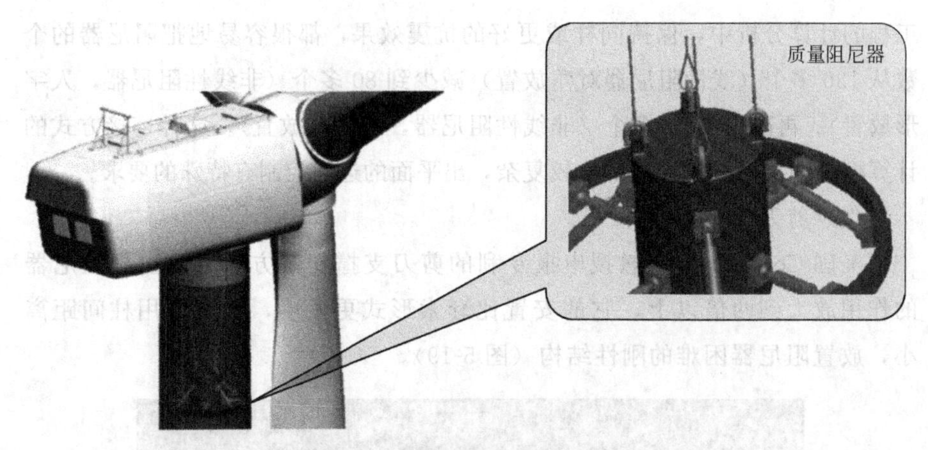


图 5-20 塔筒装阻尼器效果图

表 5-4 增加不同质量固体阻尼器机舱振幅对比

（风速 25m/s，湍流 0.2，阻尼比 0.02）

| 比较项 \ 质量块 $m$ 与风机 $M$ 质量比 | 无阻尼 | 1% | 2% | 3% | 4% | 5% | 10% |
|---|---|---|---|---|---|---|---|
| 振幅均方差/m | 0.43 | 0.32 | 0.26 | 0.23 | 0.21 | 0.19 | 0.16 |
| 振幅衰减率/% | — | 26 | 41 | 48 | 52 | 55 | 62 |

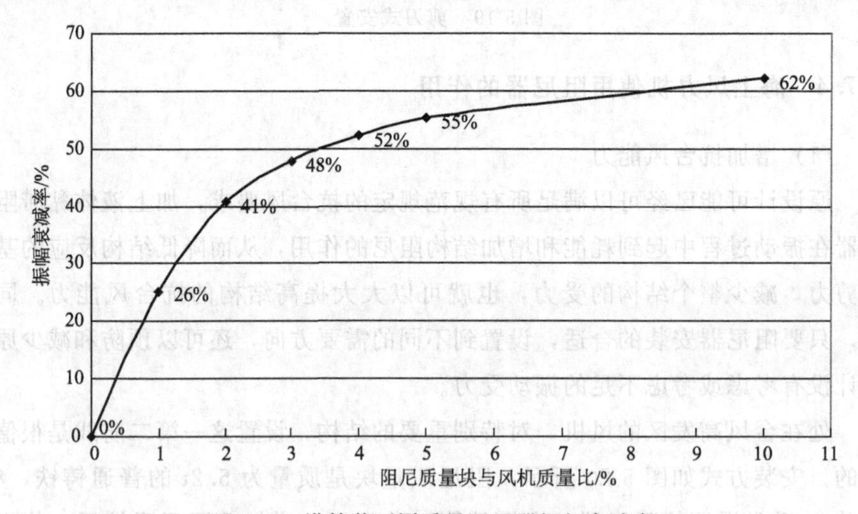


图 5-21 塔筒装不同质量阻尼器振幅衰减率

(2) 用阻尼器去防范大风

按小振不坏大振不倒的原则，可以用常规的设计办法使设计满足抗台风要求，对于罕遇的大台风可能显得不足、不理想或不经济。用结构的被动保护系统——特别是阻尼器来等待和解决这罕遇大台风的问题，不仅新型风力机建议采用这一设计理念，原设计未设防台风或设防不足的风力机加固工程可以采用该方法。这一理念会带来经济实用和可靠的结果，设计的好，可以为工程节省费用。

（3）减少内部设备、仪器仪表等第二系统的振动

在破坏性台风分析中，风力机内部附属结构、设备、仪器仪表等第二系统的振动和破坏越来越引起我们的注意。从经济上看，这些内部系统的价值可能远远超过结构本身，增加结构保护系统出于保护这一附属系统就不奇怪了。应该说，采用阻尼器系统减少风力机内部设备的振动是非常必要的。

（4）解决常规办法难以解决的问题

在结构设计中遇到台风的地区，单纯地加大梁柱的尺寸会引起结构刚度增加，结构的周期减小，其结果可能引起更大的地震力。结构落入这一恶性循环中，有时用常规的办法难以解决。结构抗台风如果使用液体黏滞阻尼器，本身没有刚度，也就不会改变结构的频率，阻尼器增加了结构的阻尼比，起到耗能的作用，比较容易解决这一问题。在强台风区域，设计变得很困难的情况下，建议加入液体黏滞阻尼器，会对整机振动有很好的抑制作用。

## 5.8　海上风力机抗台风控制策略

通过对比 2.0MW 风机停机对风状态塔筒根部在高速轴刹车与不刹车工况下的最大弯矩（$M_{xy}$），见表 5-5，在台风情况下，初步可以采用有源策略和无源策略两种方法。

表 5-5　塔筒根部载荷对比

| 弯矩值 / 风机状态 | $M_{xy}$ 最大值/(kN·m) | | |
|---|---|---|---|
| | 13 级台风 (41.4m/s) | 15 级台风 (50.9m/s) | 17 级台风 (61.1m/s) |
| 停机、高速轴刹车 | 87653 | 127747 | 188679 |
| 停机、高速轴不刹车 | 82168 | 103600 | 150643 |
| 不刹车最大力矩降低率 | 6.26% | 18.90% | 20.16% |

只有在供电正常的情况下设备安全保护程序才能发挥应有作用，确保安全运行。由于现在开发设计的大型风力发电机组的偏航系统都是实行主动偏航，程序设计是在风速正常的时候对风保证采能最大化，风速超过额定风速时避风实现采能最小化。如果在台风等大风情况下停止供电，机组因此而不能够执行偏航避风的安全指令使叶轮处于避风自由状态，将导致设备与台风湍流频率形成共振，最终损坏设备。供电可靠分输电线路可靠和供电电源可靠。输电线路分场外线路和场内线路，由于风电场一般建在离用电负荷中心较远的风资源较丰富的地方，考虑到电力传输的性价比，因此，场外大多采用电压等级较高的高压架空线。为了确保输电可靠，设计输电线路时应充分考虑台风施加在杆塔和线路上的力学效应及杂物破坏，尽量提高供电的可靠性。场内集电线路在条件允许的情况下，最好使用电缆沟敷设地埋电缆，也应充分考虑山洪和泥石流对线路的破坏。场内应有紧急备用电源，确保对风力发电机组不间断供电。

(1) 有源策略

积极采用台风预报方案，在台风预报后启动备用电源和台风紧急预案，包括叶片顺桨，保持主动偏航对风能力并松开高速轴刹车，如图 5-22 所示。

(2) 无源策略

在台风预报后，启动台风控制策略，叶片顺桨，松开高速轴刹车，解缆、释放偏航刹车，风轮偏航至下风向，风轮起尾舵作用，实现机舱自动偏航对风。

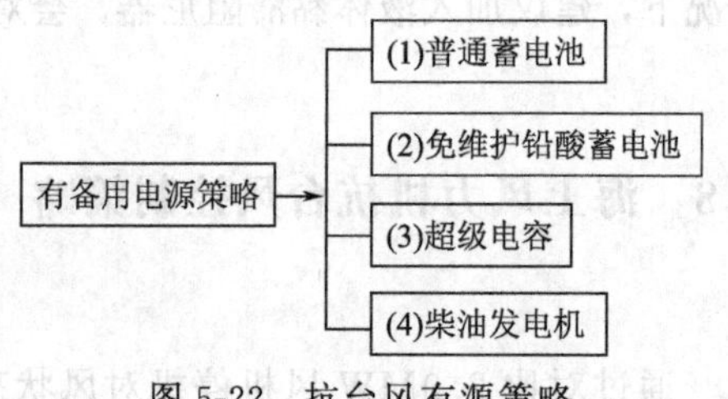


图 5-22　抗台风有源策略

我国海上风能资源丰富，海上风电开发潜力巨大，同时我国也是遭遇台风灾害最多的国家之一，因此，设计抗台风风机用于沿海风能资源丰富地区意义重大。

通过进行防台风的安全链增强设计后，即使在台风经过最频繁的地区，台风累积影响时间还不到 20 年使用期的 0.03%，对于安全链部件的设计能力造成了极大浪费；为充分挖掘风机在无台风期间的发电潜能，需要开展风机系统参数的优化设计，提高抗台风风机在无台风期间发电量。

# 第6章 海上风力机发电能力优化设计

优化设计是20世纪60年代初发展起来的一门学科，它是将最优化原理和计算技术应用于设计领域，为工程设计提供一种重要的科学设计方法。利用这种新的设计方法，人们就可以从众多的设计方案中寻找出最佳设计方案，从而大大提高设计效率和质量。优化设计是现代设计理论和方法的一个重要领域，它已广泛应用于各个工业部门。

本章主要分析海上风力机转速优化和优化设计的流程。

## 6.1 风力机转速的优化

### 6.1.1 控制过程概述

风力机控制系统的基本参量包括4个可控参量：转速、转矩、桨距角、功率，以及一个不可控参量：风速。风速和转速是可以通过传感器测量的变量，转矩和桨距角是控制手段，转速和功率是最终的控制目标。图6-1详细说明了风力机的控制过程。

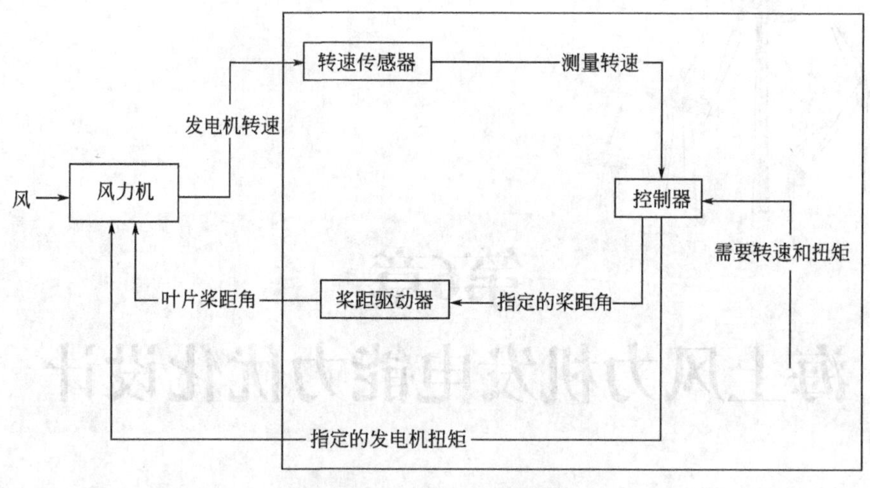


图 6-1 风力机的控制过程

### 6.1.2 控制目标

低风速下，跟踪最佳功率曲线以获得最高的风能转换效率；高风速时，通过变桨、变流控制，使功率输出更加稳定。

### 6.1.3 控制策略分析

图 6-2 给出了桨矩角为 0°时高速轴转速-转矩输出曲线。我们把这条折线分为 $OA$，$AB$，$BC$，$CD$，$D$-END 五个部分表示。

(1) 启动状态 $OA$

在启动阶段，当风速达到启动风速（3.5m/s）时进行偏航对风，直到机舱与风向间的夹角达到一个参考值（8.5°）以后，偏航刹车动作。系统进行自检，自检完成后，偏航与高速轴刹车释放。风力机桨叶节距转到一个合适的角度（45°或 60°）来获得最大启动转矩。这时桨叶带动齿轮箱和发电机转动，变流器并不投入工作，完全是一个克服摩擦力加速运行的状态。当发电机转速到达同步转速（1500r/min）的 70%以上（1050r/min）时，变流器投入工作，在转子上加入励磁电压，发电机定子端产生空载电压。变流器根据电网电压、频率、相位调节发电机励磁电压，在发电机定子端产生和电网电压、频率、相位一致的空载电压，至此满足并网条件。由于此时发电机

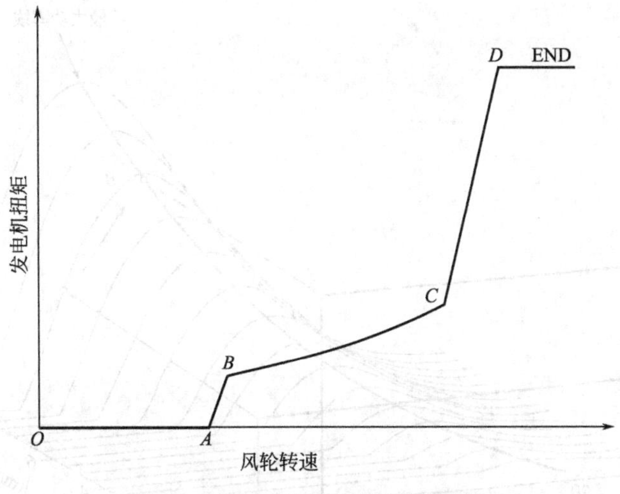


图 6-2　高速轴转速-转矩输出曲线

没有并网发电，故输出功率为零。

(2) 并网恒速状态 $AB$

由于此时风速较低，叶尖速比过大，风能利用系数较低。因此这个阶段的控制目的是维持发电机转速基本保持不变，随着风速的增加，叶尖速比迅速减小，达到最佳叶尖速比，进入最大风能利用系数追踪的区域。

(3) 最大风能追踪状态 $BC$

完成并网发电后，经常由于风速原因使风力机工作在额定功率以下。在这种情况下，我们追求最大的 $C_p$ 值，也就是对风能的最大吸收，可以通过变流器调节转子电流进行转速控制。图 6-3 给出了风力机吸收能量与发电机转速和风速的三维关系图。从图 6-3 可以看出，追求最大风能可以近似地认为在一定风速下调节发电机转速，使系统运行在最大功率曲线上。例如，在风速变为 9m/s 时，发电机工作在 $A$ 点，这个并不是发电机的最大功率点，通过变流器调节发电机励磁电流（电磁转矩）可以使发电机工作在最大功率点（$B$ 点）。下面通过理论分析说明调节变流器，使发电机工作在最大功率曲线上的过程。

$$T_{\text{wind}}\uparrow = T_{\text{e}}\uparrow + J\frac{\mathrm{d}\omega}{\mathrm{d}t}\updownarrow$$

$$P_{\text{e}}\uparrow = T_{\text{e}}\uparrow \omega\uparrow$$

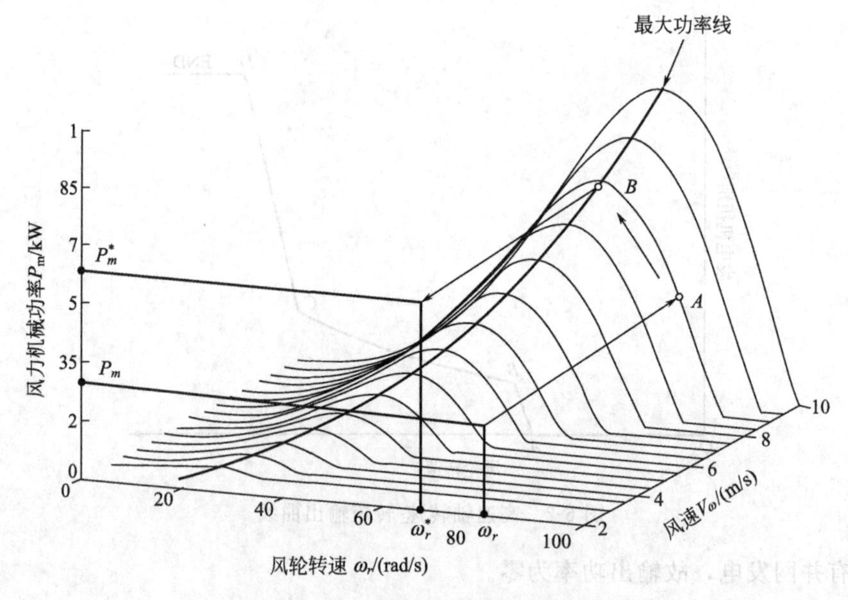


图 6-3 发电机转速-风速-功率曲线

当风能转矩增大时，我们可以先保持电磁转矩不变，让发电机加速运行，然后由主控制器根据最大功率曲线给出电磁转矩，使发电机角加速度下降，如果达不到稳态运行，就继续发出下一个电磁转矩给变流器，两次电磁转矩信号的间隔时间为 20ms，直至发电机工作在一个稳定的转速下，并且反馈回来的功率和最大功率曲线一致，这样就保证了系统运行在最大功率曲线上。

(4) 限制恒速状态 *CD*

当发电机达到额定转速时，我们要控制发电机转速不再上升，调大电磁转矩使发电机发出的功率逐渐增加至额定，这段控制称为恒转速控制。下面的式子具体说明了控制原理。

$$T_{\text{wind}} \uparrow = T_{\text{e}} \uparrow + J\,\frac{\mathrm{d}\omega}{\mathrm{d}t} \rightarrow 0$$

$$P_{\text{e}} \uparrow = T_{\text{e}} \uparrow \omega \rightarrow$$

(5) 额定功率状态 *D*-END

这部分称作恒功率控制，分以下两部分说明。

① 阵风风能吸收　当风速持续增大时，允许发电机在超过额定转速的

一定范围内运行，并通过一定条件来判断是不是阵风（比如 1.1 倍额定转速，30s）。下面的式子说明这时的控制办法是，主控制器发给变流器减小电磁转矩的命令，变流器减小转子的励磁电流，这样可以增大转子（风轮）转速，来保持发电机发出的总功率恒为额定功率。这样阵风风能就以动能的形式储存在了风轮中，在风能减小后还可以释放到发电机中。

$$T_{\text{wind}} \uparrow = T_{\text{e}} \downarrow + J\,\frac{\text{d}\omega}{\text{d}t} \uparrow$$

$$P_{\text{e}} \rightarrow = T_{\text{e}} \downarrow \omega \uparrow$$

② 变桨控制　如果风力机转矩继续增大超过变流器控制能力，发电机超标准过载运行（超过 1.1 倍额定转速 1980r/min 以上），或者 1.1 倍过载运行超过 30s，就认为是大风不是阵风情况，就必须通过变桨控制来限制风轮机的转矩输入，从而达到控制发电机在额定风速以上（大风）时恒功率发电的目的。下面的式子说明，在变桨后风能转矩下降，主控器调高电磁转矩，控制风轮机转速下降至额定转速附近，从而达到恒功率运行的目的。

$$T_{\text{wind}} \downarrow = T_{\text{e}} \uparrow + J\,\frac{\text{d}\omega}{\text{d}t} \downarrow$$

$$P_{\text{e}} \rightarrow = T_{\text{e}} \uparrow \omega \downarrow$$

可以得出风轮转速变化过程为：$OA$ 段转速增加→$AB$ 段转速基本不变→$BC$ 段转速增加→$CD$ 段转速基本不变。

从图 6-2 上看，要想提高风轮转速，只能从 $OA$ 段与 $BC$ 段进行调节，如图 6-4 所示。

但在 $OA$ 段，发电机还没有并网发电，输出功率为零，故此时提高风轮转速没有意义。

在 $BC$ 段，我们追求最大的 $C_{\text{p}}$ 值，也就是对风能的最大吸收。在 $B$ 点，当风能转矩增大时，先保持电磁转矩不变，让发电机转速增加，然后由主控制器不断控制发电机，使其稳态运行，保证系统运行在最大功率曲线上，直到 $C$ 点。此时若将风力机额定转速 $n$ 增大到 $n'$，则可延长系统在最佳 $C_{\text{p}}$ 范围内的运行时间，有利于提高风力机的输出功率。

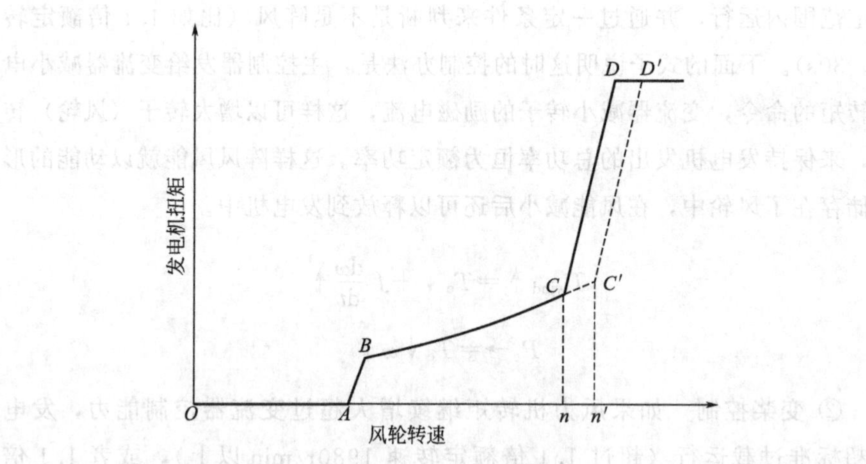


图 6-4 提高转速示意图

## 6.2 优化模型因数分析

海上风电场风力发电机组发电能力优化设计的目标是在有效利用风能的前提下，努力降低风力发电成本。影响其成本的因素有风力发电机组的容量系数和年发电量。

(1) 容量系数

风电场的容量系数 $CF$ 是风电场实际发电量与这段时间内额定发电量的比值，也就是风力发电机组年平均输出功率 $\overline{P}_w$ 与风电场总装机容量 $P_r$ 之比，即

$$CF=\frac{\overline{P}_w}{P_r}$$

式中 $\overline{P}_w$——年平均输出功率；

$P_r$——风电场的总装机容量。

$$\overline{P}_w=\int_{V_{ci}}^{V_{co}}P(V)f(V)\mathrm{d}V$$

式中 $P(V)$——风电机组的输出特性；

$V_{co}$——切出风速；

$V_{ci}$——切入风速；

$f(V)$——风速概率密度函数，服从 Weibull 分布：

$$f(V)=\left(\frac{k}{c}\right)\left(\frac{V}{c}\right)^{k-1}\exp\left[-\left(\frac{V}{c}\right)^{k}\right]$$

式中　$c,k$——Weibull 分布的尺度参数和形状参数，可通过相应的风速数据来获取。

（2）风力发电成本

发电成本是评价风力发电经济性的基本参数，包括建设总投资和运行维护费用。建设总投资有风力发电机组的费用和工程费用，这里在回收期按等年分配；运行及维护费用一般与发电量有关。

$$C=\frac{1}{8760\times CF\times P_r}\left[I\times\frac{i(1+i)^N}{(1+i)^N-1}+O+M\right]$$

式中　$C$——风力发电总成本；

$I$——机组总投资成本；

$O$——机组运行费用；

$M$——风力发电机组维护成本；

$N$——投资回收期；

$i$——利率。

由上式可知，要降低风电成本，最直接的方法是降低风力发电机组的投资和提高风力发电机组的容量系数。

## 6.3　优化设计流程

（1）建立优化模型

$C=\frac{1}{8760\times CF\times P_r}\left(I\times\frac{i(1+i)^N}{(1+i)^N-1}+O+M\right)$，并找到 $C$ 的极小值点。

（2）提高容量系数 $CF$ 的方式

加长风力机叶片长度（额定风速 $v_w$ 降低，额定转速 $n_w$ 不变，额定功率 $P$ 不变，满负荷工作时间变长，发电量增大，其容量系数增加）。

（3）约束条件

风力机能抗13级（或者15级、17级）台风。

（4）已有条件

成本-强度模型、风频曲线，风力机额定功率作为已知参数。

（5）优化过程

① 选定额定风速 $v_w$　2.0MW风力机的额定风速 $v_w$ 是12m/s，$v_w$ 取点见表6-1。

**表6-1　额定风速取值**　　单位：m/s

| $v_w$ | $v_{w1}$ | $v_{w2}$ | $v_{w3}$ | $v_{w4}$ |
|---|---|---|---|---|
| 12 | 11 | 10 | 9 | 8 |

② 发电量计算根据选定的 $v_{wi}$ 和风频曲线，计算发电量。

③ 叶片设计

a. 根据 $P=\frac{1}{2}\rho\pi\cdot r^2\cdot {v_{wi}}^3\cdot C_{P\max}$ 计算 $r_i$，从而得到叶片理论长度 $L_i$，并对 $L_i$ 进行修正。

b. 进行翼型设计。可以插入几个差不多的翼型，然后加长叶片，计算风力机的载荷。

④ 载荷计算使用GH计算载荷，需要用到的参数有：$L_i$、叶片翼型和13级台风参数。

⑤ 强度校核及成本统计

a. 根据GH计算得到的载荷，对传动链上的各个部件进行静强度校核(部件包括叶片、变桨回转支撑、轮毂、主轴、主轴轴承、轴承座、机舱底架、偏航回转支撑、塔筒)。

b. 对于强度无法满足的部件，进行加强设计，并且估算部件成本（注：如果可能，还应该进行部件疲劳强度校核)。

⑥ 计算C

$$C_i=\frac{1}{8760\times CF_i\times P_r}\left(I_i\times\frac{i(1+i)^N}{(1+i)^N-1}+O_i+M_i\right)$$

⑦ 计算其他 $v_w$ 点，继续计算其他 $v_w$ 对应的

$$C_i=\frac{1}{8760\times CF_i\times P_r}\left(I_i\times\frac{i(1+i)^N}{(1+i)^N-1}+O_i+M_i\right)$$

如表 6-2 所示，从而得到一条 $v_w$-COE 曲线。通过拟合函数，寻找 $v_w$ 变化区间［8，12］内的 $C$ 极小值点，该点对应的 $v_w$ 就是发电成本最低的点。

**表 6-2　$v_w$ 对应的 COE 值**

| $v_w$ | $v_{w1}$ | $v_{w2}$ | $v_{w3}$ | $v_{w4}$ |
|---|---|---|---|---|
| C | $C_1$ | $C_2$ | $C_3$ | $C_4$ |

# 第7章 海上风力机可靠性设计

海上风力机运行环境比较恶劣，高盐雾、多腐蚀、浪载大，使得风电机组非常容易受到损坏。此外，一般情况下，海上风力机的功率、工作载荷要比陆上风力机大很多，并且其维护困难及成本都是陆上风力机所无法相比的。这些都决定了在进行海上风力机设计时必须提供足够的可靠性，以保证海上风力机在恶劣的环境中能够长时间、高质量地运行，最大可能地减少对其维护的必要。海上风力机的可靠性设计根据各部件的特性、运行环境不同而不同，主要有机械系统裕度设计、紧固件防松防锈、电气系统冗余设计、电气元件降额设计、电控柜体设计、发电机冷却方式、变流器可靠性增强设计等。

## 7.1 机械部件裕度设计

所谓裕度设计，就是针对重要机械零部件，设定较大的安全系数。风力机运行过程中所受的载荷并不是不变的，由于湍流风、瞬时阵风、海浪等的作用会使风力机载荷处于不断变化的过程中。有时，有些突发的工况（如台风）会使风力机载荷超出平均值很多，此时若没有足够的裕度，则很可能会给风力机带或大或小的损害。在有一定裕度的情况下，则可以使风力机免受损害。当然，过大的裕度设计会使风力机成本上升很多，裕度设计也不是越大越好，需要根据其重要性、所受载荷大小、经济性等综合考虑。

裕度设计主要针对风力机中比较重要、受载荷较多较复杂的部件，例如主轴、轮毂、变桨/偏航回转支承、塔筒等，对于这些部件的安全系数，海上风力机一般要采取比陆上风力机略大的值。

## 7.2　紧固连接件防松防锈

### 7.2.1　紧固连接件总体设计原则

进行紧固连接件放松防锈设计时，需要对紧固连接件的使用部位、受力特点、工作环境、设计寿命等因素进行综合考虑，秉着安全、可靠、经济、适用总体设计原则。

① 安全　保证紧固件在使用寿命期间内不发生拉断、剪断、疲劳断裂等破坏现象。

② 可靠　保证选紧固件在各种载荷（尤其极限载荷或复杂载荷）作用下正常工作。

③ 经济　在保证安全、可靠原则基础上，选择性价比高的紧固件，节约成本。

④ 适用　保证紧固件具有良好互换性、装配性、维护性等。

### 7.2.2　紧固连接件松动的原因

螺纹连接由预紧力保证可靠自锁，是机械可拆卸连接中使用最普遍的形式。螺纹连接在静载荷时一般是可靠的，但在动载荷（变载、冲击、振动）或工作温度有较大变化时，可能会引起螺纹连接的松动，从而造成螺纹连接预紧力的减小，甚至丧失预紧力，使螺纹连接的质量降低，甚至造成连接松脱，导致设备故障和人身事故。因此，如何实现螺纹连接的防松，一直受到工程界和学术界的重视。

对螺纹连接而言，引起螺纹连接件松动的原因归纳起来主要有以下 3 个方面的原因。

① 连接面变形产生松动，在连接件的接触面上产生塑性环形压陷，使螺纹副和支撑面上产生微小的滑动，进而使预紧力下降，促使螺纹连接发生松动。

② 受轴向载荷作用产生松动，螺纹接触面间会产生微小的相对滑动。在载荷的反复作用下，这种相对滑动逐渐增大，当达到破坏螺纹连接的自锁条件时，会致使螺母松动回转，连接失效。

③ 受横向载荷作用产生松动，在横向力的反复作用下，使螺纹发生弹性的扭转变形或零件接触面之间有垂直于螺纹轴线方向的相对滑移。

### 7.2.3 防松设计基本原则

为了使防松连接的效果更好，防松设计时遵守以下基本原则。

① 对于承受多变载荷的高强度螺栓，为了提高在多变载荷作用下的螺栓疲劳强度，要求被连接件夹紧厚度至少大于 5 倍螺栓公称直径。若被连接件夹紧厚度小于 5 倍螺栓公称直径，可增加垫块（应保证垫块与同一规格的垫圈材料、硬度相同）或增大前光孔深度。

② 优先采用螺栓螺母连接的连接方式，尽量避免采用螺栓和内螺纹的连接形式，不能避免时应将内螺纹设计在较易更换的或成本较低的零件上。

③ 对于增速箱等内部有紧固件连接且有可能松动的连接，应设法取消螺纹连接，或采用万无一失的防松措施。

④ 紧固螺栓应从设计上确保不受剪力，可能受剪的重要连接处应采用螺栓加销或铰制孔螺栓等措施。

⑤ 在螺栓组设计中，要保证螺栓有足够的间距，以便于正常安装。

⑥ 在对于伸缩部及其他内部有紧固件连接且有可能松动的情况，应设法取消这种连接或有万无一失的防松措施。

⑦ 受力重要螺纹连接应不少于两道防松，且其中至少有一道是除了弹垫、紧固力矩之外的机械防松；涂胶、弹垫均不能作为可靠的防松措施而采用。

⑧ 原则上不允许将紧固件设计成从下往上紧固。

为了增强螺栓连接的可靠性，在遵循以上原则的同时，还需注意以下几种有益于提高可靠性的措施。

① 改善螺纹牙上载荷分布不均的措施　对于普通螺纹连接，前 2 牙承受 70%～80% 的载荷，前 10 牙几乎承受所有载荷；后部位牙不承受载荷。为了改善螺纹牙载荷分布不均，采用施必牢螺母。

② 提高螺栓疲劳强度措施　降低应力副，提高螺栓疲劳强度。在工作载荷和残余预紧力不变时，减小螺栓刚度（增长螺栓长度、减小螺栓直径）或增大被连接件（采用刚度大的垫片）能减小应力副。

③ 冗余设计　对于重要部位的螺栓设计，安全系数取 1.2；足够螺纹深度（钢制螺纹孔 1.0 倍公称直径，铸铁螺纹孔 1.5 倍公称直径）。

### 7.2.4　防松措施

表 7-1 是可靠度荐用值表。从表 7-1 中可以看出，风力机螺栓类别等级大于 3 级属于重要的情况，失效会引起比较大的损失。螺栓的防松设计必须要保证足够的可靠度。

**表 7-1　可靠度荐用值**

| 类别等级 | 应　用　情　况 | 可靠度荐用值 |
|---|---|---|
| 0 | 不重要的情况，失效后果可忽略不计，例如，不重要的轴承 $R=0.5$～0.8；车辆低速齿轮 $R=0.8$～0.9 | $<0.9$ |
| 1 | 不很重要的情况，失效引起的损失不大，例如一般轴承 $R=0.90$，易维修的农机齿轮 $R\geqslant 0.90$，寿命长的汽轮机齿轮 $R\geqslant 0.98$ | $\geqslant 0.9$ |
| 2 | 重要的情况，失效将引起大的损失，例如，一般齿轮的齿面强度 $R\approx 0.99$，弯强度 $R\approx 0.999$；高可靠性齿轮的齿面强度 $R\approx 0.999$，弯强度$\approx 0.9999$；寿命不长但要求高可靠性的飞机主传动齿轮 $R=0.99$～0.9999 以上；高速轧机齿轮 $R=0.99$～0.995。建筑结构件：失效后果不严重的次要建筑 $R=0.997$～0.9995（塑性破坏取低值，脆性破坏取高值，下同）；失效后果严重的一般建筑 $R=0.9995$～0.9999；失效后果很严重的重要建筑 $R=0.9999$～0.99999 | $\geqslant 0.99$ |
| 3 | | $\geqslant 0.999$ |
| 4 | | $\geqslant 0.9999$ |
| 5 | 很重要的情况，失效会引起灾难性后果，由于 $R>0.9999$，其定量难以准确，建议在计算应力时取大于 1 的计算系数来保证 | 1 |

螺纹紧固件防松技术和防松结构很多，从作用机理可以分为摩擦防松、机械防松、破坏螺纹运动副关系三种。

(1) 摩擦防松

摩擦防松是在螺纹副之间产生一不随外力变化的正压力，以产生可以阻止螺纹相对转动的摩擦力。这种正压力可通过轴向或横向或同时两向压紧螺纹来实现。对于摩擦防松，这里给出三种应用较多的工程实例。

① 弹簧垫圈、弹性均匀的齿形弹垫　其作用机理为，螺母拧紧后，靠垫圈压平而产生的弹性反力使旋合螺纹间压紧。优点是结构简单、使用方便，缺点在于垫圈的弹力不均，在冲击、振动的工作条件下其防松效果较差。一般用于拆卸简单方便和不甚重要的连接。

② 双螺母　其作用机理为，两螺母对顶拧紧后，使旋合螺纹间始终受到附加的压力和摩擦力的作用。优点是结构简单、效果好，缺点在于重量增加，不经济。一般适用于平稳、低速和重载的固定装置上的连接。双螺母方法在使用时需要两个等高螺母，先用80%安装力矩拧紧下面的螺母，再用100%的安装力矩拧紧上面的螺母，这样造成下螺母螺纹与螺栓螺纹牙非承压面和上螺母螺纹牙与螺栓螺纹牙承压面紧密贴合，使上下螺母对顶楔紧，保证了螺纹副中稳定的轴向压紧而能产生足够的摩擦力防松。

③ 自锁螺母/金属锁紧垫圈、尼龙嵌件锁紧螺母、扣紧螺母（不常拆卸的振动部位）　其作用机理为螺母一端制成非圆形收口或开缝后径向收口，当螺母拧紧后收口涨开，利用收口的弹力使旋合螺纹间压紧。优点是结构简单，防松可靠，可多次装拆而不降低防松性能。

(2) 机械防松（锁住防松）法

不如摩擦防松简单方便，但要可靠很多。对于重要的连接，特别是机器内部的不易检查的连接，应采用机械防松。以下是机械防松的几种实例。

① 开口销与六角开槽螺母　适用于较大冲击、变载、振动的高速机械中运动部件的连接。

② 止动垫圈　利用低碳钢制造单个或双连止动垫圈，把螺母约束到被连接件上或与另一螺母互相制约，起到很好的防松作用。特点是结构简单，使用方便，防松可靠。

③ 串联铁丝　用低碳钢丝穿入螺栓头部或螺母上的保险孔内，使几个

螺栓或螺母串联一起而互相制约防松。适用于螺钉组连接，防松可靠，多用于成组密集的螺栓连接。使用时注意钢丝的走向应能保证螺母有回松时更为拧紧。

(3) 破坏螺纹运动副关系

是利用冲点或焊接使螺栓和螺母的螺纹局部变形，偏离原牙型轮廓，使其局部不能与正常螺纹啮合，破坏原运动副的运动关系，形成不可重复使用的连接。如欲拆卸，须使用较大的扭矩将螺母拧出或将其破坏。

### 7.2.5　防锈

螺栓防锈是海上风力机防腐研究中的一个重要课题，直接影响着螺栓连接的可靠性，也是海上风力机与陆上风力机螺栓连接的主要不同之处。在国内，解决这一问题的方法一般分两种：一种是使用比较普通的防锈漆，其性能并不适应于侵蚀性强的野外环境下螺栓的保护，需要经常维护，不能从根本上解决防腐蚀问题，加上螺纹会被防护漆腻住，还经常会致使紧固件不能轻松旋下；另一种是使用价格昂贵的不锈钢螺栓。在国外，大多数使用高质高效的螺栓防护盖。现在国内海上风力机的防锈研究也开始倾向于使用防护帽。

此外，国外海上风力机紧固件防锈的经验表明，海上风力机螺栓连接10.9级与10.9级以下应采用不同的防锈措施，在保证可靠度的同时，还能尽可能地降低成本。

## 7.3　电气系统冗余设计

为了确保电气系统的可靠性，必须对海上风力机进行一定的冗余设计。鉴于海上风力机的工作环境，其冗余设计要比陆上风力机复杂很多。特别是海上风力机维护困难，更换元件困难的情况，使得冗余设计成为海上风力机可靠性设计必不可缺的一部分。同可靠性设计的其他方面一样，冗余设计也是一个很大的研究课题，需要综合地考虑各方面的因素，如元件工作环境、寿命、重要性、经济性、所占空间大小等。

在综合考虑海上风力机运行环境及要求的基础上，建议进行海上风力机冗余设计时需着重注意以下几点：

① 控制系统能时刻顺利接受传感器信号，发出控制指令；

② 齿轮箱轴承温度不能超过设计温度；

③ 偏航时不能超过左右极限，防止机舱旋转过度后对电缆的损坏；

④ 偏航转动左右位置的确定；

⑤ 机舱控制柜内环境温度符合要求；

⑥ 液压站油位、油压符合要求；

⑦ 塔底柜温度符合要求；

⑧ 所有润滑点润滑剂的持续供给。

## 7.4 电气元件降额设计

电气元件降额设计就是使电气元件在低于其额定工况下工作，降低失效率，以提高系统可靠性。降额设计主要针对重要且容易出故障的元件。

需要进行降额设计的电气元件包括分力半导体器件、集成电路器件、电阻、电容等。不同部件的电气元件，根据其工作温度、湿度、所受载荷、重要性等因素的不同设定不同的降额系数。一般来说，降额系数为 0.2～0.7，具体数值根据具体情况而定。

## 7.5 电控柜体设计

### 7.5.1 变桨系统运行环境及影响

进行海上风力机变桨柜设计时，首先需要考虑的就是变桨系统的工作环境，海上风力机变桨系统的工作环境与陆上风力机相差很大，比陆上风力机复杂很多，这也决定了其柜体设计要比陆上风力机的变桨柜复杂很多。表7-2 是变桨系统的运行环境要求。

**表 7-2　海上变桨系统的运行环境要求**

| 项　目 | 运行环境要求 | 满足标准等级 |
|---|---|---|
| 安装场所 | 轮毂内 | |
| 环境温度 | －20～＋50℃；温度变化率＜1℃/min | 3K6 |
| 湿度 | 10%～100% | 3K6 |
| 风速 | 台风最大风速为 68m/s | |
| 海拔高度 | 低于 1000m，高于 1000m 每升高 100m 降额 1%，最高不超过 3000m | 3K6 |
| 生物条件 | 有霉菌、真菌，啮齿动物和其他危害产品的动物 | 3B2 |
| 化学活性物质 | 盐雾浓度为 12.3～60.0mg/($m^2$·d) | 3C4 |
| 机械活性物质 | 尘(漂浮)＜0.01mg/$m^3$<br>尘(沉积)＜10mg/($m^2$·d)<br>无防尘设施和不靠近沙、尘源的场所 | 3S1 |
| 机械条件(振动) | 正弦稳态振动：5～15.8Hz，位移振幅为 1mm，15.8～150Hz，加速度振幅为 1g | 3M4 |
| 机械条件(冲击) | 最大冲击加速度为 15g，冲击持续时间为 11ms | 3M5 |
| 封闭等级 | IP65 | |

变桨距系统安装在离地面 60m 以上且时刻旋转的轮毂内，由于风况随机变化而使变桨距系统产生各种变化的冲击载荷、离心力和共振等，会致使风力机变桨距系统机械部件磨损、疲劳、材料缺陷、温度变化、振动和过载等导致系统故障，严重时会损坏风力发电整机。在运输与吊装过程中也会不可避免地遭受到振动与冲击。由于安装高度较高，变桨距系统还需要考虑防雷击的因素。这些因素都是在进行变桨柜设计时必须考虑的。

### 7.5.2　变桨柜设计原则及措施

由于变桨系统工作环境及所受载荷比较复杂，且属于重要、易出故障的部件，为了保证海上风力机变桨系统的可靠运行，变桨柜设计应遵循以下原则：

① 柜体的设计要便于主要控制部件（如驱动器、控制器、电机等）的安装、运行；

② 采用具有防松和防腐蚀能力强的螺钉对柜体部件进行固定；

③ 柜体需要很强的防腐能力；

④ 柜体在工作时不能产生共振现象；

⑤ 柜体安装固定处不能有应力集中且具有减振作用；

⑥ 便于维护；

⑦ 防护等级不低于 IP65。

综合考虑变桨系统工作环境、所受载荷及柜体设计原则后，为了增强变桨系统的可靠性，在进行柜体设计时，需要特别注意以下方面：

① 在柜内安装可以调节柜内环境（温度、湿度等）的装置；

② 采用一定的减震措施；

③ 采用可靠的柜体材料；

④ 密封要好；

⑤ 便于维护。

### 7.5.3 海上环境对控制系统的影响

同变桨柜一样，进行海上风力机主柜设计时，首先需要考虑的就是控制系统的工作环境，海上风力机变桨系统的工作环境与陆上风力机相差很大，比陆上风力机复杂很多，这也决定了其柜体设计要比陆上风力机的变桨柜复杂很多。表 7-3 是变桨系统的运行环境要求。

表 7-3　变桨控制系统环境条件

| 项　目 | 运行环境要求 | 满足标准等级 |
| --- | --- | --- |
| 安装场所 | 塔筒内 | |
| 环境温度 | －20～＋50℃；温度变化率＜1℃/min | 3K6 |
| 湿度 | 10%～100% | 3K6 |
| 海拔高度 | 低于 1000m，高于 1000m 每升高 100m 降额 1%，最高不超过 3000m | 3K6 |
| 生物条件 | 有霉菌、真菌，啮齿动物和其他危害产品的动物 | 3B2 |
| 化学活性物质 | 盐雾浓度为 12.3～60.0mg/(m² · d) | 3C4 |
| 机械活性物质 | 尘(漂浮)＜0.01mg/m³<br>尘(沉积)＜10mg/(m² · d)<br>无防尘设施和不靠近沙、尘源的场所 | 3S1 |
| 机械条件(振动) | 正弦稳态振动：5～15.8Hz，位移振幅为 1mm，15.8～150Hz，加速度振幅为 1g | 3M4 |
| 机械条件(冲击) | 最大冲击加速度为 15g，冲击持续时间为 11ms | 3M5 |

在海上，盛行的海陆风把含有盐分的水汽吹向风电场，与设备元器件大面积接触，这些因素使设备受盐雾、潮动腐蚀的速度大大加快。盐雾及潮湿对控制系统的腐蚀主要有以下几个方面。

① 控制柜外表面是最直接与大动相接触的部位，若外表面的防护措施不到位，出现漏涂区域或涂层过薄等缺陷，在盐雾的气候条件下极易发生腐蚀。

② 空调或热交换器的柜外部分都直接与大动接触，因而两者的腐蚀机理一样，防腐性能都较差，尤其在盐雾及潮湿的气候条件下极易发生腐蚀现象。

③ 以螺栓、螺钉、焊接等方式连接的区域有可能出现缝隙，缝隙深处补氧特别困难，很容易形成氧浓差电池，导致了缝隙处的严重腐蚀。金属部件在介质中，由于金属与金属或金属与非金属之间形成特别小的缝隙，使缝隙内介质处于滞流状态，引起缝内金属的加速腐蚀，这种局部腐蚀成为缝隙腐蚀；螺栓、螺钉、焊接材料等连接的区域两种不同金属发生接触，在电解质溶液中，由于腐蚀电位不相等，有电偶电流流动，使电位较低的金属溶解速度增加，造成接触处的局部腐蚀。

④ 密封材料的密封效果差或者密封材料的老化变形导致控制柜密封不良，湿度过大导致绝缘电阻降低，电接触不良，电性能变化，出现漏电和飞弧现象。

### 7.5.4　主控柜设计原则及措施

鉴于海上风力机控制系统工作环境及所受载荷情况，为了保证控制系统的可靠运行，建议主控柜设计遵循以下原则：

① 柜体的设计要便于主要控制部件的安装、运行；

② 可以对柜内温度进行调节；

③ 柜体需要很强的防腐能力，能满足海上工作环境；

④ 便于维护；

⑤ 防护等级为 IP65。

同变桨柜一样，主控柜要有很强的防腐能力，保护内部的主控系统，以保证主控系统的可靠性。

① 密封措施　组合式机柜的柜内型材与柜门之间都会有一层橡胶，靠型材和柜门挤压形成致密的密封环。由于一般机柜厂家进行生产加工时会严格地控制橡胶所在的位置，使得型材和柜门挤压时不会留下任何空隙，密封的性能非常好。用于密封的橡胶能抵御海上各种酸性物质的侵蚀。

② 防腐措施　对机柜表面除油、磷化、钝化、干燥、环氧树脂粉末喷涂、固化；对喷塑件进行盐雾试验可以检验其耐腐蚀性能，提高盐雾浓度和试验时间就能满足海上机柜的要求。对于机柜内的非喷涂件要考虑防锈，如用不锈钢材料或表面重铬酸盐处理的镀锌件或其他方式。

## 7.6　发电机冷却方式

风力发电机在高速运转时，铁芯和转轴会产生热量，长期的高温工况会影响电机的正常运行，因而发电机在运转时需要进行冷却。发电机冷却器是指通过冷却介质与工件产生的热介质进行热交换冷却工件的设备。

冷却器根据换热原理可分为三大类：直接接触式冷却器、蓄能式冷却器和间壁式冷却器。直接接触式冷却器的主要工作原理是两种介质经接触而相互传递热量，实现传热。蓄能式冷却器的原理是热介质先通过加热固体物质达到一定温度后，冷介质再通过固体物质被加热，使之到达传热量的目的。这类冷却器使用比较少。间壁式冷却器的原理是热介质通过金属或非金属将热量传递给冷介质，这类换热器用量非常大，占总量的99%以上，这类换热器通常称为管壳式、板式、板翅式或板壳式冷却器。风力发电机上的冷却器就是间壁式冷却器。

### 7.6.1　冷却系统的结构和组成

风力发电机冷却系统一般可以分为空空冷却系统和空水冷却系统两类。

(1) 空空冷却系统

空空冷却系统主要有风力机、换热器、过滤器、进风口和导风的出风口、温度传感器组成，结构相对简单，见图7-1。空空冷却系统的冷却原理很简单，电机内部产生的热空气通过定转子风路流到冷却器，热空气与冷空气进行热量交换后再回到电机内部进行冷却循环。

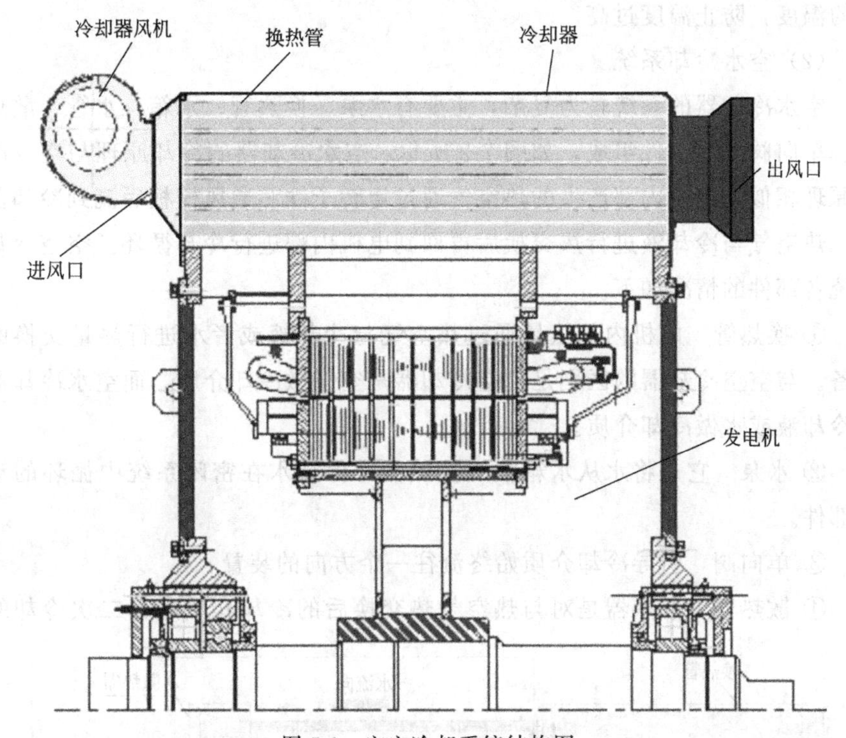


图 7-1　空空冷却系统结构图

① 换热器　换热器是电机内部热量通过热空气与冷空气进行热量交换的装置。换热器在整个冷却器中起关键性作用。

② 冷却器风机　空冷分自然空冷和强制空冷两种。自然空冷是利用机械运动中迎面进来的气流直接通过换热器对设备进行冷却；强制空冷是利用风扇提高流经换热器的气流流速和流量，提高冷却效果。风力发电机上的空冷基本上采用强制空冷的方式，因而风力发电机的空空冷却器会配有风机。风机的类型主要是由提供外部风路压头的双侧离心式风机组成（进风口加防护网），通过风机的离心力将冷空气抽进换热器中，提高气流中的流速和流量，提高冷却效果，风机的功率根据实际需要的风量来选择。

③ 过滤器　在冷却器进风口处装过滤器，主要是防止较大粉尘及腐蚀物质进入冷却器内破坏设备。

④ 进风口及导风的出风口　外部空气的进入和流出。

⑤ 温度传感器　冷却器进出风口各安装一个温度检测仪，测量进出风口的温度，防止温度过高。

(2) 空水冷却系统

空水冷却器的系统较为复杂，主要有水泵、换热管、水箱、水管、散热器、单向阀等零部件组成，如图 7-2 所示。空水冷却器的冷却原理与空空冷却原理相似，电机内部产生的热空气通过定转子铁芯通风槽板后流到冷却器上，热空气与冷却液进行热交换后再回到电机内部进行冷却循环。空空冷却系统各部件的情况如下。

① 换热管　电机内部热量通过热空气与冷却液或者水进行热量交换的设备。与空空冷却器的区别是空空冷却器是空气做冷却介质，而空水冷却器是冷却液或水做冷却介质。

② 水泵　它是将水从水箱抽入换热器并保持水在密闭系统中循环的动力部件。

③ 单向阀　引导冷却介质始终流往一个方向的装置。

④ 散热器　散热器是对与热空气热交换后的冷却介质进行二次冷却的

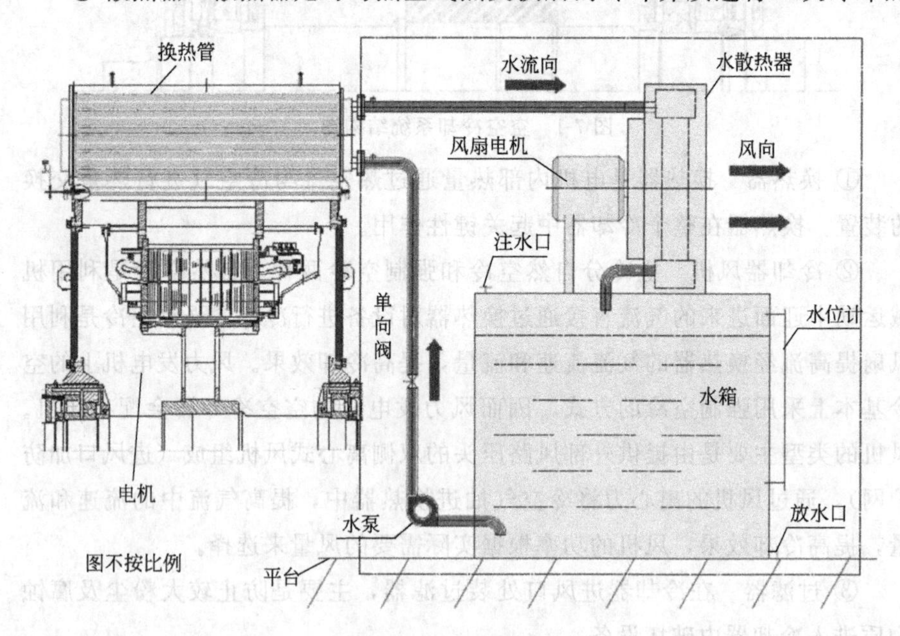


图 7-2　空水冷却器结构

装置，散热器上的风扇是对散热器进行强迫冷却，加快冷却速度。

⑤ 温度传感器　冷却器进出风口各安装一个温度检测仪，测量进出风口的温度，防止温度过高。

⑥ 水箱　是储存冷却介质的装置。

### 7.6.2　冷却系统的防护

(1) 冷却器壳体的防护

冷却器壳体的环境与电机机座的环境是一样的，因而其防腐要求可按照对发电机机座的要求来进行，主要是对表面进行涂装处理。具体操作步骤如下。

① 溶剂清理　清除工件表面的油脂、污垢或其他杂质。

② 喷砂抛丸清理　这一步非常关键，主要是为了使表面具有一定的粗糙度，使涂料更加坚固地附着在工件表面。

③ 工件涂漆　涂漆时，冷却器壳体内外表面需区别对待。

(2) 换热器材料的选择

目前采用的换热器材料有铝合金、防锈铝、不锈钢、紫铜、白铜等。

① 铝合金　铝合金因其导热系数高，质量轻，价格低，因而受到广泛应用。此外还有比铝合金性能更好的防锈铝，主要指的是铝镁合金和铝锰合金，因为合金中镁、锰成分都能增加铝的防腐性能，因而可以使用在高腐蚀和强度要求高的行业中。

铝合金管作为空空冷却器换热器材料应用十分广泛，在需要耐腐蚀的环境中，它是换热器材料的首选。一是质量轻，有利于运输、安装和维护；二是耐腐蚀性能良好，在高盐雾和潮湿环境下也有较好的耐腐蚀性；三是相比不锈钢及铜管，铝合金的价格较低，能够满足低成本的要求。当然，它一般只用在空空冷的换热器上，而不能用于空水冷的换热器上，也有一定局限性，铝合金长期浸泡在冷却液或水中，极易发生因腐蚀而发生漏水现象。

② 不锈钢　不锈钢具有优异的耐腐蚀性能，主要是由于不锈钢中的铬。铬是钢的组成部分之一，在铬的添加量达到 10.5%时，钢的耐大动腐蚀性能显著增加。铬对钢进行合金化处理时，把表面氧化物的类型

改变成了类似于纯铬金属上形成的表面氧化物，这种紧密黏附的富铬氧化物保护表面，防止进一步氧化。这种氧化层极薄，透过它可以看到钢表面的自然光泽，使不锈钢具有独特的表面，如果损坏了表层，所暴露出的钢表面会和大动反应进行自我修理，重新形成这种“钝化膜”，继续起保护作用。

板式换热器的材料多为不锈钢，与其他材料相比，其耐腐蚀性能占有一定优势，氯离子的耐受范围为200～50000mg/L，且胀接性能好，运行维护方便，使用寿命长，可以直接取代现有设备中的废旧铜管。但是目前在风力发电机冷却器上管板式换热器上使用较少，更倾向于铜管，主要是由于铜管比不锈钢管更不容易结垢，换热系数高于不锈钢。

③ 紫铜　纯铜呈紫红色，因而又称紫铜。紫铜有良好的导电、导热和耐蚀性，常用于空水冷却器的换热器材料中，紫铜导热系数高，防腐效果好，且胀接容易，防漏效果好。

紫铜管中的T2管广泛应用于冷却器中，其防腐性能与铝合金相比更为优异，且导热系数很高，因而其冷却效率也是最高的（在相同的前提条件下）。由于其价格较高，因而一般都使用在对防腐性能要求较高的空水冷却器上，而不用于空空冷却器中。

④ 白铜　镍的质量分数含量低于50%的铜镍合金称为简单（普通）白铜，再加入锰、铁、锌或铝等元素的白铜称为复杂（特殊）白铜。白铜是工业铜合金中耐腐蚀性能最优的，抗冲击腐蚀、应力腐蚀性能亦良好，是海水冷凝管的理想材料。

白铜管与紫铜管在空水冷却器上的使用都比较多，都各有优缺点，白铜管防腐性能要比紫铜管高，价格也比紫铜要高很多，且白铜管不容易胀接，在胀接后材料相对较脆，容易发生管漏现象。通过白铜管的冷却液或者水应该尽量为清洁干净的软水，如果是海水或者是含有氯化物和硫化物的冷却水，时间长了会对白铜管有腐蚀作用，主要是由于积垢造成各个部位的浓度差形成微电池，从而造成局部腐蚀或者点腐蚀，白铜的脱镍腐蚀也会迅速破坏铜管。

铝合金、防锈铝、不锈钢、紫铜、白铜这几种材料各有优缺点，应该根据其材料特点及冷却系统的应用环境来合理选择材料，从性能、成本及加工等方面综合考虑，得出最佳选择。

（3）冷却器其他零配件防护措施

① 冷却器风机的防护　空空冷却器上的风机与大动环境接触，应做好防腐蚀的措施。冷却器风机上的叶片采用的是铝合金材料，铝合金表面进行了阳极氧化，大大提高了其防腐蚀性能。同时，在风机内有防护网，可以阻挡一定粒径的灰尘及其他杂质颗粒进入冷却器，保证冷却器的正常运行。

② 冷却器防漏　冷却器防漏主要是针对空水冷却器的防护。空空冷却器是采用空气进行冷却，因而不存在泄漏的问题。冷却器的泄漏主要有两种可能：一种是在换热管接口处的泄漏，可能是由于在换热管的胀接效果不好，在接口处有空隙而发生泄漏；另一种是换热管内局部腐蚀穿孔造成泄漏，最大的原因是冷却介质在换热管中造成积垢，积垢中有腐蚀性介质，使积垢区与其他区域产生明显的浓度差，进而形成微电池，发生微电池腐蚀，导致局部腐蚀或点腐蚀，导致换热管的破裂而发生漏水现象。针对以上两个问题，应该严格控制换热管的胀接工艺，保证换热管的胀接质量，此外，应尽量采用软水或处理过的冷却液，而不是硬水或海水，应定期清理换热管道，防止积垢产生，防止腐蚀的发生。

③ 冷却器防风沙防盐雾　空空冷却器与空水冷却器的防风沙防盐雾设计是不同的。对于空空冷却器而言，空气中的灰尘、盐雾及其他杂质可以通过风机进入到换热器管道中，很容易对设备造成损伤。对此情况的防护一般是在进风口处加一个过滤器，将较大灰尘或其他杂质挡在风机外，对冷却器起到保护作用，但是过滤器的加入也会增大风阻，冷却效率会有所降低，在对冷却器设计中应将这一因素考虑在内。空水冷却器是内循环式水冷系统，因而风沙对其影响不大，一般不考虑防风沙。

④ 冷却器的密封　冷却器与机座连接的密封一般采用密封垫密封。根据冷却器的使用环境来选择材料，一般材料有海绵橡胶垫、丁腈橡胶密封垫和氟橡胶密封垫。海绵橡胶垫的使用较多，丁腈橡胶垫一般用于内陆地区、耐腐蚀性能要求不高的地区，氟橡胶垫则一般应用在高腐蚀性地区及要求高耐候性的地区，如高盐雾的海洋性气候。

### 7.6.3 两种方式维护及运行对比

对于空空冷却系统，大动环境的风会进入冷却器中，对热空气进行冷却。大动环境中的空气灰尘大，高盐雾和潮湿，因而对冷却器有一定影响。但是冷却系统与发电机隔绝，因而对发电机不会有影响。空空冷却器的维护主要是定期清扫空空冷却器内的灰尘，周期一般为 6 个月，维护难度较小，维护成本低。

空水冷却系统是内循环系统，冷却介质为冷却液，需要定期补充冷却液，对冷却器进行清理，水很缺乏时，水冷器的操作费就会增加。此外，水管的泄漏维修不仅难度大，而且会对发电机造成重大影响，无形中又增加了维护成本。

一般来说，空空冷却系统的运行可靠性较高，维护容易：

① 冷却器风机在停止工作的情况下，冷却器依然可以通过自然风来进行冷却，对发电机的冷却影响不大；

② 需要定期打扫冷却器内的灰尘。

空水冷却系统的运行可靠性不高，维护困难：

① 冷却器在没有水的情况下将不能达到冷却发电机的作用，更严重的是，发电机内部的发热部件的得不到冷却，一旦温度上升到绝缘等级以上，将会破坏发电机的绝缘，使发电机失效；

② 冷却器的换热管有可能发生冷却液的泄漏，此时需要更换换热管，维护工作困难，若泄漏的水不慎进入发电机内部，会影响发电机的正常运行；

③ 散热器的二次冷却充分与否也对冷却效率有影响；

④ 需要定期补充冷却介质，周期大于一年，需定期清理水垢。

## 7.7 变流器可靠性增强设计

### 7.7.1 环境要求

海上风力机变流器装置环境要求可分为三部分：运行环境条件、储存环境条件、运输环境条件，分别如表 7-4～表 7-6 所示。

表 7-4　运行环境条件

| 工作环境条件 | 要　求 | 满足标准等级 |
| --- | --- | --- |
| 安装场所 | 塔筒内 | 3K6 |
| 环境温度 | −25～+55℃；温度变化率<1℃/min | 3K6 |
| 湿度 | 10%～100% | 3K6 |
| 海拔高度 | 低于 1000m，高于 1000m 每升高 100m 降额 1%，最高不超过 3000m | 3K6 |
| 生物条件 | 有霉菌、真菌，啮齿动物和其他危害产品的动物，白蚁除外 | 3B2 |
| 化学活性物质 | 有盐雾，一般污染 | 3C3 |
| 机械活性物质 | 沙<30mg/m³<br>尘(漂浮)<0.2mg/m³<br>尘(沉积)<35mg/(m²·d)<br>无防尘设施和不靠近沙、尘源的场所 | 3S2 |
| 机械条件(振动) | 正弦稳态振动：<br>5～15.8Hz，位移振幅为 1mm；<br>15.8～150Hz，加速度振幅为 1g | 3M4 |
| 机械条件(冲击) | 最大冲击加速度为 15g；<br>冲击持续时间为 11ms | 3M5 |
| 封闭等级 | IP65 | |

表 7-5　储存环境条件

| 工作环境条件 | 要　求 | 满足标准等级 |
| --- | --- | --- |
| 储存场所 | 无温、湿度控制的部分有气候防护场所，直接与户外相通的场所 | 1K5 |
| 储存环境温度 | −30～+55℃。<br>空气温度变化率<1℃/min | 1K5 |
| 储存相对湿度 | 10%～100% | 1K4 |
| 储存生物条件 | 存在霉菌、真菌等和啮齿动物及其他危害产品的动物，不包括白蚁 | 1B2 |
| 化学活性物质 | 有盐雾，一般程度污染 | 1C2 |
| 机械活性物质 | 砂<30mg/ m³，尘(漂浮)<0.2mg/m³ 尘(沉降)<1.5mg/(m²·h)无特殊防护措施以使尘、砂的含量减低到最少的仓库，但仓库不位于砂源附近的仓库 | 1S2 |
| 机械条件(振动) | 正弦稳态<br>振动位移<1.5mm；加速度<5m/s²<br>频率范围：2～9Hz，9～200Hz<br>适用于轻微振动的仓库 | 1M2 |
| 机械条件(冲击) | 峰值加速度<40m/s²<br>适用于轻微振动的仓库 | 1M2 |
| 储存时间 | 12 个月 | |

表 7-6 运输环境条件

| 工作环境条件 | 要求 | 满足标准等级 |
|---|---|---|
| 运输工具 | 水路、铁路、公路、飞机；在海拔 3000m 以下，无防护条件下的运输 | 2K4 |
| 环境温度 | −30 ～＋70℃，我国陆上及海上运输气候环境条件（不包括 3000～5000m 海拔高度的陆上运输） | 2K4 |
| 湿度 | 无急剧湿、温度变化，湿度为 95%，我国陆上及海上运输气候环境条件（不包括 3000～5000m 海拔高度的陆上运输） | 2K3 |
| 生物条件 | 有霉菌，啮齿动物（白蚁除外） | 2B2 |
| 化学活性物质 | 有盐雾，包括对盐雾没有防护措施的船运在内的所有运输条件，也包括具有严重化学污染的地区 | 2C3 |
| 机械活性物质 | 空气的砂粒<10g/m²<br>灰尘沉积物<3.0mg/(m²·h)，包括沙漠地区的运输 | 2S3 |
| 机械条件（振动） | 运输试验替代振动试验正弦振动：<br>2～8Hz，位移振幅为 7.5mm<br>8～200Hz，加速度振幅为 20m/s²<br>200～500Hz，加速度振幅为40m/s²<br>平稳随机振动：<br>2～10Hz，加速度谱密度为 30m²/s³<br>10～200Hz，加速度谱密度为 3m²/s³<br>200～2000Hz，加速度谱密度为 1m²/s³<br>包括各种方式的运输以及在无良好公路系统地区内所进行的运输 | 2M3 |
| 机械条件（冲击） | 峰值加速度为 150m/s² | |
| 机械条件（自由跌落） | 0.25m（大于 100kg） | 2M2 |
| 机械条件（倾倒） | 任一边倾倒 | 2M2 |
| 机械条件（摇摆与倾斜） | 经常角度达到±22.5°，瞬时角度可达±35°，周期为 8s | 2M2 |

## 7.7.2 可靠性影响因素

风力机变流器装置由主电路系统、配电系统及控制系统构成。主要由低压器件、变压器、电抗器及控制板等主要元器件组成。不同于一般的机械装置，风力机变流器安装在塔筒内，风力发电机组主要安装在风场、海上等环境比较恶劣的地方。影响变流器系统可靠性的因素大致可以分为内部因素与外部因素。

(1) 内部因素

① 元器件的可靠性；

② 系统结构设计；

③ 安装与调试。

(2) 外部因素

① 外部电器条件，如电源电压的稳定性、强电场与磁场等。

② 外部空间条件，如温度、湿度、空气清洁度等。

③ 外部机械条件，如振动、冲击等。

对陆上风力机而言，对变流器影响最大的因素是低温、风沙等；对于海上风力机，影响最大的是盐雾。当温度在 35℃，盐溶液浓度在 3%时对物体的腐蚀最大。盛行的海陆风把含有盐分的水汽吹向海上风力机，使风力机设备受盐雾腐蚀的速度大大加快。盐雾可能会与变流器系统柜内的电器元件发生化学反应生成氧化物而使电气触点接触不良，导致变流器系统产生故障。因此，变流器柜体及内部元器件要耐腐蚀。

无论是陆上风力机还是海上风力机，雷击对风力机的损坏已经被认为是日趋增多的问题，由于变流器位于塔低柜内，属于 LPZ2 防雷区域，无受到直击雷的可能性，浪涌主要是线路来波或电磁感应，因此变流器的防雷保护装设浪涌保护器即可。变流器的浪涌保护器为 B 级与 C 级浪涌保护器，装设在变流器的转子侧与电网侧，另外在内部电源的进线亦须装设雷击浪涌保护器。

影响变流器系统可靠性的因素除上述可以分为内部因素与外部因素外，还可以按各部分的功能分为变流器功率（执行）部分可靠性影响因素、开关器件部分可靠性影响因素、控制部分可靠性因素。

① 功率（执行）部分可靠性影响因素　如表 7-7 所示。

**表 7-7　功率部分可靠性影响因素**

| 关键器件 | 器件寿命 | 影响因素 | 影响描述 |
|---|---|---|---|
| 功率模块套件 | 20 年 | 过温、过流、潮湿 | 温度过高和频繁过流影响功率套件寿命；潮湿影响绝缘强度 |
| 并网开关 | 机械寿命：20000 次<br>电气寿命：9000 次 | 腐蚀性<br>动体 | 锈蚀开关触点 |
| 电抗器及变压器 | 20 年 | 过温<br>腐蚀 | 温度过高，损害电抗器和变压器；腐蚀性动体锈蚀电抗器和变压器接线 |
| 交流滤波电容 | 7～8 年(40℃) | 过温 | 过温缩短电容寿命 |

由表 7-7 可知，在规定使用条件下，所选功率器件的 MTBF 都很高，影响功率部分可靠性的因素主要为环境因素。

② 开关器件部分可靠性影响因素　如表 7-8 所示。

**表 7-8　开关器件部分可靠性影响因素**

| 关键器件 | 器件寿命 | 影响因素 | 影响描述 |
|---|---|---|---|
| 电机启动器 | 机械寿命:50000 次<br>电气寿命:10000 次 | 腐蚀<br>潮湿 | 潮湿影响绝缘强度;<br>腐蚀性动体锈蚀开关触点 |
| 微型断路 | 机械寿命:50000 次<br>电气寿命:10000 次 | 腐蚀<br>潮湿 | 潮湿影响绝缘强度;<br>腐蚀性动体锈蚀开关触点和线圈 |
| 接触器 | 机械寿命:3 百万次<br>电气寿命:1 百万次 | 腐蚀<br>潮湿 | 潮湿影响绝缘强度;<br>腐蚀性动体锈蚀开关触点和线圈 |
| 继电器 | 机械寿命:5 百万次<br>电气寿命:1 百万次 | 腐蚀<br>潮湿 | 潮湿影响绝缘强度;<br>腐蚀性动体锈蚀开关触点和线圈 |

由表 7-8 可知，在规定使用条件下，所选开关器件的 MTBF 都很高，影响功率部分可靠性的因素主要为环境因素。主要改进措施如表 7-9 所示。

**表 7-9　低压开关器件部分可靠性改进措施**

| 关键器件 | 针对因素 | 改进措施 |
|---|---|---|
| 电机启动器 | 腐蚀<br>潮湿 | 将开关器件所在的空间密封,与外界隔离,防止腐蚀性动体和潮湿的侵害 |
| 微型断路器 | 腐蚀<br>潮湿 | 将开关器件所在的空间密封,与外界隔离,防止腐蚀性动体和潮湿的侵害 |
| 接触器 | 腐蚀<br>潮湿 | 将开关器件所在的空间密封,与外界隔离,防止腐蚀性动体和潮湿的侵害 |
| 继电器 | 腐蚀<br>潮湿 | 将开关器件所在的空间密封,与外界隔离,防止腐蚀性动体和潮湿的侵害 |

由表 7-9 可知，针对海上风电的特殊环境，开关器件部分采取密封、恒温等技术是提高可靠性的有效办法。

③ 控制部分可靠性因素　变流器控制系统主要元器件失效原因如表 7-10 所示。

**表 7-10　变流器控制系统主要元器件失效原因**

| 主要元器件 | 失效模式 | 失效原因分析 | |
|---|---|---|---|
| 电阻 | 阻值不稳 | 受污染和尘埃的影响，端点接触不良、受潮电解、腐蚀、氧化导致接触时通时断 | 环境 |
| | 开路失效 | 电蚀，污染，老化；电压电流过大，机械应力过大，过热烧毁开路失效，引线疲劳断裂 | 环境<br>设计 |
| | 阻值变化超差 | 元器件处在极其恶劣的环境和工作条件下（特别是热应力），导致材料氧化变质，阻值超差 | 环境 |
| | 短路失效 | 典型故障模式，多因电应力或热应力过载所致 | 环境<br>设计 |
| 电容 | 漏电流增大 | 典型故障模式。材料的绝缘性能不良，电应力大，浸渍物老化等所致 | 质量<br>设计 |
| | 绝缘电阻严重下降 | 通常是由于环境应力（特别是高温高湿的条件下）与电应力所致 | 环境<br>设计 |
| | 短路失效 | 潮湿环境腐蚀加速；漏电流过高导致介质击穿 | 环境 |
| | 开路失效 | 所加的电压过载，使用条件恶劣，电迁移、引线疲劳、氧化、接触电阻变高，导致电极开路 | 环境<br>设计 |
| 电容 | 容量变化和超差 | 在脉冲工作状态下，由于大脉冲电流而使电容器发热，可能导致“干枯”和“热老化”，致使电容器超差失效 | 设计<br>环境 |
| | 阻抗下降 | 在长期高温条件下产生，由电应力和加热应力因素导致阻抗跳跃式地变化 | 环境<br>设计 |
| 电感 | 断线 | 电蚀以及环境应力和机械应力所致 | 环境 |
| | 绝缘不良 | 绝缘材料不良和湿热的环境条件所致 | 质量<br>环境 |
| 继电器、接触器 | 接点故障 | 最为典型也最为频繁的故障，占继电器故障的2/3。主要原因：材料缺陷，电应力过大，化学物理污染，尤其是有害动体、机械磨损、疲劳、电化学腐蚀等 | 环境<br>质量 |
| | 机械失效 | 弹簧负载系统失效、零件变形、推杆断裂、底座裂纹等 | 质量 |
| | 线圈断线和引线断线 | 材料线径不均匀，电蚀以及环境应力和机械应力所致 | 质量<br>环境 |
| 集成电路 | 电极间短路 | 主要原因是电极之间金属扩散、金属化工艺缺陷引来的外来异物所致 | 质量 |
| | 键合线的断线失效 | 材料的热膨胀系数不同、电腐蚀等引起键合线的断线失效 | 质量 |
| | 参数漂移失效 | 材料缺陷、可移动离子引起 | 质量 |
| | 异物污染银层变黑 | 环境条件不良，尘埃和有害动体或温度很大的条件下易产生此类故障 | 环境 |
| | 电气参数变化 | 不按照器件电气参数设计，超过其规定工作环境使用 | 设计<br>环境 |

从表 7-10 分析可知，引起元器件失效的主要因素是元器件工作环境（尤其高温、腐蚀性环境）、电路设计和元器件本身质量。

### 7.7.3 可靠度分配

从以往变流器的故障统计中得到变流器的故障分布图，如图 7-3 所示。

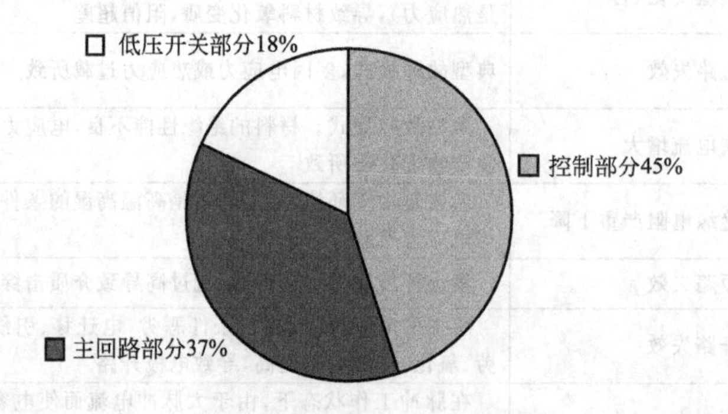


图 7-3 变流器故障分布图

由图 7-3 可以看出，故障率最大的是控制部分，而控制部分的成本一般只占总成本很少的一部分，因此花较少的代价就能使得整机的可靠性得到较大幅度的提高。

### 7.7.4 可靠性增强措施

变流器的可靠性增强措施大致可以分为电路板级措施、部件和系统级措施。

（1）电路板级措施

电路板级措施主要包含以下几个方面：

① 元器件降额使用；

② 元器件选用工业级，适用温度范围大的；

③ 干扰信号的抑制；

④ 印制板布线方面的增强措施；

⑤ 接地设计。

（2）部件和系统级措施

部件和系统级可靠性增强设计主要包含以下几个方面：

① 防尘；

② 防潮；

③ 防震；

④ 屏蔽接地；

⑤ 过热保护；

⑥ 抗干扰；

⑦ 绝缘隔离。

# 第8章 海上风力机的维护与可维护性设计

海上风力机的维护是指对风力发电机组进行保养或发生故障后进行维修，使其恢复正常工作能力。而风力机的可维护性是指对风力发电机组进行保养是否方便，或风力发电机组发生故障后进行维修，使其恢复正常工作能力的能力。可维护性反映了风力发电机组保养维修的难易程度。评定风力机可维护性的数量指标是维护度，即风力机在规定条件下、规定时间内维护而恢复正常状态的可能性或概率。

风力机的可维护性是维护时间的函数。可维护性虽然不是风力机的独立特性，但却是风力发电机组设计、制造、装配的内在特性。它赋予风力机一种便于维护的特有性能，适当的可维护性方案可以减少维护工时，降低维护工人的技能水平，节约维护设备及维护费用，并提高风力机的有效性，使之最大限度地发挥工作效率。

风力机机舱体积大，重量重，使用性能要求高，并安装于高耸的塔筒之上，这对风力发电机组的机舱维护提出了特殊的要求，若机舱中五大部件（主轴、主轴承、增速箱、发电机和主控柜）发生故障，并须将其从高空中吊下进行更换或维修，机舱整体吊装需要起用大型吊装设备；其次，风力机安装环境恶劣，海上风力机安装于浩瀚的大海，工作环境恶劣，采用大型浮吊费时费力，因此需简化维护方法。

目前运行的大部分风电机组当五大部件发生较大故障时，由于各部件不能独立拆卸，必须先吊下风轮，然后吊下整机机舱放在总装工装上，再从机舱中逐一拆下各部件进行维护，吊装设备昂贵，吊装工艺复杂，维护时间较长，发电量损失大，成本较高。因此，在风力机设计过程中除对五大部件分配足够的可靠度外，还应该注重五大部件的可维护性设计。

进行可维护性设计的主要目的是保证在风力机生命周期内五大部件发生故障时可以在不吊装整机机舱的前提下能把每个部件单独拆卸下来进行维护。

风力机的可维护性直接影响风电机组生命周期费用，可维护性已成为用户衡量风力机质量和选择产品的一项重要标准。实行可维护性设计的着眼点在于风场运营商在风力机使用中维护的经济性，目的是获得潜在的、长期的经济和社会效益。可维护性设计虽然在设计之初会使风力机成本有所增加，但较之在风力机使用过程中发现维护性问题再对风力机进行维护而带来的经济损失和声誉损失，仍然是相当经济的。

影响风力机维护性的因素主要有风力机维护性设计的优劣、风力机维护保养策略、风力机维护装备设施的完善程度和风力机维护保养人员的水平等。对于维护结构设计的方面主要体现在：总体布局和结构设计应使各部分易于检查和便于维护；具有良好的可达性，即设置维护操作通道和有合适空间；部件与连接件易拆装；标准化设计，使零件具有互换性和可更换性；安全性设计；材料易于购置及零件加工方便；技术资料齐全；合适的专用工具和试验装置等。

## 8.1　海上风力机的维护

### 8.1.1　安全

为确保在所有作业过程中的作业安全，防止出现事故或人身伤害，作业开始之前，现场负责人、监督人员和全体工作人员等都必须认真阅读相关的安全手册。同时，需要注意以下几点：

（1）标识与标牌

在维护作业过程中，务必注意机组设备上出现的符号、标识、注意事项内容（例如，警告标记、操作标记、转动箭头和部件标识等）。

不得撕除、涂抹、损坏机组上的注意事项和符号。机组设备上的符号、标识、注意事项等必须暴露在醒目位置。

（2）工作现场的安全

以每台机组的基础为中心，半径50米的圆形范围内属于工作现场。在工作现场最好树立标识或文字说明，所有人员及船只、车辆未经许可禁止入内。如有人员来访，其必须由授权人员陪同，并穿戴个人安全帽及安全靴。

（3）检查及维修人员资质

所有检查、维修人员必须具有合格的专业资质或经过专门的培训，掌握机组及其主要部件的工作原理。检查人员是指能够按照相关使用手册指示对机组进行日常、周期巡检的人员，负责机组的运行状况检查，准确详实地记录各种数据，并能够进行基本的修复工作。维修人员是指具备海上维修工作的能力的专业人员，负责进行故障处理及机组运行状况评估。对于维修人员来说，必须有专门的资质证明。

### 8.1.2 叶片的维修保养

（1）清洁叶片

叶片并不需要定期清理，一般的污染物可在雨季来临时被雨水清除。若发现叶片有较大污染物而此时为非雨季，可以考虑用水、清洁剂去除污染。

进行叶片的清理时需要机组停机、断电。

（2）检查叶片的防腐情况

此项维护工作应每年进行一次，如发现涂层脱落或前缘表面上有小坑甚至彻底穿透涂层时需记录机组编号、叶片编号及破损位置，并联系厂家进行涂层的修复工作。

（3）检查是否有裂纹、断层

检查人员需沿着叶片的边缘查找裂纹。表面发现裂纹需详细记录机组编号、叶片编号及裂纹位置、长度，如果可能最好做出标记，同时需停机并咨询厂家。

虽然机组装配了防雷电系统，但为安全起见，每次雷电过后仍需要检查叶片是否被雷电损坏。雷电损坏的标志如下：

① 叶片表面有灼烧的黑色痕迹，远处看起来像油脂和油污点；

② 暴露的边缘或尖角；

③ 前部边缘上的纵向裂纹；

④ 表层上的纵向裂纹；

⑤ 骨架与横梁间的断层；

⑥ 骨架边缘的断层；

⑦ 当转子缓慢旋转时叶片内部异常声音很大。

叶片被雷电损坏后必须停机，并联系厂家进行修复或更换。

(4) 检查异常声音

此项维护工作应在机组的运行中日常检查，发现异常声音立刻进一步检查、修复。

叶片发出异常声音可能是由于叶片表层或顶端出现孔洞，也可能遭雷击而损坏。需联系厂家进行修复或更换。

(5) 检查排水孔是否被堵塞

发现排水孔被堵塞，维修人员可以用钻头重新钻孔。

### 8.1.3　轮毂的维修保养

(1) 检查表面清洁度

如果轮毂表面有污物，可由检查人员用无纤维抹布和清洁剂清理。

(2) 查轮毂的防腐情况

如果表面涂层有部分脱落，维修人员需按以下步骤补上。

① 手工清除旧漆　常用工具为钢刮刀、钢铲刀、扁铲、钢丝鞭、敲锤等。刮刀主要用于清除平面旧漆，铲刀主要用于清除边缘、夹缝部位的旧漆，钢丝鞭和敲锤主要用于清除凸凹不平部位的旧漆。

② 除锈　用钢刮刀、扁铲、钢丝刷、锉刀、砂轮等手工除锈工具除去涂料脱落表面的锈蚀。

③ 除油　用清洁剂喷涂在轮毂表面，然后用无纤维抹布擦干表面。

④ 涂漆　按照相关海上风力机涂装规范进行。

(3) 检查表面是否有裂纹

如果轮毂表面有裂纹，应做好标记和记录，同时需立即停机并联系生产厂家。

### 8.1.4　变桨轴承的维修保养

① 检查表面清洁度。

② 检查变桨轴承的防腐情况。

③ 检查变桨轴承内外圈密封件是否完好　如果发现密封件功能失效，需更换密封件。

④ 检查齿面是否存在点蚀、断齿、腐蚀等　如果有点蚀、断齿、腐蚀等现象，由维修人员对轴承进行修复或更换。

⑤ 检查变桨轴承运行时是否有异常声音　如果运行时有异常声音（如嘎吱声、咔嗒声等)，查找异常声音源并由维修人员修复。

⑥ 变桨轴承与轮毂连接螺栓的维护　螺栓维护工作由检查人员进行，按以下步骤进行：

a. 初次维护检查100%的螺栓，后续维护检查10%的螺栓；

b. 不要松开螺栓；

c. 用液压力矩扳手以规定力矩检查螺栓；

d. 在已检查的螺栓上做一个防水的位置标记，标出螺栓的终端位置(每次检查要变换标记的颜色，优先检查没有标记的螺栓)；

e. 对螺栓喷涂防腐剂。

⑦ 对变桨轴承进行润滑　变桨轴承由集中自动润滑系统进行润滑，控制系统设置定期对变桨轴承注脂。润滑泵低油位时会自动报警，检查人员及时对润滑泵加注润滑脂。

### 8.1.5　变桨电机的维修保养

① 检查表面清洁度。

② 检查冷却风扇　表面如有污物，检查人员可以用干燥的无纤维抹布和清洁剂清理干净。

③ 检查变桨电机的防腐情况。

④ 检查变桨电机是否有异常声音或剧烈振动　如果有异常声音或剧烈振动，原因可能是多方面的，需关闭电源由检查人员进行以下检查工作：

a. 检查电机轴承润滑油脂是否过多、过少或失效；

b. 电机轴承是否磨损；

c. 查电机轴是否弯曲变形，是否存在额外的轴向、径向力；

d. 查电机转子系统是否平衡；

e. 查电机转子笼条是否断裂或开焊，如果有，更换或补焊；

f. 查电机安装是否紧固，是否存在共振现象，如果有，及时修复。

维修人员依据检查人员的检查记录进行修理工作。

⑤ 检查变桨电机是否过热　如果过热，需关闭电源，由检查人员进行以下检查：

a. 检查变桨电机绝缘电阻；

b. 查电机轴承是否磨损；

⑥ 检查变桨电机的接线　需检查接线是否松动，导线上是否存在氧化物。如果有，由维修人员关闭电源后清除氧化物并重新接牢。

### 8.1.6　变桨减速机与变桨小齿轮的维修保养

① 检查表面清洁度。

② 检查变桨减速机的防腐情况。

③ 检查齿轮箱运行时是否有异常声音　如果有异常声音，需检查变桨小齿轮和变桨轴承的配合情况，进一步的修理工作由维修人员进行。

④ 检查齿轮、齿圈表面锈蚀、点蚀、裂纹情况　如果发现锈蚀、点蚀等现象，需由维修人员进行修复或更换。

⑤ 检查变桨小齿轮和变桨齿圈的啮合间隙　检查变桨小齿轮和变桨大齿圈之间的啮合间隙，超过正常间隙值需由维修人员进行调整。

⑥ 检查变桨小齿轮的润滑情况　风轮中自动润滑系统通过润滑小齿轮对变桨小齿轮进行润滑。润滑泵低油位时会自动报警，检查人员及时对润滑泵加满润滑脂。

检查人员定期清洁变桨小齿轮表面污物，检查是否表面腐蚀并进行处理。

⑦ 检查变桨齿轮箱润滑　检查人员目视检查变桨齿轮箱是否漏油，检查其油位是否合适，油位偏低时为变桨齿轮箱加油。

⑧ 变桨齿轮箱润滑油维护　变桨齿轮箱如首次投入运行，在累计工作300h要求对润滑油进行油样分析，如果润滑油的清洁度不能达到相关要求，要求对润滑油进行过滤。此后维修人员定期对润滑油进行过滤。

### 8.1.7　变桨控制柜的维修保养

(1) 检查控制柜减震垫磨损情况

如发现磨损现象，需维修人员进行相关部件的修理或更换工作。

(2) 检查电池电压

在发现变桨驱动异常时也需要进行控制柜备用电源的检查。进一步的修理工作由维修人员根据检查人员的检查记录进行。

(3) 检查变桨控制柜

主要检查项目如下：

① 检查外观；

② 重载连接器接线是否牢固；

③ 文字标注是否清楚；

④ 检查电缆标注是否清楚；

⑤ 检查电缆是否有损坏；

⑥ 检查屏蔽层与接地之间是否导通。

(4) 检查变桨控制柜内接线端子

需检查接线是否松动，导线上是否存在氧化物。如果有，由维修人员清除氧化物并重新接牢。

### 8.1.8　主轴及主轴承的维修保养

(1) 主轴承维护

维修人员目视检查主轴承是否有漏油、裂纹和腐蚀，如发现问题应详细记录并及时处理。

检查主轴在运行中是否有异常声音，如有异常声音应查找异常声音源并由维修人员修复。如不能解决问题，需停机并联系厂家售后服务部门。

(2) 检查主轴承的润滑

主轴承与偏航轴承滚道使用同一电动润滑泵，由集中自动润滑系统进行润滑，控制系统设置定期对主轴承和偏航轴承滚道注脂。润滑泵低油位时会自动报警，检查人员及时对润滑泵加注润滑脂。

维修人员定期清理集油瓶内的废弃油脂。

(3) 检查主轴部装紧固螺栓

维修人员检查主轴承座与机舱底架的紧固螺栓时按以下步骤进行：

① 维护时检查全部螺栓；

② 不要松开螺栓；

③ 使用液压力矩扳手以规定力矩检查螺栓；

④ 在每个被检螺栓头部做防水的标记，标出螺栓的最终位置（每次检查要变换标记的颜色）；

⑤ 对螺栓喷涂防腐剂。

(4) 检查碳刷和接近开关

维修人员检查碳刷的磨损，如果碳刷长度不够或者碳刷架弹性不足，需要更换碳刷。

维修人员检查接近开关与定位盘的间隙，确保间隙值处于正常状态。

### 8.1.9 增速箱的维修保养

① 检查增速箱及其部件的表面是否清洁　如有油污，需用无纤维抹布、清洁剂清理干净。清洁工作由检查人员进行即可。

② 检查增速箱及其支座的防腐情况

③ 检查增速箱运行时是否有异常声音　如果运行并网时有异常声音(如嘎吱声、咔嗒声等)，查找异常声音源并由维修人员修复。如不能解决问题，需停机并联系厂家售后服务部门。

④ 检查高速端齿表面　检查人员按以下步骤进行：

a. 将视孔盖及其周围清理干净；

b. 打开视孔盖，通过视孔盖观察齿轮啮合情况，齿表面情况（胶合等)、齿面疲劳（早期点蚀、破坏性点蚀、齿面剥落、和表面压碎等)、轮齿的塑性变形（齿体塑变和齿面塑变）；

c. 目测润滑油油色及杂质情况；

d. 发现问题记录、拍照；

e. 观测完毕后，将视孔盖重新安装。

对于检查出的问题，需要与厂家售后部门联系进行修复。

⑤ 检查行星部分齿啮合和齿表面　检查人员按以下步骤进行：

a. 将增速箱上部观察孔的周围清理干净；

b. 用扳手将观察孔上的螺栓卸掉；

c. 将内窥镜深入增速箱内部观察齿轮啮合与齿表面情况。

对于检查出的问题，需要与厂家售后部门联系进行修复。

⑥ 检查增速箱胀紧套紧固件　由维修人员按以下步骤检查增速箱胀紧套紧固件：

a. 初次维护检查 100%的螺栓，后续维护检查 10%的螺栓；

b. 不要松开螺栓；

c. 用液压力矩扳手以规定力矩检查螺栓；

d. 在已检查的螺栓上做一个防水的位置标记，标出螺栓的终端位置（每次检查要变换标记的颜色，优先检查没有标记的螺栓）；

e. 对螺栓喷涂防腐剂。

后续维护中，如果螺栓的终端位置距检查前的位置相差 20°以内，说明预紧力在限度以内，如果一个或者多个螺栓超过 20°，则所有的螺栓必须以规定力矩检查。

⑦ 检查增速箱安装支座连接螺栓　由维修人员按以下步骤进行检查增速箱安装支座连接螺栓：

a. 每次维护检查全部螺栓；

b. 不要松开螺栓；

c. 使用液压力矩扳手以规定力矩检查螺栓；

d. 在每个被检螺栓头部做防水的标记，标出螺栓的最终位置（每次检查要变换标记的颜色）；

e. 对螺栓喷涂防腐剂。

⑧ 检查增速箱扭矩臂减震垫　维修人员通过目视检查减震垫的磨损状

况，是否有裂缝及老化情况，若发现问题需由维修人员进行修复或更换。

⑨ 检查增速箱润滑　维修人员目视检查增速箱是否漏油，通过油标检查增速箱油位，如油位过低，需由维修人员进行加油工作。

润滑方式为油池润滑与强制润滑相结合。

⑩ 检查润滑油品质　如润滑油被污染，需维修人员更换。

换油需按以下步骤进行：更换油液时，必须使用和先前同一牌号的油液，不允许使用混合油或不同生产厂家的油液，如果从矿物油换到合成油或者从合成油换到矿物油，在注入新油液前必须彻底清洗增速箱。

更换油液时，为了清除箱底的杂质、铁屑和残留油液，增速箱必须使用新油液进行清洗，高黏度的油液必须进行预热，新油液经过滤后应该在增速箱彻底清洗后注入，旧的油液应该在停机后，增速箱冷却之前尽快排出。

⑪ 检查空气滤清器　先取下空气滤清器上盖，检查其受污染情况。如果已经污染，由维修人员取下滤清器，用清洁剂对滤清器进行处理，除去污染物，然后用压缩空气或其他方式吹干空气滤清器。

当空气滤清器中硅胶的颜色由蓝变粉时，则需要更换。

⑫ 检查加热器　维修人员短时间启动增速箱加热器，测试加热元件是否供电（用电流探头测试）。

⑬ 通过控制系统测试压力、温度传感器的功能　如果发现功能失效，可能是传感器失灵或机械损坏，需咨询厂家获得支持和帮助。

⑭ 检查增速箱的接线情况　检查齿轮油位、温度、压力、压差、轴承温度等传感器和加热器风冷器的接线是否松动，导线上有无氧化物，如果有，由维修人员清除氧化物并重新接牢。

⑮ 检查润滑油过滤器　润滑冷却系统中安装有压差报警器，一旦报警，需维修人员及时更换滤芯。否则过滤器将会失去过滤作用，齿轮箱必须停止运转。

### 8.1.10　高速轴刹车的维修保养

① 检查制动器表面清洁度　如发现表面有污物，需检查人员用无纤维抹布和清洁剂进行清理，若有油污，必须找到原因并排除，同时必须更换制动块。

② 检查制动器的防腐情况。

③ 目测检查制动盘是否有裂纹、烧焦变形　如果有裂纹或烧焦变形，

需维修人员更换制动盘。更换制动盘按以下步骤进行：

a. 将制动器拆下；

b. 将联轴器拆下；

c. 在制动盘上安装吊环螺钉，用吊车扶住制动盘准备拆卸；

d. 用套筒扳手逆时针旋转高速轴端螺栓；

e. 重新安装制动盘时，首先将制动盘套在增速箱的输出轴上，用手将螺栓拧上（不要拧紧）。用木锤调整制动盘相对于制动器的位置，使制动盘处于制动器中间（两侧的间隙相等），用扳手上紧螺栓，每个螺栓拧三圈，顺次拧紧，最后按照给定的力矩值给螺栓打力矩；

f. 安装制动器。

拆卸制动器按以下步骤进行：

a. 确保制动器内没有油压，拆卸连接油管，断开其与液压系统的连接；

b. 拆卸主动钳上的摩擦片复位弹簧及螺栓；

c. 拆下传感器以防损坏，拆下主动钳上的摩擦片支撑板和摩擦片；

d. 拆下制动器安装螺栓即可以安全地卸下制动器。

④ 检查制动盘和闸垫之间的间隙　用塞尺检测制动盘和闸垫之间的间隙，若间隙超过正常值，应由维修人员重新调整间隙值（图 8-1）。调整步

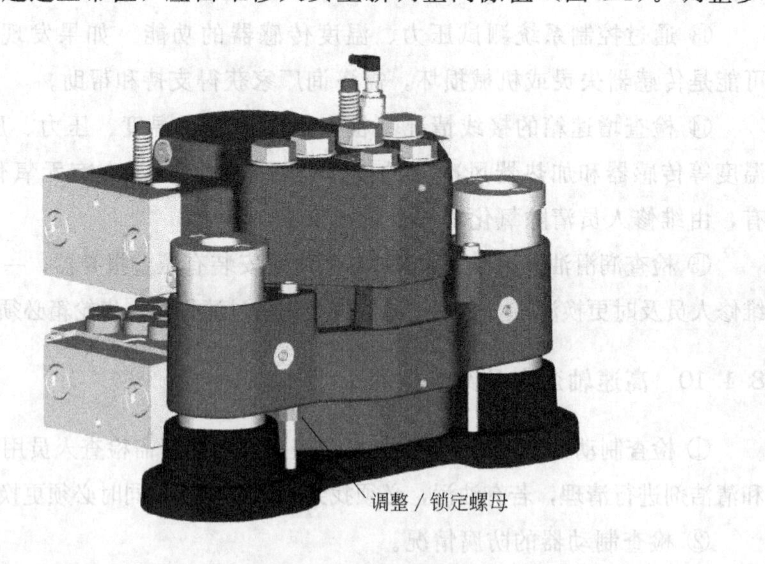


图 8-1　高速轴制动器调整螺栓位置

骤如下：

a. 释放油压；

b. 通过旋转调整螺母调整制动盘和摩擦片之间的间隙两侧相等，制动盘转动时不不碰摩擦片；

c. 拧紧锁紧螺母；

⑤ 检查摩擦片厚度　摩擦片均由钢板底层和摩擦材料组成，当检测到底层和摩擦材料的总厚度低于要求值时，摩擦片必须更换。更换工作由维修人员进行，其步骤如下：

a. 释放油压；

b. 松开定位系统的调节螺栓；

c. 拆下主动钳和被动钳的摩擦片复位弹簧；

d. 拆卸主动钳和被动钳上的摩擦片支撑板和螺栓；

e. 活塞尽可能缩回制动钳油缸内；

f. 取下磨损的摩擦片，换上新的摩擦片；

g. 安装复位弹簧和螺栓；

h. 重新安装定位系统（图 8-2）。

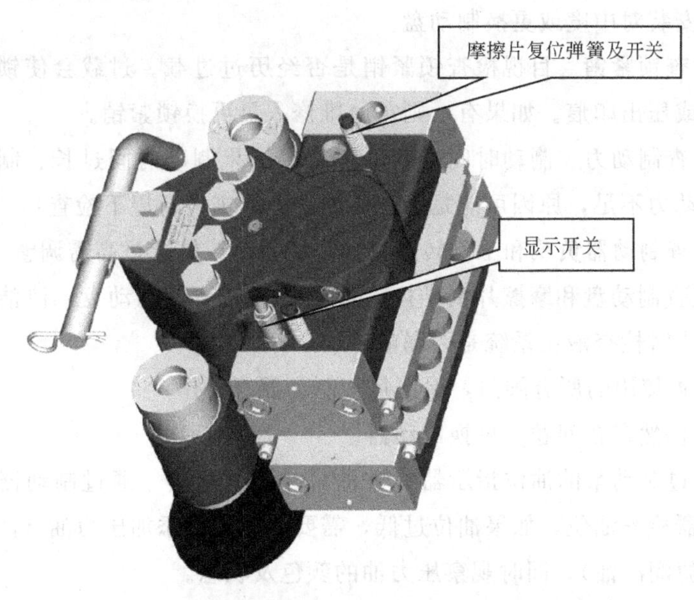


图 8-2　高速轴制动器摩擦片更换示意图

摩擦片的磨合是通过提高负载和加快转速来进行一系列负载测试的，直到摩擦系数达到要求。磨合工作由维修人员进行，具体步骤如下：

a. 把带手动泵的液压系统连接到制动器的一个压力油接口，把一个压力表接到制动器的另一个压力油接口；

b. 开始驱动制动盘运转；

c. 把油压提升到合适的值，持续运转直到完成磨合。

摩擦片材料为粉末冶金摩擦片，可以在制动器有40%额定夹紧力时（即油压为40%的工作油压）驱动制动盘和粉末冶金摩擦片进行磨合，或通过一系列高负载或高转速的磨合测试来进行磨合。

要特别注意，摩擦片更换时必须更换一整套。

如果摩擦片磨损情况未达到需更换的程度，需检查摩擦片磨损是否均匀。如果不均匀，需按以下步骤进行检查：

a. 检查制动器的安装对中以及制动器的被动端半钳在浮动轴上是否滑动灵活；

b. 检查定位系统是否调节到位，重新调节定位系统；

c. 检查制动轴是否有偏转或制动盘晃动量是否太大，如果有，应校正制动轴的安装对中度或更换制动盘。

⑥ 检查锁紧销　目视检查锁紧销是否经历过过载。过载会使锁紧销弯曲、压扁或压出印痕。如果有，则需由维修人员更换锁紧销。

⑦ 检查制动力、制动时间、制动距离　如果制动时间过长、制动距离过长或制动力不足，原因可能是多方面的。此时需进行以下检查：

a. 检查制动器负载和工作转速，如负载太重或转速过高需调整；

b. 检查制动盘和摩擦片清洁度，如有油污需清洁制动盘，清洁或更换摩擦片，同时检查液压系统是否漏油；

c. 检查使用的所有阀门，保证每个制动器都工作；

d. 若仍然存在问题，更换制动器。

⑧ 通过制动泵的油位指示器检查油位、油的品质　通过制动器泵上的油位指示器检查油位，如果油位过低，需要维修人员添加压力油（注意添加前需要过滤润滑油），同时观察压力油的颜色及状态。

如果发现漏油，建议更换成套的密封件，更换工作需由维修人员进行。

密封件的更换按如下步骤进行。

a. 检查并确保制动器油路中没有油压。

b. 拆下制动器，把它放在干净无尘的环境中。

c. 拆下活塞、刮油环和油封，活塞表面和液压缸体与密封配合表面都经过打磨抛光处理。请仔细检查这些部件的表面是否有刮痕或破坏，请仔细操作避免损坏这些重要表面。活塞表面破坏会很快损坏密封并导致漏油。更换密封时把活塞放置在安全的地方。活塞密封的边缘很锋利，当心手指被割破。需小心处置活塞。

d. 清洗这些零件，干燥后，加润滑。

e. 安装新的油封和刮油环。刮油环的防尘唇必须向外。将密封圈捏成U形，放入槽内，顺平褶皱，只能用手操作。要特别注意活塞杆密封圈的边缘，因为边缘极易损坏。

f. 润滑油封，把活塞压入油缸，尽可能地往里推。

### 8.1.11　高速轴联轴器的维修保养

① 检查联轴器外表清洁度。

② 检查联轴器的防腐情况。

③ 检查发电机端胀紧套螺栓　螺栓的维护工作由检查人员进行，按以下步骤进行：

a. 用力矩扳手以一定力矩检查螺栓；

b. 在每个螺栓检查完后做一个防水的位置标记，标出螺栓的终端位置；

c. 对螺栓喷涂防腐剂。

④ 检查联轴器筒体螺栓　螺栓的维护工作由检查人员进行，通过目视检查联轴器筒体连接螺栓，如果螺栓头位置偏离标记，则需要对其进行重新拧紧，用力矩扳手以规定力矩拧紧螺栓，并重新做好标记。

⑤ 检查同轴度　用激光对中仪检查同轴度，联轴器同轴度极限误差内容：角向偏差、径向偏差、轴向偏差。三种误差需控制在一定范围内。如果误差超出容许范围，需要维修人员进行调整。一般来说，同轴度的调整是依靠调整发电机的位置来完成的，具体方法如下。

a. 垂直方向误差的调整　用液压千斤顶将发电机顶起一定高度后，通过调整发电机减震器上的调整螺母来调整发电机的高度，以配合增速箱的输出轴。

b. 水平方向误差的调整　拆下发电机减震器安装螺栓，将发电机调整工装安装在减振器安装螺栓上，拧紧工装上的螺栓，通过调节减振器的位置来调整发电机的水平位置。

### 8.1.12　发电机的维修保养

① 检查表面是否清洁。

② 检查发电机的防腐情况。

③ 检查发电机安装支座紧固螺栓。

④ 检查定子绕组绝缘电阻　此项维护工作在机组每运行三个月后进行，用 1kV 兆欧表测量定子绕组对机座的绝缘电阻，测试 1min，绝缘电阻值不低于 100MΩ。如不满足此要求，原因可能是多方面的，需由检查人员进行以下检查工作：

a. 检查绕组表面清洁度，若有污物需清洁；

b. 检查防潮加热器是否能正常工作；

c. 检查电机绕组有否存在机械损伤；

d. 检查是否存在绝缘老化；

e. 由于空气湿度大或因温度变化大而使绕组表面凝聚水滴，此时应将周围环境及电机进行干燥处理。

⑤ 轴承的维护、保养及更换　轴承的维护、保养及更换需维修人员按照以下方法进行。

a. 电机附有自动注油泵，会自动给电机各润滑点加油。润滑系统的保养工作主要是定期对自动注油泵的油箱补充洁净的油脂。需要定期检查，确保自动注油泵有足够的储油量，所有润滑管路无破损，所有润滑点都能得到润滑。

b. 加注润滑脂时，如原有润滑脂未变质、污染，就不必清除，当必须更换润滑脂时，应当加少量清洁润滑脂的干净煤油进行清洗，再重新给加润滑脂；加润滑脂须十分小心，不要弄脏润滑脂，不要让灰尘、潮气进入油箱和润滑脂内。

c. 排油方式　需要定期将排油盒中的废润滑脂清除。

d. 当轴承发生故障需拆下分析故障原因时，必须特别小心，不得因拆卸而造成损伤，以免与轴承原有的故障现象产生混淆而引起误判，有故障的轴承拆下后不得进行清洗和其他处理，以便于分析，判断故障原因。

e. 当电机长期搁置不用时，应特别注意防止轴承腐蚀、失油和静振，搁置期间最好定期将转子转动一下。长期搁置启动前，应拆开轴承盖检查润滑脂是否变硬变质，否则应重新更换新的润滑脂。

f. 轴承故障常见的现象是　过热、噪声过大或从轴承室可感到轴承不平稳，拆下轴承盖后可见润滑脂中混杂有从轴承上掉下的金属颗粒。此时，轴承必须更换。

g. 滑环的维护　电机静止时目测滑环环面，如果有烧结点，大面积烧伤或烧痕，滑环径向跳动超差，必须重磨滑环。

h. 检查发电机是否有异常声音或剧烈振动　如果有异常声音或剧烈振动，需由维修人员及时分析原因并维修。

i. 检查空空冷却器　先取下空空冷却器，检查其受污染情况。如果已经污染，由维修人员取下，用清洁剂对冷却器进行处理，除去污染物，然后用压缩空气或其他方式吹干冷却器。

j. 检查加热器　维修人员短时间启动发电机加热器，测试加热元件是否供电（用电流探头测试）。

k. 检查发电机的温度状况　在电机运转时，应检查轴承、滑环和绕组的温度状况，不应超过允许的温度上限，否则会缩短电机的使用寿命。

只有电机在额定状态下运转数小时（4～8h）后，各部位的温度才能趋于稳定。

### 8.1.13　机舱底架的维修保养

① 检查表面是否清洁。

② 检查机舱底架的防腐情况。

③ 检查底架焊缝　如发现有焊接缺陷，需标记并记录，同时联系厂家进行补焊并在以后的周期维护时着重检查。

④ 检查非紧固件外形尺寸，注意是否有损坏变形　如发现踏板、梯子等非紧固件有变形损坏的，需维修人员及时进行修复、更换。

⑤ 检查风轮锁紧销　维修人员在停机的情况下，转动风轮锁紧销使其往复运动，确保其运动自如，并能安全锁定风轮。

### 8.1.14　偏航系统的维修保养

① 检查偏航系统各部位的清洁度。

② 检查偏航系统各部件的防腐情况。

③ 检查偏航系统动作时是否存在异常声音　如发现异常声音，原因可能是多方面的。润滑脂不足、阻尼力矩过大、齿轮损坏等都有可能导致偏航系统运行时发出异常声音。此时，需检查人员按以下步骤进行检查：

a. 检查润滑系统，如润滑失效需加油或换油；

b. 检查偏航电机有无异常声音；

c. 检查齿轮副齿轮是否受损，如果受损需修复或更换；

d. 检查偏航齿轮箱油位是否过低，如果是，需加油。

④ 检查偏航动作和风向是否一致　如果发现偏航定位不准确，这可能是多个原因造成的。风向标信号不准确、偏航阻尼力矩过大或过小、制动力矩较小等都可能导致偏航定位不准。需按以下步骤进行检查：

a. 检查风向标轴承润滑；

b. 检查偏航轴承润滑、电机刹车；

c. 检查偏航刹车钳压力和刹车盘表面；

d. 检查偏航系统的偏航齿圈与偏航驱动装置的齿轮之间的齿侧间隙，如果过大，调整齿轮副齿侧间隙。

⑤ 检查电缆缠绕情况和绝缘皮磨损情况　如发现电缆缠绕，需由维修人员修复。如发现绝缘皮磨损，需由维修人员更换电缆。

⑥ 检查偏航刹车钳摩擦片的磨损情况。

⑦ 检查偏航齿轮箱是否有漏油、异常声音　如发现漏油现象，需维修人员进行修复。维修人员检查偏航齿轮箱油位，油位偏低时为偏航齿轮箱加油。

检查偏航齿轮箱运行时是否有异常声音，如有，维修人员需查明原因并修复。

⑧ 偏航齿轮箱润滑油维护。

⑨ 检查偏航轴承及齿圈的润滑状况。

### 8.1.15 塔筒的维修保养

① 检查塔筒内外是否有污物。

② 检查塔筒涂漆件的防腐情况。

③ 检查塔筒焊缝 重点检查塔筒法兰和筒壁之间过渡处的横向焊缝、门框与筒壁之间过渡处的连续焊缝，如发现焊接缺陷需记录、标记，同时联系厂家进行补焊，并在以后的周期维护时着重检查。

④ 检查塔门闭锁机构是否完好。

⑤ 检查照明设备 检查人员需及时修复、更换各老化、损坏的照明设备，确保其能工作正常。

⑥ 检查攀爬塔筒保护设施的钢丝绳和安全锁扣 钢丝绳需要检查人员进行拉紧测试。如发现钢丝绳和锁扣的缺陷需由维修人员更换，升降机的检测需要专业人士进行。

⑦ 检查灭火器支架外形结构。

⑧ 检查灭火器是否在有效使用期内。

⑨ 检查救助箱的完整性 发现超出使用期或有缺少需及时更换或补齐。

⑩ 检查塔筒门通风窗，确保通风正常。

⑪ 检查爬梯外形结构 如发现变形等需维修人员修复或更换。

⑫ 检查各段平台，着重检查护栏、盖板 如发现变形或损坏需维修人员修复或更换。

⑬ 塔筒防雷导线的维护 主要检查防雷导线的连接情况，如有松动或破损，由维修人员接牢或更换。

⑭ 塔筒门、进出风口百叶窗过滤棉的维护 主要检查过滤棉污染是否严重，如过滤棉上污物较多，需由维修人员进行更换。

⑮ 检查塔筒法兰连接螺栓。

### 8.1.16 机舱罩与导流罩的维修保养

① 检查壳体是否有裂纹、损坏　如发现有裂纹、损坏，需详细记录机组编号、裂纹位置、长度，如果可能最好做出标记。如果裂纹或损坏出现在机舱罩部分，需由维修人员及时修复，如果出现在导流罩部分，需立即停机并咨询制造厂家。

② 检查壳体是否渗入雨水　如发现雨水渗入应清除雨水，并检查渗入位置，由维修人员进行修复。

③ 检查导流罩内雷电保护板线路是否牢固　如发现有松动，需维修人员重新接牢。

④ 检查航空灯接线是否牢固、电缆绝缘皮有无损坏　如果发现接线松动或绝缘皮受损，需维修人员进行修复或更换。

⑤ 检查风速风向仪连接线路接线是否牢固、电缆绝缘皮是否磨损　如果发现接线松动或绝缘皮受损，需维修人员进行修复或更换。

⑥ 测试风速风向仪功能　重点检查信号传输是否准确。如发现问题，需检查人员彻底检查相关的整个信号传输链。进一步的修复工作需由维修人员进行。

⑦ 检查风速风向仪架涂层和焊缝。

⑧ 检查避雷针　如发现避雷针有损坏，需维修人员进行修理或更换。

### 8.1.17 机组的非正常状态处理及复位方法

按照机组的维护保养清单所列的项目进行日常和周期性的维护，能够使机组发生故障的概率大大降低。

机组的控制系统能够通过各个部位的检测元件反馈到中央处理器的故障信号，按照事先设置的状态码的形式提示操作者，发出警报的同时并启动刹车程序。操作者需要提供报警信号和状态码信息报告给专门的检修人员，由风场检修人员进行修理或与厂家联系。

一些故障排除后可以自动复位，故障消失后机组会在被减速的启动阶段后（此阶段为系统预先设置以保证运行安全）再度运作。在此启动阶段再次出现同样故障，启动阶段将被锁定，但安全链并未断开，操作人员可以通过远程计算机使机组短时运作，以查找故障原因。对于不能自动复位的故障，操作者需要到现场，依据系统记录的状态码信息查找故障原因。

常见故障清单请阅读本章中的故障状态码列表。如依照本书给出的处理方法仍无法排除故障，或发生本书中未提及的故障，请与厂家售后服务部门联系，获得支持和帮助。

当机组发生异常状况需要立即进行停机操作时，按以下步骤进行：

① 利用监控计算机遥控停机；

② 遥控停机无效时，按塔底控制柜的手动停机键正常停机；

③ 正常停机无效时，使用紧急停机按钮停机；

④ 上述操作仍无效时，拉开机组主开关或连接此台机组的线路断路器，迅速疏散现场人员，避免事故范围扩大；

⑤ 如伴随火灾等状况需立即向急救部门求救。

机组每次非正常状态的处理，均需要记录在维修记录中，并在下一次的维护工作中着重检查此项内容。

### 8.1.18 废品处理

用户应当遵守风场当地关于工业废品处理的法律条款，正确处理废弃的和更换下来的部件。

(1) 摩擦片

摩擦片是由钢制底板和摩擦材料组成的，摩擦材料为粉末冶金，不含石墨和石棉，磨损的摩擦片可以作为废铁处理。

(2) 油品

废弃的液压油不能随意排放，必需专业地进行处置。用过的润滑油、液压系统中排放的废油必须由合适的容器存放，并运送当地废油处理厂集中处理。

(3) 金属部件

铸铁和钢等部件在泄掉液压油、拆下密封件后可以作为废金属处理。

(4) 密封圈

密封件和 O 形圈的材料有聚亚氨酯（PUR）、聚四氟乙烯（Teflon）以及橡胶（NBR）等，都可以作为普通废物处理。

（5）电子元件

传感器、显示开关或其他类似部件，作废后均需作为电子废品处理。

## 8.2 可维护的风力机结构设计

### 8.2.1 拆卸中存在的主要问题

① 由于主轴承安装时采用的是过盈配合，热装工艺，因此在不吊下机舱时拆卸存在困难。

② 由于胀紧套安装时采用楔形内套打入方式，因此在不吊下机舱情况下拆卸存在困难。

③ 增速箱拆卸时需朝发电机方向水平移动一段距离，在不吊下机舱情况下没有合适工具实施移动。

④ 目前机舱罩没有针对大型部件如增速箱、发电机的开门，导致大部件即使拆卸下来也无法吊下机舱。

### 8.2.2 可维护性结构设计准则

风力机可维护性结构设计准则是为了将风力机的可维护性要求、使用和安全转化为具体的结构设计要求而确定的通用或专用设计准则，是设计人员在风力机可维护性结构设计时应遵循和采纳的具体原则。风力机可维护性结构设计的一般准则如下。

（1）简化设计

尽可能简化结构功能，采用最简单的结构和外形，尽量减少零部件的品种和数量，简化使用人员与维护人员的工作，降低对其技能要求。

（2）可达性

故障率高、维护空间需求大的部件尽量安排在容易接近的部位；设备各部分的拆装要简便；设备的检查点、测试点、润滑点等应布局在便于接近的位置上；尽量做到检查或维护任意一部件时不拆或少拆其他部件。

(3) 标准化、模块化

优先选用标准件；故障率高、容易损坏的零部件应具有良好的互换性和通用性；设备应按功能设计成若干能完全互换的模块，便于单独迅速准确地进行测试检测和诊断。

(4) 防差错措施

从结构上采取措施消除发生差错的可能性。

(5) 维护安全性

设计时考虑防止维护人员受到机械损伤及高温、有毒、放射性物质的侵害。

### 8.2.3　可维护性结构设计流程

在进行风力机可维护性结构设计时，首先在设计要求的规范下，进行可维护性结构设计规划。对于五大部件的可维护性结构设计规划，就是保证风力机在生命周期内部件发生故障时可以在不吊装整机机舱的前提下能把每个部件单独拆卸下来进行维修；从而根据风场运营商的反馈信息和维护部门的意见确定设计方案；参照维护性结构设计准则，进行风力机部件可维护结构的最佳可达性设计和详细设计，完成对产品维护性结构的定性和定量分析，以确保达到产品的可维护性要求；根据需要进行维护性验证与评价，以确定最合适的设计方案。整个设计流程应充分考虑风场营运商的需求和意见，同时保证风力机结构设计和可维护性设计工作协调地进行。风力机可维护性结构设计流程如图 8-3 所示。

### 8.2.4　结构设计

根据风力机可维护性结构设计要求和设计准则，针对单轴承或双轴承支撑、主轴与增速箱胀紧套连接的风力发电机组，为了方便维护时主轴、主轴承、增速箱、发电机和主控柜能单独拆卸和装配，可将风力机结构设计如下。

可维护性结构设计主体部分安装于前机舱底架上，以前机舱底架为承力部件，选取液压驱动方式为动力源。可维修性设计主体结构主要由两部分组

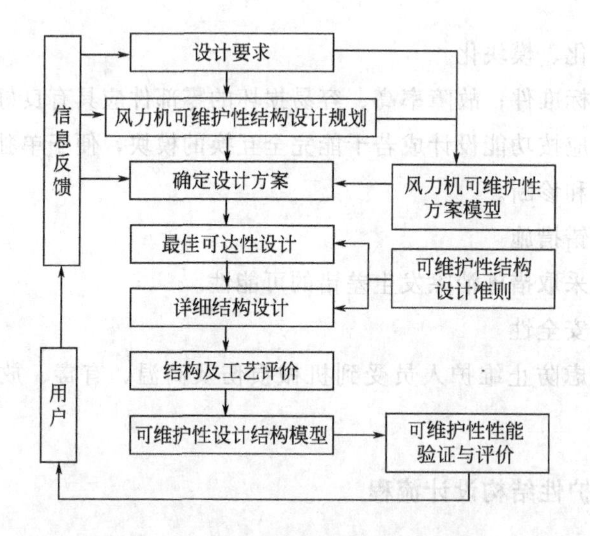


图 8-3 风力机可维护性结构设计流程

成：增速箱拆装部分和主轴拆装部分。

针对主轴系统单轴承支撑的风电机组，增速箱拆装部分定位于前机舱底架上，与增速箱配合连接部分主要用于增速箱的拆卸安装，采用双液压缸同时驱动，液压缸固定在主轴支撑装置上面。机舱底架前方为液压千斤顶和安装支座组成，主要用于方便主轴和主轴承的拆卸。

针对主轴系统双轴承支撑的风电机组，增速箱拆装装置的液压缸直接定位于加强后的后轴承支座上，采用双液压缸同时驱动，将作用力通过后轴承支座直接传递到前机舱底架之上。

齿轮箱支撑部分与机舱底架之间有滑轨，方便齿轮箱的水平移动。

此设计结构简单，结构布局合理，可达性良好，满足五部件独立拆装的功能；采用液压驱动动力大，具有良好缓冲性；采用两液压缸同时驱动同步性能好，运动平稳；主轴支撑装置与主轴之间粘贴有聚氨酯垫块，使主轴与支撑装置之间柔性配合，保证主轴表面不受磨损，并且更换不同厚度的聚氨酯垫块可以实现主轴表面与支撑装置内表面的完全贴合。选用液压千斤顶作为主轴顶出装置，空间可达性良好，通用性和互换性较好。此结构直接选用前机舱底架上的部分安装孔进行定位，对主体结构不需改动。缺点是此结构要购置液压站，成本较高。

## 8.3　大部件维护专用吊装设备

齿轮箱、发电机、叶片是风力机发生故障最频繁、导致长期停机、发电量损失最严重的部件，海上风力机的常规维护方法施工成本极高，因此必须针对海上工况的特殊性，开发低成本的维护用吊装设备。

设计低成本海上风力机维护用吊装设备时，首先要坚持的一条原则是，所设计的设备可以在不用吊下整个机舱的情况下可以将损坏的部件拆卸下来。其具体的吊装设备设计要根据风电机组的机舱罩结构、内部各部件连接方式等情况进行，不同机舱罩结构或不同的各部件连接方式需要区别对待。

关于维修用工装设计，主要介绍叶片和齿轮箱的更换吊装。

(1) 叶片更换吊装

其结构和使用方法如图 8-4 所示。

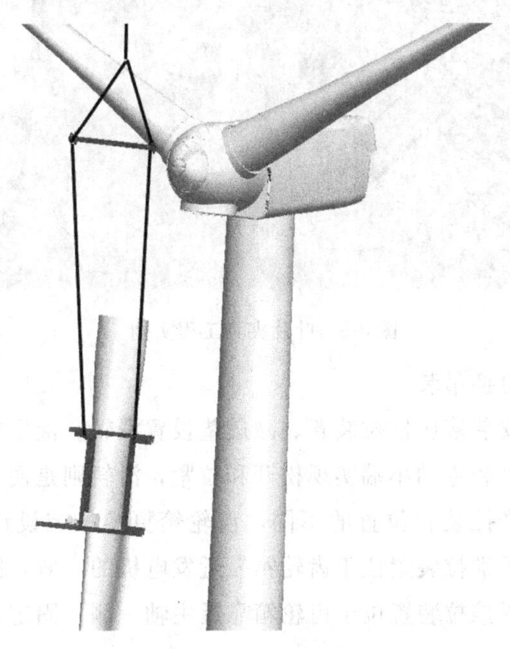

图 8-4　叶片更换吊装

设计此叶片夹具时主要考虑以下因素：

① 设计吊重；

② 液压站功率；

③ 夹紧油缸控制方式，一般用遥控。其具体参数要根据风电机组叶片而定。在进行轮毂、主轴拆装时，都要用此夹具，先将三个叶片依次吊下，再拆装轮毂、主轴。图 8-5 是此叶片夹具应用的一个工程实例。

图 8-5 叶片夹具工程实例

(2) 齿轮箱更换吊装

在齿轮箱上安装液压推拉装置、减震垫设置滑轨。液压推拉装置的功能是使增速箱胀紧套和主轴小端实现松开和拉紧，滑轨则是便于实现齿轮箱的移动。根据液压推拉装置位置的不同，齿轮箱更换吊装设计方案可分为两种：第一种是液压推拉装置位于齿轮箱靠近发电机的一侧，固定在机舱底架上；第二种是液压推拉装置位于齿轮箱靠近主轴一侧，固定在前机舱底架主轴罩安装凸台上。

## 8.4　大部件维修工艺流程

结构不同的风电机组，其大部件维修工艺流程也不一样。以 7.2 节中的结构设计为例，其维修流程如下。

（1）主轴拆装

当风力机主轴部件发生故障需要吊下维修时，应先吊下风轮装置，然后打开上机舱罩，拆除主轴爬梯和下机舱罩前面部位的挡板；吊上左、右主轴顶出装置，安装于主轴爬梯定位孔上。

用专用吊车和两条吊带将主轴部件吊起，调整吊带位置和角度，并给以少许的胀紧，先松开胀紧套上面的螺栓，然后松开轴承座与机舱底架定位孔连接的螺栓；然后同时启动主轴顶出装置的左右千斤顶，配合专用吊车向前拉动主轴，使主轴小端完全从增速箱胀紧套中脱离开来，然后利用专用吊车将主轴部件连同主轴承部件吊下进行维修，然后再卸下主轴顶出装置。吊装示意图和顶出装置受力点如图 8-6 所示。

(a)

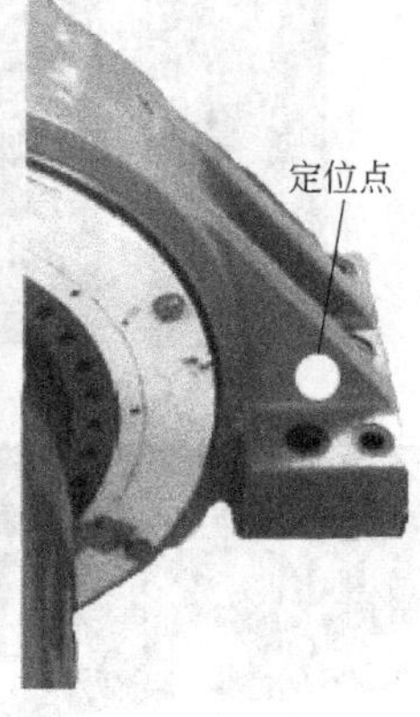


(b)

图 8-6　主轴吊装与顶出点位点

主轴拆装示意如图 8-7 所示，其中图 8-7 由（a）、（b）、（c）、（d）、（e）、（f）、（g）、（h）、（i）、（j）、（k）、（l）共 12 个小图组成，拆卸顺序按（a）、（b）、（c）、（d）、（e）、（f）、（g）、（h）、（i）、（j）、（k）、（l）依次进行。

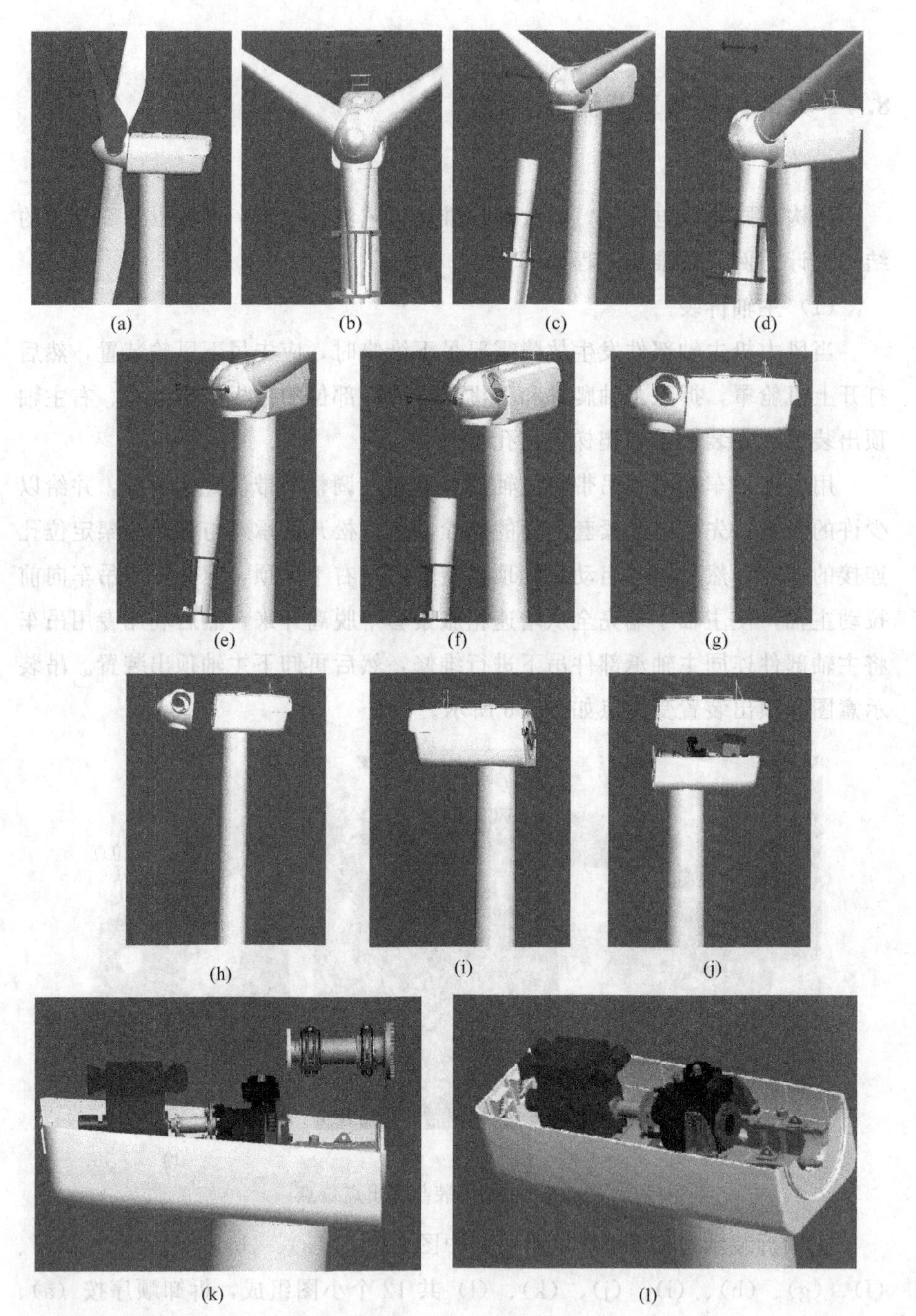

图 8-7 主轴拆装

安装主轴部件时，利用专用吊车和吊带将主轴部件吊起，通过手动葫芦将主轴角度调整到同胀紧套一致，装配前，先完全松开胀紧套上面的螺栓，然后将主轴小端插入增速箱锁紧套中，用专用吊车使主轴在胀紧套内移动，如果吊车拉不动，允许用主轴拉紧工装从主轴的中孔中穿过，穿出增速箱主轴，两边用螺母固定住，在增速器一端用扳手拧拉杆，带动主轴向增速箱胀紧套中前进；在拉紧过程中，行车应对主轴保持一定的预紧力。然后拧紧胀紧套和轴承座上螺栓，安装前机舱罩前面的挡板和主轴爬梯，吊装风轮总成，合上机舱罩。

(2) 主轴承拆装

当主轴承部件发生故障需要吊下维修时，同上面主轴拆装所述方法先吊下主轴部件。然后将主轴及主轴承部件放置于主轴部件工装上，利用相关工装从主轴部件上将主轴承拆卸下来进行更换和维修，见图 8-8。

图 8-8　主轴承拆装

安装主轴承部件时，根据主轴承装配工艺先将主轴承部件装于主轴部件上，再用同上面主轴拆装所述方法安装主轴部件。

(3) 增速箱拆装

当增速箱发生故障需要吊下维修时，为了不吊下风轮系统和机舱系统，应使增速箱和主轴系统能独立开来，对于单轴承支撑系统特设计了主轴支撑装置，以便于在增速箱与主轴分离时主轴不发生倾覆，对于双轴承支撑系统则不需要此主轴支撑系统。

为了能使增速箱胀紧套和主轴小端实现松开和拉紧的功能，设计了与增速箱外壳凸缘相配合的液压推拉装置，主轴支撑装置和增速箱推拉装置连成一体，固定在前机舱底架主轴罩安装凸台上，与增速箱外壳凸缘配合的卡紧结构由组合钢板和高强度螺栓连接组成，在拆卸增速箱时使此配合板不安装，而在安装增速箱时配合使用实现增速箱与主轴的相对定位。

首先应先打开机舱上罩，拆下联轴器组件和增速箱尾部滑环，利用专门吊车将主轴支撑装置吊上风力机并安装于前机舱底架定位孔上，启动液压系统，调整液压缸使增速箱推拉装置与增速箱外壳凸缘完全贴合，用吊车和钢丝绳吊起增速箱，给其施加一定拉紧力，松开增速箱与机舱底架连接的螺栓，再完全松开增速箱胀紧套螺栓，利用液体压力和吊车拉力使其往后部移动。使增速箱与主轴完全分离开来。然后利用吊车缓慢将增速箱从机舱中吊下进行更换和维修。

齿轮箱拆卸示意图如图 8-9 所示，其中图 8-9 由（a）、（b）、（c）、（d）、（e）共 5 个小图组成，拆卸顺序按（a）、（b）、（c）、（d）、（e）依次进行。

维修完毕需要重新安装增速箱，此时用吊车和钢丝绳缓慢吊起增速箱放入机舱中，利用吊车拉力使增速箱胀紧套往主轴小端方向移动，当贴近增速箱推拉装置时，把与增速箱外壳凸缘配合的卡紧结构和组合钢板由高强度螺栓连接上，然后启动液压系统把胀紧套固定在主轴小端的相对位置，然后拧紧胀紧套上的螺栓，再拧紧增速箱上的螺栓并松开吊车和吊绳，其吊装示意图和推拉受力点如图 8-10 所示。

增速箱安装完毕后用吊车吊下主轴支撑装置和增速箱推拉装置，安装滑环和联轴器，并用激光对中仪将增速箱输出轴和发电机输入轴找正对中，合上机舱罩。

（4）发电机拆装

当发电机发生故障需要吊下维修时，只需要打开上机舱罩，拆下联轴器，然后拆下发电机与后机舱底架之间的连接螺栓，把吊带连接在发电机的吊耳上，用吊车和吊带缓慢将发电机吊下。

发电机吊装示意如图 8-11 所示。

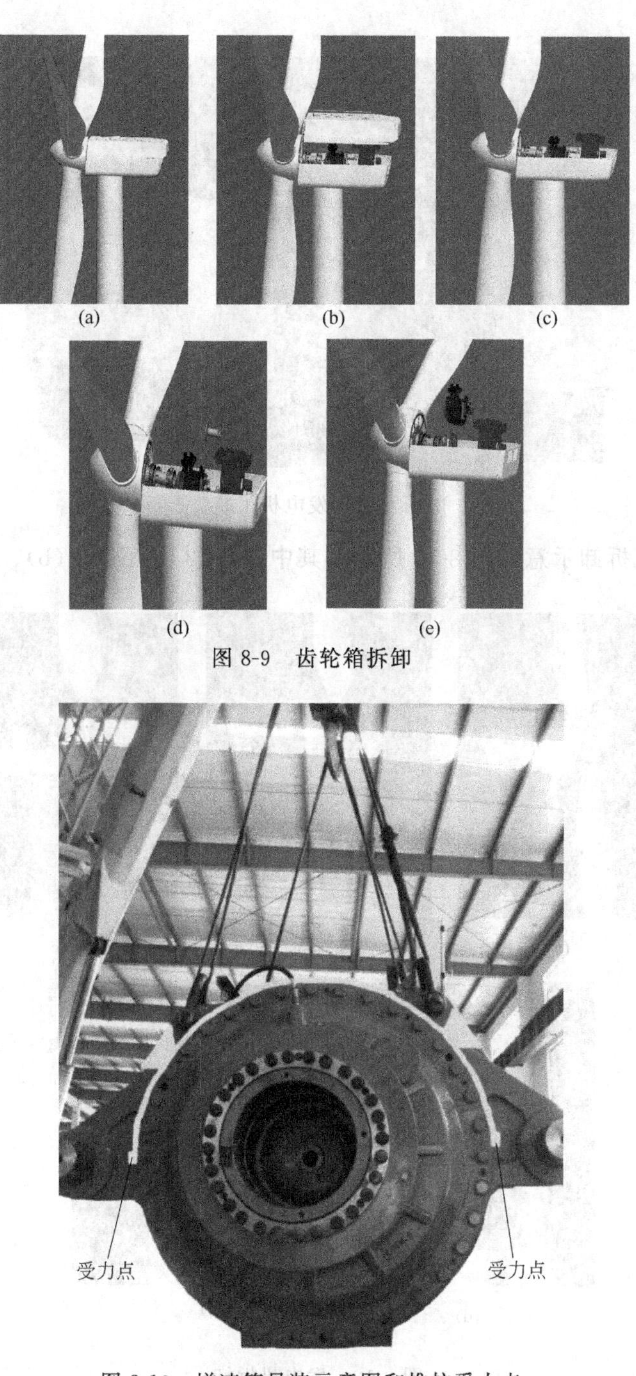


图 8-9　齿轮箱拆卸

图 8-10　增速箱吊装示意图和推拉受力点

图 8-11　发电机吊装

发电机拆卸示意如图 8-12 所示，其中图 8-12 由（a）、（b）、（c）、（d）、

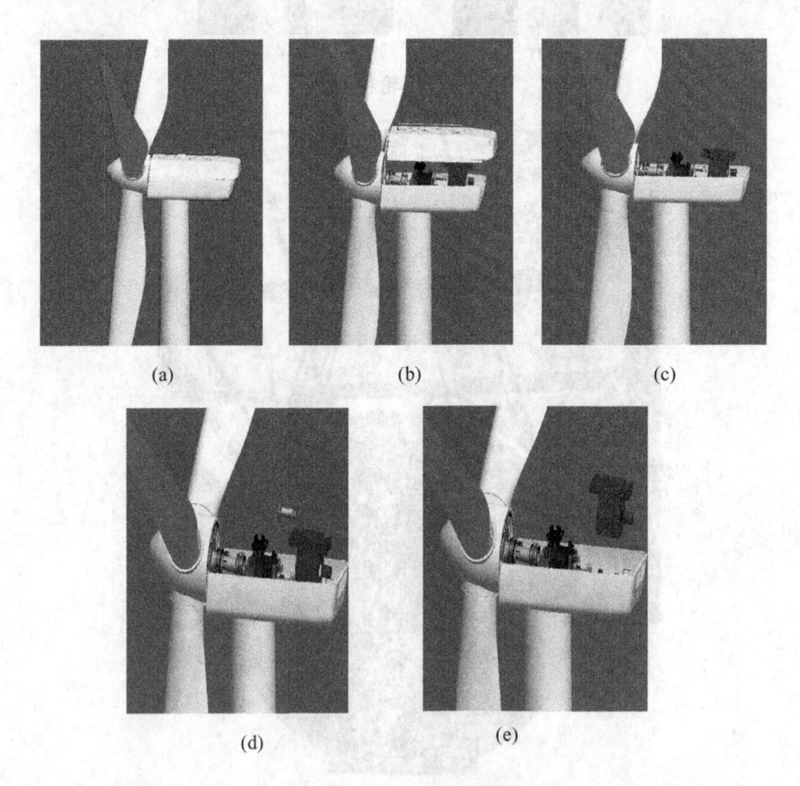

(a) (b) (c) (d) (e)

图 8-12　发电机拆卸

(e) 共 5 个小图组成，拆卸顺序按 (a)、(b)、(c)、(d)、(e) 依次进行。

当发电机维修完毕需要安装时，同样用吊带连接在发电机的四个吊耳上，用吊车和吊带缓慢将发电机提起放入机舱，通过连接螺栓与后机舱底架连接，同时安装联轴器，并用激光对中仪将增速箱输出轴和发电机输入轴对中找正，若不满足对中要求则松开安装螺栓重新调整，安装完毕合上机舱罩。

(5) 主控柜拆装

当主控柜发生故障需要吊下维修时，不需设计专门工装，只需要打开上机舱罩，然后拆下主控柜与后机舱底架支撑板之间的连接螺栓，把吊链连接在主控柜的四个吊环上，用吊车和吊链缓慢将主控柜吊下。

当发电机维修完毕需要安装时，同样用吊链连接在主控柜的四个吊环上，用吊车和吊链缓慢将主控柜提起放入机舱，通过连接螺栓与后机舱底架支撑板连接，安装完毕合上机舱罩。拆卸顺序与增速箱、发电机相似，不再赘述。

# 第9章 海上风力机标准及认证

风电产业风险大，需要规范与仲裁，首先需制定相关标准作为制造风力发电机组的依据；通常“国际认证”交由非官方色彩的第三方认证公司来执行审查、监督、发证及查验的工作，“国家认证”则由指定的官方机构或代理人处理，“厂商认证”属于系统厂商私下对其承包厂商所能提供的元件性能确认。除厂商认证系自行测试外，测试工作通常交由公信力的测试单位执行，各自独立，借由完整的认证流程及方式来实现全面的监督与管束。因此，认证是风力机行业最佳准入制度，建立认证标准，提高行业门槛，将有利于引导风力机制造业的健康发展。

本章主要分析海上风力机标准和海上风力机的认证。

## 9.1 海上风力机各种标准的对比

不同的标准有不同的适用范围，表 9-1 列出了海上风力机相关标准的使用范围。

表 9-1　风电标准在海上风电领域适用范围的比较

| 标　准 | 项目认证 | 载荷 | 支撑结构 | 机械部分 | 安全、电气和 CMS |
|---|---|---|---|---|---|
| IEC 61400-3 | | ✓ | ⊿ | | ⊿ |
| GL 海上风电指南 | ✓ | ✓ | ✓ | ✓ | ✓ |
| 丹麦建议书 | | ✓ | ✓ | | |
| DNV-OS-J101 | | ✓ | ✓ | | |
| IEC WT01 | ✓ | ⊿ | | | |

注：✓表示该标准可以独立处理的项目；⊿表示该标准只能部分处理或涉及其他标准。

### 9.1.1　IEC 61400-3

IEC 61400-3 详细列出了基本的设计要求来确保海上风力机的工程完整性。其目的是提供一个适当的保护等级，来避免风力机在其设计寿命期间可能遇到的所有危险产生的损害。这个标准将作为 IEC 61400 体系下的一个部分，用于处理风力机的安全和测量问题。

IEC 61400-3 应当结合适当的 IEC/ISO 标准联合使用。特别指出的是，这个标准与 IEC 61400-1 中的要求基本一致，但并不是完全照搬。IEC 61400-1 是全球公认的用于（海上）风力机安全的标准之一。

在 IEC 61400-3 中载荷假定的确定被重点提及，其中可以找到关于场址评估和载荷假定的详细资料。但关于材料、结构、机械组成和系统（安全系统、电气系统）等方面的内容没有或者只是简单地提及。对此，IEC 61400-3 给出了如下的说明：当确定一个风力机各部分结构完整性的时候，有关材料的国内或国际设计代码可能被用到。当国内或国际设计代码中的部分安全要素同这个标准中的部分安全要素共同使用时，应该特别的注意，必须保证所得到的安全等级不低于这个标准中预计的安全等级。

总之，IEC 61400-3 定义了载荷假定和一个安全等级，但在决定结构完整性以及机械组成、叶片、安全和电气系统等方面的时候需要涉及国内或者国际设计编码的应用。

### 9.1.2　GL 海上风电指南

德国 GL 在 1995 年就已经出版了第一个关于海上风力机认证的标准。

从那时起 GL 通过海上风场的设计、认证和运行获得了大量的经验。基于这种情况，德国 GL 出版了完全的修订版本，这个修订本可以作为目前的最终版并于 2005 年 2 月发行。

所有 GL 指南的理念都是为整个风力机提供最先进的设计要求，这也就是说新指南涵盖了从认证范围开始到载荷、材料、结构、机械、回转叶片、电气、安全和环境监控系统的整个内容。把所有这些方面和部分都综合在一个标准中只有在 GL 海上风电指南中能够找到。

安全体系遵循陆上风力机已获得的知识经验。也就是说，载荷安全要素与 IEC 61400-1/-3 相一致；材料安全要素与 IEC 61400-1/-3 相似，但更加详细。IEC 确实以概括的方式列出了材料的安全要素，但没有考虑材料本身的不确定性。举例来说，土壤抗污性的材料系数与焊接结构的材料系数相比要更高，因为土壤抗污性只能以相关的高不确定因素来评估。

### 9.1.3 丹麦建议书

用于海上风力机技术认可的丹麦建议书已经在 2001 年出版发行。在丹麦，海上风场被强制执行这个建议书。

该建议书是《丹麦风力机型号批准和认证的技术标准》和 DS472 的一个附件。它包含了海上风力机批准所需技术要求的说明和补充信息。

建议书用来处理海上风力机载荷和基础的问题，此外还可以处理以下的主题：技术安全规程、避雷建议、标记、噪声和环境影响评估。

关于机械、电气和安全系统在海上的特殊要求没有在丹麦建议书中给出。

### 9.1.4 DNV-OS-J101

挪威船级社（DNV）在 2004 年出版了其关于海上风力机结构设计的第一个标准。标准中说明，该标准只涵盖风力机的（支撑）结构，并不是认证过程中所要考虑的整个系统。

### 9.1.5 IEC WT01

国际电工委员会（IEC）的《风力机的一致性测试和认证的 IEC 系统》

包含了风力机认证的标准和程序。这个标准没有涉及海上风力机，而且没有给出任何设计要求。IEC WT01 的目的是阐述认证的基本原则和程序。

尽管最初并没有打算将 WT01 用于海上风场，但其关于项目认证的定义有时会在海上风场中得到应用。这是由于以下情况：一方面，目前并没有其他的标准做出关于海上风力机认证的定义；另一方面，WT01 提供了“便捷的项目认证”，在这里面任何的第三方监督都是可选择的。

比较而言，GL 海上风电指南为项目认证提出了 A-B 等级的概念，这就意味着在一个风场中最少 25%（B 等级）的风力机将被第三监督方监控。

在生产、运输、安装和试运行过程中，没有第三方监督的项目认证无法暴露隐藏其中的问题和缺陷。那样的话项目认证的价值就会仅限于设计文件的评估。

从风力机方面所得到的经验显示，第三方监督是必不可少的。如果在生产过程中没有检测到，安装后才发现故障，其维修工作既费时，费用又高。此外，也会给风力机制造商在风电行业中的名声带来不良影响。

总之，IEC WT01 是一个国际性标准，为型号认证和项目认证的范围定义标准和程序。它最初并没有计划用于海上认证方面，因此，有必要进行修订。GL 海上风电指南借鉴了 WT01 在海上风力机的项目认证和附加监督的优点。在不久的将来，IEC WT01 将进行修改来达到进行海上风场认证的目的。

### 9.1.6　GL 指南和 IEC 标准对风力机载荷的对比

海上风力机的载荷计算在上述提到的标准和指南中都是非常重要的环节。所有标准和指南都是在紧密的合作中逐步发展起来的。从欧洲研究项目，如 RECOFF、OWTES 和 Opti-pile 等得到的结果都被用在了标准的发展过程中，在 IEC 61400-3 草案和 GL 风电指南之间可以找到很多相似之处，因为 GL 参加了 IEC TC88 中 WG3 的制定，同时 WG3 的成员也审定了 GL 风电指南。

尽管如此，在 IEC 61400-3 和 GL 指南之间仍可以找出一些主要的差别：IEC 61400-3 是基于 IEC 61400-1 的第三版，而 GL 风电指南则是遵照 GL 风电指南陆地风力机部分和 IEC61400-1 的第二版修订的，这可以从外部条件（特性与名义紊流强度的对比）的定义以及载荷案例的定义（极端操作载荷的推断或者确定的载荷案例）中找到它们的不同之处。表 9-2 和表 9-3 中是 GL 风电指南和 IEC 61400-3 中关于风情况的比较。必须说明两者都考虑了风力机（风轮和机舱）机械部分的型号认证，同时支撑结构中应该使用根据场址情况的特定设计。

**表 9-2　GL 对海上风力机的分类**

| 风力机种类 | Ⅰ | Ⅱ | Ⅲ | S |
|---|---|---|---|---|
| $V_{ref}$/(m/s) | 50 | 42.5 | 37.5 | 根据不同的区域设计不同的安全系数 |
| $V_{ave}$/(m/s) | 10 | 8.5 | 7.5 | |
| $A$ $I_{15}$(—) | 0.18 | | | |
| $a$ | 2 | | | |
| $B$ $I_{15}$(—) | 0.16 | | | |
| $a$ | 2 | | | |
| $C$ $I_{15}$(—) | 0.145 | | | |
| $a$ | 2 | | | |

**表 9-3　IEC 61400-3 对海上风力机的分类**

| 风力机种类 | Ⅰ | Ⅱ | Ⅲ | S |
|---|---|---|---|---|
| $V_{ref}$/(m/s) | 50 | 42.5 | 37.5 | 根据不同的区域设计不同的安全系数 |
| $A$ $I_{15}$(—) | 0.16 | | | |
| $B$ $I_{15}$(—) | 0.14 | | | |
| $C$ $I_{15}$(—) | 0.12 | | | |

在 GL 风电指南和 IEC 中同时包含了一个专用于海上情况的新的紊流等级 $C$。在紊流强度定义中风速的差异不像表中给出的那么绝对。

确定海上风力机设计环境条件的难点在于综合外部环境来获得设计载荷。来自风、波动和海冰等的外力作用在海上风力机支撑结构上，而在浅水域海水波动载荷是次要的。研究表明，在大多数情况下，风和波动载荷是两个主要的载荷来源。在一些地区，像波罗的海北部，海冰与海风是载荷的主要来源。通常认为，海冰一般不会与波浪同时出现，至少在安装风力机的近海地区。

在 GL 风电指南和 IEC 标准中，极端条件假定为极大风速和极端海浪状况发生在同一个 50 年一遇的风暴中。短期的波动并不相互关联。当然，如果通过现存的测量结果对被讨论的场址有更好的了解，则应该应用真实的条件。

此外，型式认证中并没有任一特定场址的资料，GL指南通过联合使用JONSWAP和TMA滤波器产生波浪波谱，给出一些简单的建立风速-波浪高度关系的方法。这个方法对只考虑海面以上结构的型式认证已经足够了，但是很少用在具体的场址分析中。

在浅海地区安装海上风力机还必须考虑非线形的波动动力学。但是在随机波动领域中没有一个工程方法可以广泛地用于非线性波动力学的计算。为了克服这一缺点，指南推荐，应进行随机风模拟和随机波区域模拟，并同时使用确定性分析。

## 9.2　海上风力机标准与陆上风力机标准的比较

风力机标准众多，本书针对IEC标准来比较海上和陆上风力机在设计上的不同。

### 9.2.1　陆上风力机标准

根据IEC标准，陆上风力发电机组的设计规定载荷工况条件分成几种情况，包括正常载荷工况、极端载荷工况、特殊载荷工况（停机和故障状态）及运输载荷工况。

（1）发电工况（DLC1.1～1.9）

风力发电机处于运行状态，并有电负载。风力发电机组构形应考虑风轮不平衡的影响。在设计计算中应考虑风轮制造所规定的最大质量和气动不平衡限制。此外，在运行载荷分析中，应考虑实际运行同理论上最佳运行工况的偏差，如偏航角度误差、系统跟踪误差。在计算中应假设各种情况的最不利组合，如风向改变与典型偏航角度误差组合（DLCI.8）与电气接头损坏组合（DLCI.5）。设计载荷情况（DLC1.1～1.2）包含由大气湍流引起的载荷要求。DLC1.3和1.6～1.9规定了作为风力发电机组寿命评定的可能临界事件的瞬态情况。在DLC1.4和1.5中，考虑了由于外部故障和电气接头损坏引起的瞬变事件。

（2）发电和产生故障（DLC2.1～2.3）

控制和保护系统的任何故障，或电气系统的内部故障（如发电机短路），对风力发电机组负载有明显影响，应假设它们在发电期间有可能发生。对于DLC2.1，控制系统出现的故障属正常事件。对于DLC2.2，保护系统或内部电气系统出现的故障为罕见事件，如果某一故障没引起立刻停机和随后的负载可导致结构产生明显疲劳损伤，则应在DLC2.3中定义这种工况持续的事件。

（3）启动（DLC3.1～3.3）

这种设计工况包括从任一静止位置或空转状态到发电过渡期间对风力发电机组产生载荷的所有事件。

（4）正常关机（DLC4.1～4.2）

此设计工况包括从发电工况到静止或空转状态的正常过渡期间对风力发电机组产生载荷事件。

（5）应急关机（DLC5.1）

由于应急关机引起的载荷。

（6）停机（静止或空转）（DLC6.1～6.2）

停机后的风力机风轮可能处于静止或空转状态，采用极端风况对其进行设计。如果某些零部件产生明显疲劳损伤（如由于空转叶片重量引起的），还应考虑在每个适当风速下所预期的不发电小时数及电网损坏对停机后的风力机影响。

（7）停机和故障状态（DLC7.1）

当电网或风力发电机故障引起停机后的风力发电机组正常特性变化时，应要求对其进行分析，在停机工况中，如果风力发电机组正常特性变化是由任一非电网损坏故障引起时，应作为工况考核之列。故障状态应当同极端风速模型（EWM）及一年重复周期相组合。

（8）运输、组装、维护和修理（DLC8.1）

制造商应规定风力发电机组运输、组装、维护和修理所假定的所有风况和设计工况。如果它们对风力发电机系统产生显著载荷，则在设计中应考虑最大允许风况。载荷计算应考虑以上设计载荷情况，也应考虑由风力发电机组自身（尾流诱导速度、塔影效应等）引起的空气流场扰动、三维气流对叶片气动特性的影响（如三维失速和叶尖气动损失）、非定常空气气动力学效应、结构动力学和振动模态的耦合、气动弹性效应等。

### 9.2.2　海上风力机标准

与陆上风电机组相同，海上风力发电机组也是正常载荷工况、极端载荷工况、特殊载荷工况及运输载荷工况，所不同之处在于，在陆地风力机载荷工况基础上多加了海上特定的海波工况载荷。

（1）正常载荷工况

如表 9-4 定义如下，N1.0 与陆上风力机具有相同的定义，载荷等于海波载荷与风载荷之和；N1.1、N1.2、N1.3、N1.4、N1.5 为运行工况发生变化时，加上海波载荷突减的情况。N2.0 为正常启动时的风载荷加海波载荷的情况，N2.1 为阵风启动时，海波载荷突减的情况。特别是规定了机组正常运行温度发生变化时的海波载荷突减的工况。

**表 9-4　海上风力机与陆地风力机正常载荷工况对比**

| 海上风力机载荷工况 | 陆地风力机载荷工况 | 海上风力机载荷工况的定义 |
|---|---|---|
| N1.0 | DLC1.1～1.2＋ | 基本发电状态下，以风速为 $V_{ref}$ 和 $V_{out}$ 时，及风速为 $V_{in}$ 和 $V_{out}$ 之间时，在正常的外部条件下在结构上所产生的最高载荷。假设海风的速度等于平均风速 |
| N1.1 | DLC1.1～1.2＋ | 正常运行阵风时突减的海波载荷 |
| N1.2 | DLC1.1～1.2＋ | 风向正常变化时突减的海波载荷 |
| N1.3 | DLC1.1～1.2＋ | 并网失败及/或载荷的损耗下突减的海波载荷 |
| N1.4 | DLC1.1～1.2＋ | 温度变化效应下突减的海波载荷 |
| N1.5 | DLC1.1～1.2＋ | 出现 1 年的极端海波时突减的海波载荷 |
| N2.0 | DLC3.1 | 风速为 $V_{in}$，$V_{ref}$ 和 $V_{O}$ 时，在正常的外部条件下，基本启动过程状态下的载荷。假设海风的速度等于平均风速 |
| N2.1 | DLC3.1＋ | 正常运行阵风的启动时突减的海波载荷 |
| N3.0 | DLC4.1＋ | 风速为 $V_{in}$，$V_{R}$ 和 $V_{O}$ 时，在正常的外部情况之下，基本停机工况状态下的载荷。假设海风的速度等于平均风速 |
| N3.1 | DLC1.1～1.2＋ | 正常运行阵风时突减的海波载荷 |
| N4.0 | DLC1.1～1.2 | 在正常外部条件下，基本可承受的条件时的载荷。假设海风的速度等于平均风速 |
| N4.1 | DLC1.9＋ | 一年一度的阵风的出现时突减的海波载荷 |
| N4.2 | DLC1.8＋ | 风斜入射时突减的海波载荷 |
| N4.3 | DLC1.1～1.2＋ | 温度变化效应下突减的海波载荷 |
| N4.4 | DLC1.1～1.2＋ | 出现 1 年的极端海波时突减的海波载荷 |

（2）极端载荷工况

海上风力发电机在极端的外部条件下运行的载荷工况定义见表 9-5。从表 9-5 中的定义可知，海上风力机极端载荷工况等于所有的极端风况条件再加上极端海波工况。

**表 9-5　海上风力机与陆地风力机极端载荷工况对比**

| 海上风力机载荷工况 | 陆地风力机载荷工况 | 海上风力机载荷工况的定义 |
| --- | --- | --- |
| E1.0 | DLC1.1～1.2 | 基本发电状态下，以风速为 $V_R$ 和 $V_O$ 时及风速为 $V_I$ 和 $V_O$ 之间时，在正常的外部条件下在结构上所产生的最高载荷。假设海风的速度等于平均风速 |
| E1.1 | DLC1.3、1.7～1.9 | 考虑到风向和偏航角极端变化下，极端阵风运行时的载荷 |
| E1.2 | DLC1.3＋、1.7～1.9＋ | 在转子的清扫区域极限风速倾斜下，突减的海波载荷 |
| E1.3 | DLC6.1＋ | 来自于用户的极端影响下，突减的海波载荷 |
| E1.4 | DLC1.1～1.2＋ | 功率输出时的冰载荷下，突减的海波载荷 |
| E1.5 | DLC1.5～1.6 | 额定平均风速极端海浪出现下，突减的海波载荷 |
| E1.6 | | 50 年一遇的海冰载荷 |
| E2.0 | DLC1.6＋ | 承受 50 年一遇的风速时的基本状态的载荷，假定海洋状态在 50 年内是可以还原的 |
| E2.1 | DLC1.6＋1.8＋ | 50 年不遇的阵风及风向的急剧变化，并网失败将导致更多不利条件时的载荷。在横轴下，假设平均风向沿着 OWECS 轴线，即风斜入射时，突减的海波载荷 |
| E2.2 | DLC1.1～1.2＋ | 在 50 年不遇极端海波下，突减的阵风载荷 |
| E2.3 | DLC1.3＋ | 冰负荷及风向的急剧变化下，突变的海波载荷 |
| E2.4 | DLC1.1～1.2＋ | 50 年不遇的海冰载荷 |

（3）特殊载荷工况

海上风力发电机在特殊的外部条件下运行的载荷工况，定义见表 9-6。从表 9-6 中的定义可见，为所有的陆地风力机的特殊工况条件再加上特定的海波工况。

**表 9-6　海上风力机与陆地风力机特殊载荷工况对比**

| 海上风力机载荷工况 | 陆地风力机载荷工况 | 海上风力机载荷工况的定义 |
|---|---|---|
| S1.0 | DLC1.1～1.2＋ | 基本发电状态下以风速为 $V_R$ 和 $V_O$ 时，加上风速为 $V_I$ 和 $V_O$ 之间时，在正常的外部条件下，在结构上所产生的最高载荷。假设海风的速度等于平均风速，海波高度为有效海波高度 |
| S1.1 | DLC5.1 | 紧急停车 |
| S1.2 | DLC6.1 6.2 | 电力系统内部故障 |
| S1.3 | DLC2.2 2.1 | 控制系统的故障 |
| S1.4 | DLC2.3 | 安全系统及制动系统故障 |
| S1.5 | | 地震 |
| S2.0 | DLC1.1～1.9＋，7.1＋ | 基本状态：发生故障的状态及年平均风量，海风风速等于平均风速 |
| S2.1 | DLC1.5＋ | 每年产生的阵风下突减的海波载荷 |
| S2.2 | DLC-ALL | 出现极端海浪时突减的阵风 |

（4）安装载荷工况

海上风力发电机在安装和运输的外部条件下的载荷工况定义见表 9-7，从表 9-7 中的定义可见停机和静止工况条件再加上特定的海波工况或用户的定义。

**表 9-7　海上风力机与陆地风力机安装和运输载荷工况对比**

| 海上风力机载荷工况 | 陆地风力机载荷工况 | 海上风力机载荷工况的定义 |
|---|---|---|
| M1.0 | DLC8.1＋ | 在制造商提供的最大平均风速或者是年风量的状态下安装及维护，如没有具体的风速，则海风速度等于平均风速 |
| M1.1 | DLC6.1～6.2＋ | 正常运行阵风或是年阵风发生时，如果将年风量视为基本状态，应加上经过突减的海波载荷 |
| M1.2 | DLC6.1～6.2＋ | 在塔架检查确定由涡流分离引起的横向振动 |
| M1.3 | DLC6.1～－6.2＋ | 极端海波出现时突减的阵风载荷 |
| M2 | DLC8.1＋ | 运输和安装过程中的载荷 |

## 9.3 海上风力机认证

对于海上风场来说，认证是确保风场安全和可靠性的必不可少的部分。风力机认证已有将近25年的历史。在最初阶段，只有丹麦、德国和荷兰三个国家实施认证，其认证的范围、要求和深度也各不相同。这三个国家目前依然在认证的发展和应用领域处于领先地位。近年来，许多国家和银行逐渐认识到对风力机以及其安装过程进行一个完整的评估和认证的必要性。这其中包括中国、希腊、印度、西班牙、瑞典和美国。

GL海上风电指南适用于海上风力机和海上风场的设计、评估和认证。该海上风电指南可以应用于型号认证和项目认证。

海上风电指南是GL《海上风能转化系统认证标准》1999版的完整修订版本。通过从海上风场的认证、研究项目和专家组的参与、FINO1研究平台的项目管理和运作以及风能委员会的评论中获得的知识，使得指南取得了本质性的改进。

当进行型式认证的时候，将评估海上风力机的整体概念。认证涵盖了海上风力机的全部组成成分，也就是要检查、评估、认证风力机的安全、设计、结构、工艺和质量。当进行项目认证的时候，型式认证过的海上风力机和特殊支撑结构设计应满足海上风电场场址特殊的外部环境、当地的代码以及与场址相关的其他需求等支配要素的要求。在项目认证中，单独的海上风力机/风场在生产、运输、安装和试运行过程中将被监控，在固定周期执行定期监控。

### 9.3.1 型式认证

#### 9.3.1.1 范围和有效性

① 要取得型式认证证书，必须完成图9-1列出的步骤。型式认证证书仅适用于风力机的一种型号，不适用于实际安装设施或项目。

② 型式认证的有效期为两年。有效期内，所有安装的此型号风力机每年都必须向GL报告。如果A类设计评估或质量管理体系的认证证书不再

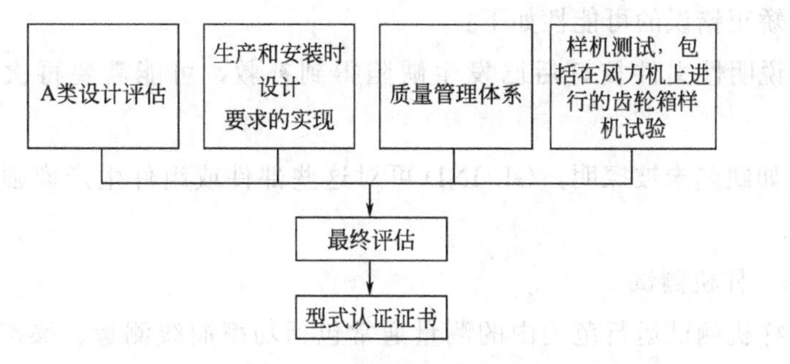


图 9-1　型式认证步骤

有效，型式认证证书在有效期满两年前失效。

③ 认证有效期满后，可以根据制造厂商的要求重新认证。

9.3.1.2　质量管理体系

在质量管理体系（QM）范围内，制造厂商应当证明其在设计和制造方面能够满足 ISO 9001 要求，一般通过授权认证机构的质量管理体系认证就可实现。

9.3.1.3　制造和安装过程中设计相关要求的实现

① 目标　保证在制造和安装过程中能够遵守并实现零部件相关的技术文件中列出的要求。风力机及其零部件生产商只向 GLWIND 展示一次即可。此方法通常是为了在正常生产中替代外部监控。

② 生产和安装过程中的监测取决于质量管理方案的标准，应当经过 GLWIND 同意。

③ 对应部件或组件的质量管理方案的说明应当写成一份概括性的文件。质量管理的审验可以通过图纸、技术规范和试样文件的方法进行。

④ 推荐在设计评估范围内即提交质量管理方案的说明。

⑤ 在生产开始时，GLWIND 会在亲身验证的范围内对已有文件记录的“实现”进行一次审验。一致性检验是在部件制造商工作中就可完成还是在设备制造商的来料检验中完成，应当根据每个具体情况确定。

⑥ 影响生产质量或部件属性的程序变化应当向 GLWIND 报告。假如是重大变动，应提交一份说明文件，并重新进行审验。

⑦ 如果获得由生产缺陷造成的风力机运行偏差或故障方面的相关信息，GLWIND 保留在出具型式认证证书后对生产监测进行监督的权力。

⑧ 矫正错误的可能性如下：

a. 说明性文件校订后已发生缺陷得到补救，可能需要再次进行亲自检验；

b. 如缺陷未被探明，GL IND 可对这些部件或组件生产商强制执行外部监测。

9.3.1.4 样机测试

① 样机测试运行范围内的测量通常包括功率曲线测量、噪声测量、电气属性测量、风力机特性测试、载荷测量。

② 与本测量范围产生偏差，只有得到 GL WIND 同意后才可行。

③ 测量点、计划测量范围以及对测量的评估应在安装开始前与 GL WIND 进行协调。如果测量结果用于强度分析，应在测量开始前与 GL 协调确定其他要求。

④ 测量完成后，应开展以下工作：

a. 对测量进行评定及归档；

b. 测量结果真实性核对；

c. 将测量结果与设计文件中的设定相比对。

⑤ 各种测量和比较的测量报告应提交 GL WIND 评定。

### 9.3.2 项目认证

为使在指定的海上风场中的风力机获得项目认证，以下步骤是必需的：

① 所使用的海上风力机的型号认证；

② 场址评估；

③ 场址特殊设计评估；

④ 制造监督；

⑤ 运输和安装监督；

⑥ 试运行监督；

⑦ 定期的检查（定期监控）以维持认证的有效性。

GL 项目认证组成部分见图 9-2。

9.3.2.1 场址评估

场址评估包括环境相关因素对海上风力机影响的检查以及海上风场配置

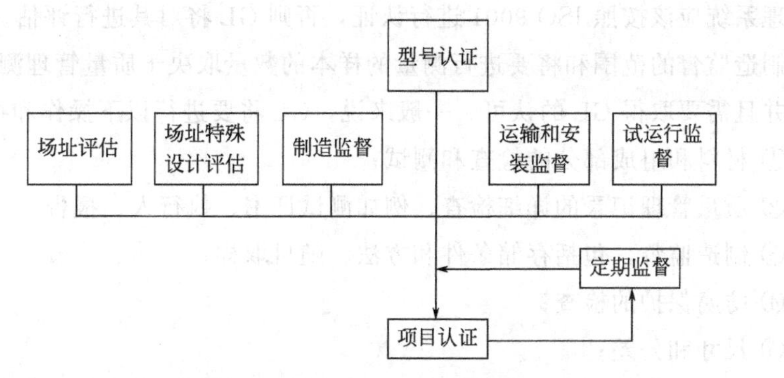


图 9-2　GL 项目认证组成部分

间的相互影响。对于场址评估，以下影响的作用需要考虑：

① 风况；

② 海况（海深、海浪、潮汐、风和海浪、海冰、急流及海洋生物之间的关系等）；

③ 土壤情况；

④ 场址及风场配置；

⑤ 其他环境条件，例如空气中盐含量、温度、冰和雪、湿度、雷击、太阳辐射等；

⑥ 电网条件。

这些场址条件将通过以下方面进行评估：测量报告的合理性、质量和完整性以及外部环境报告的勘测机构的资质。

9.3.2.2　场址特殊设计评估

基于场址的外部环境，场址特殊设计评估将细分到以下评估步骤进行：

① 场址特殊载荷假定；

② 场址特殊载荷与型号认证中载荷的比较；

③ 场址特殊支撑结构（塔架、水下结构和基础）；

④ 与型号认证相关的机械部分和叶轮部分的修改；

⑤ 机械部分和叶轮的应力残余计算，如果载荷比较显示载荷比型号认证过的机械部分的高。

9.3.2.3　制造监督

在制造监督开始之前，制造商应当满足一定的质量管理要求。通常，质量管理系统应该按照 ISO 9001 进行认证，否则 GL 将对其进行评估。

制造监督的范围和将要进行测量的样本的数量取决于质量管理测量的标准，并且需要取得 GL 的认可。一般来说，GL 将要进行以下操作和批准：

① 材料和组成部分的检查和测试；

② 质量管理记录的详细检查、例如测试证书、执行人、报告；

③ 制造监督，包括存储条件和方法、随机取样；

④ 防腐保护的检查；

⑤ 尺寸和公差；

⑥ 大体外观；

⑦ 损伤。

9.3.2.4　运输和安装监督

工作开始之前，应当提交运输和安装手册。如果需要，场址特殊环境应当考虑在其中。这些手册将在与评定设计的兼容性以及与场址主要的安装条件（气候、工作安排等）的兼容性等方面进行核对。

GL 监督活动的范围和将要测量的样本的数量取决于从事运输和安装的公司的质量管理标准。通常 GL 会执行以下活动：

① 运输和安装程序的认可；

② 存在疑问的海上风力机的所有组成部分的鉴定和安置；

③ 运输过程中损坏的部件的校验；

④ 工作进度表的检查（例如焊接、安装、浇注水泥、拧紧螺栓）；

⑤ 检查预定加工部件以及将要安装部件是否满足足够的生产质量，在生产商没有做出相关工作的时候；

⑥ 以随机的原则监督在安装工程中的重要步骤（例如打桩、水泥浇注）；

⑦ 浇注和螺栓连接的检查，非破坏性试验的监督；

⑧ 防腐保护的检查；

⑨ 防急流保护系统的检查；

⑩ 电气安装（走线、设备接地和接地系统）的检查；

⑪ 海底紧固和海上操作的检查。

9.3.2.5　试运行监督

试运行监督将对海上风场中所有的风力机进行监督，并将最终确认海上风力机可以运行并且符合所有将要应用的标准和要求。

在试运行之前，必须提交开机手册和测试计划用以评估。试运行之前，生产商应当提供证据来证明海上风力机已经被恰当地安装并且已经尽可能多地进行了测试以确保操作是安全的。如果没有这些证据，在海上风力机投入运行的时候应当进行适当的测试。试运行应当在 GL 的监督下执行。

这个监督包括在实际试运行过程中由检察员对大约 10%海上风力机的观察。其他风力机会在试运行后接受检查，相关的记录也会被仔细检查。在试运行过程中，海上风力机自身的运行和安全功能模式的所有功能都将被测试。这个过程包括以下测试和操作：

① 紧急按钮的机能；

② 运行中各种可能的操作条件下刹车的启动；

③ 偏航系统的机能；

④ 载荷遗失下的状态；

⑤ 超速下的状态自动操作的机能；

⑥ 整个海上风力机的可视检查；

⑦ 控制系统指示器的逻辑性检查。

除了测试，下面的项目也应在试运行监督中检查：

① 大体的外观；

② 防腐蚀保护；

③ 损伤；

④ 主要部件与通过认证的设计、可溯性和编号的一致性。

9.3.2.6　定期监控

为了维持证书的有效性，海上风场的维护应该按照经核准的维护手册的要求执行，并且海上风力机的状况应当由 GL 定期监控，维护应当由授权人执行并记录备案。定期监控的时间间隔将在检查计划中说明并要得到 GL 的同意，时间间隔可能会因海上风力机状况而各不相同。

大的损坏和维修应当向 GL 报告。为了维持证书的有效性，任何的变动都应该得到 GL 的批准。变动工作被监控的范围应与 GL 达成一致。

GL 将仔细阅读维护记录。GL 的定期监控的内容如下：

① 地基和防冲击保护（如果适当，只需详细阅读相关的检查记录）；

② 基础；

③ 塔架；

④ 机舱罩；

⑤ 动力传动的所有部件；

⑥ 转子叶片；

⑦ 液压/气压系统；

⑧ 安全控制系统；

⑨ 电气安装。

9.3.2.7 项目认证的 A 和 B 等级

项目认证书将在以上所描述的各步骤都成功完成之后颁发。关于制造、运输、安装、试运行的监督和定期监控，项目认证证书可以分为两个等级。

(1) A 级项目认证证书

对 100%的海上风力机进行监督工作，也就是说海上风场中的所有风力机都将被监控。监督内容覆盖支撑结构以及机械、叶片和电气系统中的重要部分。

(2) B 级项目认证证书

将以随机取样的方式对海上风场 25%的风力机进行监督，也就是说至少 1/4 的风力机将被监控。监督将包括支撑结构以及机械、叶片和电气系统的重要部分。一旦监督中发现较大错误，与认证设计的背离或者在质量管理中的背离，监控的风力机的数量将会加倍。

A 类和 B 类设计评估流程见图 9-3。

9.3.2.8 重新认证

① 在型式认证证书有效期满后，应制造商要求可进行重新认证。完成此程序后，GL WIND 会出具一份型式认证证书，附带一份重新认证的证明，有效期为两年。

② 重新认证应当提交以下文件供 GL WIND 进行评估：

a. 有效图纸的清单；

b. 设计评估中部件设计修改的清单及（如可行）修改的评估文件；

c. 最晚审计之后质量管理体系的变更清单；

d. 此型号所有已安装风力机的清单（至少说明此型号衍生机型的详细

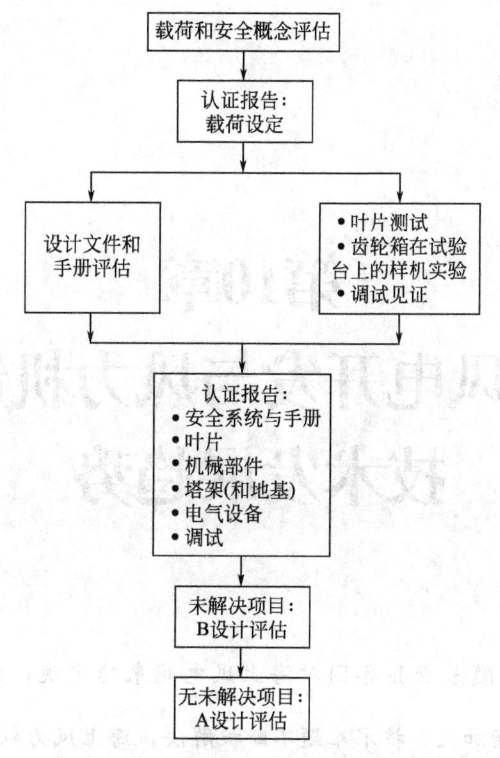


图 9-3　A 类和 B 类设计评估流程

名称、序列号、轮毂高度、安装位置)；

e. 已安装风力机的所有损伤列表。

③ 如果结构做了变动，GL WIND 则要对其进行审查，并出具一份修改过的 A 类设计评估符合性声明。

# 第10章 海上风电开发与风力机制造技术发展趋势

近些年，随着世界各国对海上风电越来越重视，优惠政策不断出台，资金投入不断加大，技术难题不断被解决，海上风力机也从无到有、从少到多一步步地发展起来。与陆上风电相比，海上风电有其劣势，但随着技术难题的解决，海上风电具有更多的是其优势。可以预测到的是，在未来几年，不管是海上风电场建设与风电开发利用，还是海上风力机制造技术，都会出现比较大的发展。

## 10.1 海上风电场建设与风电开发利用的发展趋势

(1) 风电场规模越来越大

从世界范围来看，欧洲海上风能自然条件优越，再加上欧洲的强制性可再生能源目标，即到 2020 年实现 34%的可再生电力，欧盟各成员国已纷纷把目光投向海上风能，希望通过海上风电技术能帮助实现他们的政策目标及可再生能源比例。丹麦建设欧洲第一个海上风力发电场，英国借助于政府政策，海上风电得到了飞速发展，德国也不甘示弱，纷纷出台一系列海上风能新政策，预计德国海上风力机的装机容量在欧洲的占有率从 2008 年的 1% 提高到 2015 年的 30%，将成为欧洲海上风电行业的一匹黑马。根据目前欧洲各国的海上风电场规划，欧洲风能协会报告称，在欧盟的 15 个成员国和其他欧洲国家，有超过 1000 亿瓦的海上风力发电项目正在规划中。该产业的投资将从 2011 年的 33 亿欧元增加到 2030 年的 165 亿欧元，海上风电总装机容量将在 20 年内，从目前的 15 亿瓦跃升至 1500 亿瓦，到 2030 年，海上/离岸风力发电可满足欧盟 13%～17%的电力需求。

美国风能联合会（USOWC）2009 年 11 月 14 日发布的预测显示，美国利用海上风能资源的发电潜力为 900GW，足够满足美国目前的电力需求。如果加以充分利用，将会对全球新能源发展带来巨大的推动，并且美国的海上风电发展也已被政府提上日程。

我国海上风电也有非常广阔的开发应用前景，我国首座海上风力发电场——东海大桥 10 万千瓦风电场首批 3 台机组从 2009 年 9 月 4 日起正式并网发电，这标志着我国海上风力发电产业也稳稳走出了第一步。从现在各能源巨头对海上风电的巨大投入来看，未来几年，我国海上风电将会迎来一个飞速发展期。

(2) 风力机制造呈集中化

未来风电设备行业将面临优胜劣汰的过程。未来陆上风电设备的竞争将逐步向 2MW、3MW 以上的大容量机组发展，只有具备自主知识产权的风电机组生产企业才能掌握市场竞争的主动权。随着产品价格、大容量机型、零部件配套等方面的竞争不断加剧，未来的市场份额将逐步向少数大型装备企业集中。行业集中的趋势已经显现，并且越来越清晰。国内，2008 年金风科技、华锐风电、东汽三大制造商在当年新增风电装机中的比例分别为 18.12%、22.45%、16.86%，总计达到 57.43%，而 2009 年上半年这一比例已经达到 61.89%；国外，Vestas、GE、Suzlon、Gamesa 等巨头则占据着大半的市场份额。虽然现在批量生产海上风力机的厂家没有陆上风力机那么多，但在未来几年，海上风力机也必将同陆上风力机一样，经历一个由小到大、由分散到集中的过程。很多企业会在竞争中失掉市场，海上风力机的生产制造将集中在少数巨头厂家。

(3) 成本降低

世界风力发电场的发电成本自20世纪80年代以来下降了将近90%，现在很多地方，陆上风电成本甚至已经能与传统能源竞争。目前，海上风力机的建设成本大概为陆上同功率风力机的1.6倍。海上风力机成本比较高的原因主要在于：

① 海上风力机工作环境恶劣，可靠性要求高，技术难度大，制造成本高；

② 由于设备重，需要一个坚固的地基，而在较软的海床上建造坚固的地基势必大大增加成本；

③ 由于设备重，设备部件的安装成本也很高，需要附带超重起重机的专用船只进行海上安装工作；

④ 设备故障率高，且在海上进行风力机的维护相当困难，维护成本非常高。

但随着技术的进步、海上风力机的运行可靠性的提高、风电项目融资成本的下降、涡轮机和零部件的制造规模化，海上风电的成本将越来越低。

欧洲未来风力发电增长的很大部分将来源于海上，美国能源部也制定了风力资源深海发展战略，将海上油、气开发技术经验与近岸浅水（0～30m）风能开发技术相结合，开展深海（50～200m）风能开发研究，包括低成本的锚定技术、平台优化、平台动力学研究、悬浮风力机标准等。

(4) 向深海发展

欧洲国家如丹麦、荷兰、德国及英国等浅海域较多，特别是北海、波罗的海拥有丰富的浅海域风资源。欧洲海上风电场的建设也集中在浅海域（水深小于30m）。美国的浅海域风资源则相对匮乏，浅海从东岸延伸数公里，而沿西岸海底迅速降低。美国海上风能总产量估算为907GW。其中，浅海域风能为98GW，余下的810GW均取自深海域（水深大于30m）的风资源。因此，浅海域风电场的建设已经远远不能满足风能发展的要求，风电场有向深海域发展的趋势与必要。海上风电场将经历从深度30～50m的浅海域过渡到50～200m的深海域。

深海海域的风力比近海更强劲，也更加稳定，并且可以减少风电场对沿海生物产生的不良影响。挪威的Hywind风电机组标志着人类对深海风电的开发迈出了第一步。未来，随着漂浮式基础技术的逐渐成熟，深海风电必定会在海上风电中占据重要的一席之地。

(5) 运营管理日趋完善

对已建成海上风电场要加强运行、维护和管理，可以提高风电场的整体运行效率，增加发电量和投资收益。目前一些海上风电场存在风电机组停运、利用小时数下降和出力降低等情况，有些是前期测试工作不扎实造成的，有些则是设备质量问题，还有不少是风电场运行、维护不及时、不到位造成的。完善运营管理制度，加强对海上风电场的运行管理工作，向管理要效益，这一点已越来越受各电力公司的重视。

(6) 产业服务体系建设日趋完善

为了促进我国风电技术进步和产业发展，为自主化风电设备进入市场提供技术和质量保障，必须加强风电设备检测能力和认证体系建设，包括建立风电机组和零部件的试验测试装置和试验风电场，促进国内风电装备技术水平的不断提高，适应更大规模风电发展的需要；在加快培养专业技术人才方面，要选择相关院校，设立风电专业教育，培养风电专业化人才，在国家科研资金中增加风电专项及相关领域的研究经费，培养可从事风电科学研究和技术研发的高层次人员，提高基础研究和技术开发方面的能力，加快培养风电工程和风电设备制造需要的技术人员和技术工人。

(7) 科学有序发展

我国渤海、东海、黄海、南海等近海海域具有丰富的风能资源，适合建设百万千瓦甚至千万千瓦级的风电基地，但一些地方急功近利，将具有丰富资源的大型风电场分散化、小型化，这样做既不利于电网配套输出，也不利于规模化发展。随着海上风电政策的不断完善，这些错误做法必将得到失败，海上风电将向着科学、有序、规模化、效益最大化的方向发展。

## 10.2　海上风力机制造技术展望

适用于海上风电场的风力发电机组主要有两个发展趋势：一是对原有陆上风电机组的设计、分析进行修正，例如采用较大容量的发电机、增大参数、提高部件冗余度等，尤其是电气系统的改进；二是开发新的风电机组结构形式，但需要理论和工程上的突破。

### 10.2.1 机组功率趋向大型化

同陆上风力机一样，海上风力机自出现以来，就一直在向着大型化的方向发展。目前，从20世纪90年代的500～600kW，到现在主流的2.0～3.5MW之间，再到ENERCON公司的6.0MW，无不昭示着海上风力机不断趋于大型化的趋势，如今10.0MW海上风力机的研究也已经被很多公司提上了日程。

### 10.2.2 碳纤维叶片

海上风电机组要求高强度、低实度叶片，随着碳材料的价格下降，采用大批量、高质量的碳纤维叶片可以进一步降低成本。当叶片长度增加时，重量的增加要快于能量的提取，因为重量的增加和风叶长度的立方成正比，而风力机产生的电能和风叶长度的平方成正比。同时随着叶片长度的增加，对增强材料的强度和刚度等性能提出了新的要求，玻璃纤维在大型复合材料叶片制造中逐渐显现出性能方面的不足。为了保证在极端风载下叶尖不碰塔架，叶片必须具有足够的刚度。减轻叶片的重量又要满足强度与刚度要求，有效的办法是采用碳纤维增强。由于现有材料性能不能很好满足大功率风力发电装置的需求，玻璃纤维复合材料性能已经趋于极限。因此，在发展更大功率风力发电装置和更长转子叶片时，采用性能更好的碳纤维复合材料势在必行。

碳纤维叶片有以下优点。

（1）提高叶片刚度，减轻叶片重量

碳纤维的密度比玻璃纤维小约30%，强度大40%，尤其是模量高3～8倍。大型叶片采用碳纤维增强可充分发挥其高弹轻质的优点。一个旋转直径为120m的风力机叶片，由于梁的质量超过叶片总质量的一半，梁结构采用碳纤维和采用全玻纤的相比重量可减轻40%左右；碳纤维复合材料叶片刚度是玻璃纤维复合材料叶片的两倍。据分析，采用碳/玻混杂增强方案，叶片可减重20%～30%。Vestas Wind System公司的V90 3.0MW发电机的叶片长 44m，采用碳纤维代替玻璃纤维的构件，叶片质量与该公司 V80 2.0MW 39m 长的叶片质量相同。同样是 34m 长的叶片，采用玻璃纤维增强聚酯树脂时质量为 5800kg，采用玻璃纤维增强环氧树脂时质量为 5200kg，而采用碳纤维增强环氧树脂时质量只有 3800kg。其他的研究也表明，添加碳纤维所制得的风力机叶片质量比玻璃纤维的轻约 32%，且随着叶片长度的不断增大，成本与全玻璃纤维增强聚酯树脂相比有下降趋势。

（2）提高叶片抗疲劳性能

风力机总是处在条件恶劣的环境中，并且 24h 处于工作状态。这就使材料易于受到损害。相关研究表明，碳纤维合成材料具有出众的抗疲劳特性，当与树脂材料混合时，则成为风力机适应恶劣气候条件的最佳材料之一。

（3）使风力机的输出功率更平滑更均衡，提高风能利用效率

使用碳纤维后，叶片重量的降低和刚度的增加改善了叶片的空气动力学性能，减少对塔和轮轴的负载，从而使风力机的输出功率更平滑和更均衡，提高能量效率。同时，碳纤维叶片更薄，外形设计更有效，叶片更细长，也提高了能量的输出效率。

（4）可制造低风速叶片

碳纤维的应用可以减少负载和增加叶片长度，从而制造适合于低风速地区的大直径风叶，使风能成本下降。

（5）可制造自适应叶片

叶片装在发电机的轮毂上，叶片的角度可调。目前主动型调节风力机（active utility-size wind turbines）的设计风速为 13～15m/s，当风速超速时，则调节风叶斜度来分散超过的风力，防止对风力机的损害。斜度控制系统对逐步改变的风速是有效的，但对狂风的反应太慢了，自适应的各向异性叶片可帮助斜度控用系统（the pitch control system）在突然的、瞬间的和局部的风速改变时保持电流的稳定。自适应叶片充分利用了纤维增强材料的特性，能产生非对称性和各向异性的材料，采用弯曲/扭曲叶片设计，使叶片在强风中旋转时可减少瞬时负载。

（6）利用导电性能避免雷击

利用碳纤维的导电性能，通过特殊的结构设计，可有效地避免雷击对叶片造成的损伤。

(7) 降低风力机叶片的制造和运输成本

由于减少了材料的应用，所以纤维和树脂的应用都减少了，叶片变得轻巧，制造和运输成本都会下降。可缩小工厂的规模和运输设备。

(8) 具有振动阻尼特性

碳纤维的振动阻尼特性可避免叶片自然频率与塔短暂频率间发生任何共振的可能性。

碳纤维的应用除了以上优点以外，还存在着一些问题。

① 碳纤维是一种昂贵纤维材料，在碳纤维应用过程中，价格是主要障碍，性价比影响了它在风力发电上的大范围应用。当叶片超过一定尺寸后，因为材料用量下降，才能比玻纤叶片便宜。目前采用碳纤维和玻璃纤维共混结构是一种比较好的办法，而且还综合了两种材料的性能。

② CFRP 比 GFRP 更具脆性，一般被认为更趋于疲劳，但是研究表明，只要注意生产质量的控制以及材料和结构的几何条件，就可足以保证长期的耐疲劳。

③ 直径较小的碳纤维表面积较大，复合材料成型加工浸润比较困难。由于碳纤维叶片一般采用环氧树脂制造，要通过降低环氧树脂制造的熟度而不降低它的力学性能是比较困难的，这也是一些厂家采用预浸料工艺的原因。此外，碳纤维复合材料的性能受工艺影响（如铺层方向），对工艺要求较高。

④ 碳纤维复合材料透明性差，难以进行内部检查。

鉴于以上碳纤维叶片存在的一些问题，可以通过如下途径来促进碳纤维在风力发电中的应用。

① 叶片尺寸越大，相对成本越低　因此对于 3MW(40m) 以上，尤其是 5MW 以上的产品，目前大规模安装的 2.5～3.5MW 机组采用了轻质、高性能的玻璃纤维叶片，设计可靠，市场竞争力强，下一代 5～10MW 风力机的设计将更多地采用碳纤维。

② 采用特殊的织物混编技术　根据叶片结构要求，把碳纤维铺设在刚度和强度要求最高的方向，达到结构的最优化设计。如 TPI 公司采用碳纤维织物为 800g 三轴向织物（triaxial fabric），由一层 500g 0°T－600 碳纤维夹在两层 150g 成±45°的玻纤织物内。对于原型叶片中，碳纤维成 20°，玻

纤层的三轴向织物为±65°和−25°，这种方向的铺层可充分地控制剪切负载。旋转织物意味着织物边沿和叶片方向成 20°角，逐步地引入旋转耦合部件（the twist-coupling component）。

③ 采用大丝束碳纤维　碳纤维生产成本高，特别是高性能的碳纤维生产成本生高，而叶片生产中，采用大丝束碳纤维可达到降低生产成本的目的。

④ 采用新型成型加工技术，如 VARTM 和 Light-RTM 技术　在目前的生产中，须浸料和真空辅助树脂传递模塑工艺已成为两种最常用替代湿法铺层技术；对于 40m 以上叶片，大多数制造商采用 VARTM 技术。但 VESTAS 和 GAMESA 仍使用预浸料工艺。技术关键是控制树脂黏度、流动性、注入孔设计和减少材料孔隙率。在大型叶片制造中，由于碳纤维的使用，聚酯树脂已被环氧树脂替代；利用天然纤维-热塑性树脂制造的“绿色叶片”近年来也备受重视。为了降低模具成本，减轻模具重量，大型复合材料叶片的制造模具也逐渐由金属模具向着复合材料模具转变，这也意味着复合材料叶片可以做得更长。另外，由于模具与叶片采用了相同的材料，模具材料的热膨胀系数与叶片材料基本相同，制造出的复合材料叶片的精度和尺寸稳定性均优于金属模具制造的叶片产品。

碳纤维在大型叶片中的应用已成为一种不可改变的趋势。目前，全球各大叶片制造商正在从原材料、工艺技术、质量控制等各方面进行深入研究，以求降低成本，使碳纤维能在风力发电上得到更多的应用。

### 10.2.3　高翼尖速度

陆地风力机更多的是以降低噪声来进行优化设计的，而海上则以更大地发挥空气动力效益来优化，高翼尖速度、小的桨叶面积将给风力机的结构和传动系统带来一些设计上的有利变化。

### 10.2.4　高压直流(HVDC)技术和机组无功功率输出可控技术

电网集成和电能管理中，大型海上风电场对电力系统的冲击很大，尤其对海岸处电力系统较薄弱的地区，电网闪变、谐波和间次谐波、静态稳定性、动态电网稳定性等因素都会受到影响。针对海上风电场容量较小、距离较长的特点，采用 HVDC 技术和机组无功功率输出可控技术，已成为海上风力发电的发展趋势。

### 10.2.5 单位扫掠面积的成本曲线降低

若采用相同的设计风格，应用目前的先进技术，优化设计参数，则机组成本与叶轮直径成 3 次方比例。尽管陆上风电机组设计海上化要增加 10% 的成本，但与单位扫掠面积表示的陆上风电机组的成本（每平方米扫掠面积）比较，海上风电机组还是有较低的成本曲线，并且这一成本曲线还将继续降低。

### 10.2.6 智能电网

人们常用“车多路少”来形容我国风电发展面临的窘境。近年来，我国风力发电突飞猛进，但我国电网设计与建设却相对落后，从而导致风力发电项目纷纷上马，却在电能上网时受阻。国家电监会公布的《我国风电发展情况调研报告》显示，目前全国风电场普遍经营困难，还有近 1/3 的风电机组处于闲置状态，有 30%已吊装风电不能上网发电。目前新能源产业项目审批与电网的规划脱节，电网的发展滞后于新能源的发展，新能源发电上网难的问题越来越突出。

风电是我国新能源振兴规划的重点，原来《可再生能源中长期发展规划》对风电到 2020 年的总装机容量定的是 3000 万千瓦，而现在这一目标有可能调整为 1 亿～1.5 亿千瓦，而 3000 万千瓦的目标可能在 2011 年就能实现。

风电若要获得长足发展，智能电网的配套建设已成一大前提，智能电网将成为新能源资源新的发送、调配平台，从而打破风电发展面临的电网制约瓶颈。与传统电网相比，智能电网具有更为强大的兼容性，为可再生能源发电的发展创造了更大的可能。而一旦智能电网建成，国家将通过政策鼓励家庭和企业安装小型高效的可再生能源发电设备，并支持消费者购买或出售绿色电力。也就是说，智能电网可供风能、太阳能、地热能等及时接入电网，介入过程还可以自行控制。

以前，电网企业建设风电电网的积极性不高，主要是因为经济效益差，运行管理复杂，且国家对电网企业进行风电场配套电网建设的政策支持力度也不够。

据了解，中国智能能源网将在十二・五期间提上日程，将纳入新兴产业培育重点，到 2020 年智能电网总投资规模将达到 4 万亿元。

智能电网能够解决新能源并网的接入问题，并保证介入后电网的安全运行和调度。智能电网目前仍处于实验室阶段，根据国家规划，未来两年是试点阶段，制定发展规划，试点关键技术，包括特高压与数字化变电站；2015 年建立智能电网示范区，加快特高压电网和城乡配电网建设；2016～2020 年则是大规模推广阶段。

国家能源局下一步将先解决设备质量控制和电网接入的技术瓶颈问题，将从培育新的产业的高度继续做好工作，统筹解决风电并网问题，进一步培育完善风电产业链，培育具有国际竞争力的风电装备制造产业。

# 附录 风电专业术语汉英对照

安全标志 safety marking

安全带 safety belt

安全阀 safety valve

安全方案 safety concept

安全风速 survival wind speed

安全隔离变压器 safety isolating transformer

安全距离 safety distance

安全开关 safety switch

安全联轴器 security coupling

安全帽 safety helmet

安全色 safety color

安全寿命 safe life

安全系统 safety system

安全性 fail safe

安全阻抗 safety impedance

白体 white body

半导体 semiconductor

半导体器件 semiconductor

半双工传输 half-duplex transmission

饱和特性 saturation characteristic

保护等级 protection level

保护电路 protective circuit

保护电容器 capacitor for voltage protection

保护继电器 protective relay

保护接地 protective earthing

保护系统 protection system

被动偏航 passive yawing

比恩法 method of bins

闭合电路 closed circuit

避雷器 surge attester；lightning arrester

编码 encode

变桨距调速机构 regulating mechanism by adjusting the pitch of blade

变截面叶片 variable chord blade

变流器 converter

变频器 frequency converter

变位齿轮 gears with addendum modification

变压器 transformer

标准大气压 standard air pressure
标准大气状态 standard atmospheric state
标准风速 standardized wind speed
标准误差 standard uncertainty
表面温度 surface temperature
冰雹 hail
并联 parallel connection
波 wave
波特 baud
补修管 repair sleeve
参考风速 reference wind speed
残余电流 residual current
测量参数 measurement parameters
测量功率曲线 measured power curve
测量扇区 measurement sector
测量位置 measurement seat
测量误差 uncertainty in measurement
测量周期 measurement period
层 layer level class
颤振 flutter
常规试验 routine test
持续运行 continuous operation
持续运行的闪变系数 flicker coefficient for continuous operation
齿 tooth
齿槽 tooth space
齿顶圆 tip circle
齿高 tooth depth
齿根圆 root circle
齿厚 tooth thickness
齿距 pitch
齿宽 face width
齿廓修行 profile modification；profile correction
齿轮 gear
齿轮泵 gear pump
齿轮的变位 addendum modification on gears
齿轮副 gear pair
齿轮马达 gear motor
齿轮系 train of gears
齿面 tooth flank
齿啮式连接 dynamic coupling
齿数 number of teeth
充电 to charge
冲击动载荷试验 impulse load tests
抽样试验 sampling test
储存 storage
储存条件 storage condition
触电；电击 electric block
触电电流 shock current
触头 contact
传递比 transfer ratio
传动比 transmission ratio
传动精度 transmission accuracy
传动误差 transmission error
传感器 sensor
串联 series connection
串联电路 series circuit
垂直轴风力发电机 vertical axis wind turbine
从动齿轮 driven gear
粗糙长度 roughness length
大齿轮 wheel；gear
大陆性气候 continental climate
代码 code
待命时间 standby time
单级行星齿轮系 single planetary gear train

单卡头 single clamp
单向传输 simplex transmission
单元控制 unit control
弹性连接 elastic coupling
导电性 conductivity
导体 conductor
等电位连接 equipotential bonding
等电位连接带 bonding bar
等电位连接导体 bonding conductor
等截面叶片 constant chord blade
低压电器 low voltage apparatus
地 earth
地址 address
点腐蚀 spot corrosion
电 electricity
电触头 electrical contact
电磁阀 solenoid
电磁感应 electromagnetic induction
电磁制动系 electromagnetic braking system
电的 electric
电动机 motor
电感 inductance
电感器 inductor
电荷 electric charge
电机 electric machine
电极 electrode
电抗 reactance
电抗电压 reactance voltage
电缆剪 cable cutter
电力电缆 power cable
电力汇集系统 power collection system
电流 electric current
电路 electric circuit
电能转换器 electric energy transducer
电气寿命 electrical endurance
电气元件 electrical device
电容 capacitance
电容器 capacitor
电网连接点 network connection point
电网阻抗相角 network impedance phase angle
电线电缆 electric wire and cable
电压 voltage
电压变化系数 voltage change factor
电压降 voltage drop
电涌保护器 surge suppressor
电阻 resistance
电阻电压 resistance voltage
电阻率 resistivity
电阻器 resistor
吊架 hanger
调节特性 regulating characteristics
调速机构 regulating mechanism
调线线夹 jumper clamp
调整板 adjusting plate
调制解调器 modulator-demodulator
冻雨 freezing rain
独立式塔架 free stand tower
度电成本 cost per kilowatt hour of the electricity generated by WTGS
端电压 terminal voltage
短路 short circuit
短路比 short-circuit ratio
短路电流 short circuit current
短路特性 short-circuit characteristic
短路运行 short-circuit operation
短时切出风速 short-term cut-out wind speed

断开电路 open circuit
断路器 circuit breaker
断相保护 open-phase protection
对地电压 voltage to earth
对数风切变律 logarithmic wind shear law
额定 rating
额定电流 rated current
额定电流 rated current
额定电压 rated voltage
额定风速 rated wind speed
额定工况 rated condition
额定工作电流 rated operational current
额定工作电压 rated operational voltage
额定功率 rated power
额定力矩系数 rated torque coefficient
额定频率 rated frequency
额定无功功率 rated reactive power
额定视在功率 rated apparent power
额定叶尖速度比 rated tip-speed ratio
额定载荷 rated load
额定值 rated value
额定转矩 rated load torque
二次电流 secondary current
二次电压 secondary voltage
发电机 generator
法向齿距 normal pitch
返回信息 return information
防尘 dust-protected
防滴 protected against dropping water
防溅 protected against splashing
防浸水 protected against the effects of immersion
防雷区 lighting protection zone
防雷系统 lighting protection system
防振锤 damper
放大器 amplifier
放电 electrical discharge
放电 to discharge
分接 tapping
分接头位置信息 tap position information
分组方法 method of bins
风场 wind site
风场电器设备 site electrical facilities
风电场 wind power station; wind farm
风功率密度 wind power density
风廓线风切变律 wind profile wind shear law
风力发电机 wind turbine
风力发电机端口 wind turbine terminals
风力发电机停机 parked wind turbine
风力发电机组 wind turbine generator system (WTGS)
风力发电机组输出特性 output characteristic of WTGS
风力发电机最大功率 maximum power of wind turbine
风轮 wind rotor
风轮额定转速 rated turning speed of rotor
风轮空气动力特性 aerodynamic characteristics of rotor
风轮偏侧式调速机构 regulating mechanism of turning wind rotor out of the wind sideward
风轮偏航角 yawing angle of rotor shaft
风轮扫掠面积 rotor swept area
风轮实度 rotor solidity

风轮尾流 rotor wake
风轮仰角 tilt angle of rotor shaft
风轮直径 rotor diameter
风轮转速 rotor speed
风轮最高转速 maximum rotation speed of rotor
风能 wind energy
风能利用系数 rotor power coefficient
风能密度 wind energy density
风切变 wind shear
风切变幂律 power law for wind shear
风切变影响 influence by the wind shear
风切变指数 wind shear exponent
风矢量 wind velocity
风速 wind speed
风速分布 wind speed distribution
风速频率 frequency of wind speed
风特性 wind characteristic
风障 wind break
峰值 peak value
缝焊机 seam welding machine
幅值 amplitude
辐射 radiation
辐射通量 radiant flux
辅助电路 auxiliary circuit
辅助装置 auxiliary device
腐蚀 corrosion
负载 load
负载比 duty ratio
负载特性 load characteristic
复杂地形带 complex terrain
干式变压器 dry-type transformer
感应电机 induction generator
刚度 rigidity
刚性齿轮 rigidity gear
刚性连接 rigid coupling
刚性联轴器 rigid coupling
告警 alarm
隔离 to isolate
工况 operating condition
工作齿面 working flank
工作环境 operational environment
工作接地 working earthing
工作时间 operating time
公共供电点 point of common coupling
功率采集系统 power collection system
功率特性 power performance
功率系数 power coefficient
功率因数 power factor
共用接地系统 common earthing system
共振 resonance
固定连接 integrated coupling
固有频率 natural frequency
故障 fault
故障接地 fault earthing
挂板 clevis
挂钩 hook
挂环 link
关机 shutdown for wind turbine
光电器件 photoelectric device
规定的最初启动转矩 specifies breakaway torque
过电流 over-current
过电流保护 over-current protection
过电流保护装置 over-current protective device

过电压 over-voltage
过电压保护 over-voltage protection
过载度 ratio of over load
过载功率 over power
海拔 altitude
海洋性气候 ocean climate
黑体 black body
后缘 tailing edge
厚度函数 thickness function of airfoil
互联 interconnection
护目镜 protection spectacles
花键式连接 splined coupling
花篮螺栓 turn buckle
滑动制动器 sliding shoes
滑块连接 oldham coupling
化学腐蚀 chemical corrosion
环境 environment
环境条件 environment condition
环境温度 ambient temperature
环形接地体 ring earth external
换接 change-over circuit
换向 commutation
换向片 commutator segment
换向器 commutator
击穿 breakdown
机舱 nacelle
机械寿命 mechanical endurance
机械制动系 mechanical braking system
机组效率 efficiency of WTGS
基础接地体 foundation earth electrode
基准粗糙长度 reference roughness
基准粗糙长度 reference roughness length
基准高度 reference height
基准距离 reference distance
基准误差 basic error
畸变 distortion
极端 extreme
极端风速 extreme wind speed
极端最高 extreme maximum
极限限制状态 ultimate limit state
极限值 limiting value
极限状态 limit state
棘轮扳手 ratchet spanner
集电环 collector ring
集中控制 centralized control
几何弦长 geometric chord of airfoil
计量值 counted measured metered measured metered reading
继电器 relay
加速 accelerating
加速度幅值 acceleration amplitude
加速试验 accelerated test
加载 to load
夹线器 conductor holder
间隔棒 spacer
监视信息 monitored information
减压阀 reducing valve
减震器 vibration isolator
检修接地 inspection earthing
桨距角 pitch angle
降水 precipitation
交流电动机的最初启动电流 breakaway starting current if an a. c.

交流电机 alternating current machine
交流电流 alternating current
交流电压 alternating voltage
接触电压 touch voltage
接触器 contactor
接地电路 earthed circuit
接地电阻 resistance of an earthed conductor
接地基准点 earthing reference points
接地开关 earthing switch
接地体 earth electrode
接地线 earth conductor
接地装置 earth-termination system
接口 interface
接闪器 air-termination system
接线端子 terminal
接续管 splicing sleeve
节点 pitch point
节圆 pitch circle
解缆 untwist
介质试验 dielectric test
金属腐蚀 corrosion of metals
紧急关机 emergency shutdown for wind turbine
紧急停车按钮 emergency stop push-button
紧急制动系 emergency braking system
精度 accuracy
净电功率输出 net electric power output
径向销连接 radial pin coupling
静电功率输出 net electric power output
静电学 electrostatics
静止 standstill
就地控制 local control
距离常数 distance constant
绝对湿度 absolute humidity
绝缘 insulation
绝缘比 insulation ratio
绝缘电阻 insulation resistance
绝缘手套 insulating glove
绝缘套管 insulating bushing
绝缘物 insulant
绝缘靴 insulating boots
绝缘子 insulator
均压环 grading ring
卡线钳 conductor clamp
开关 switch
开关设备 switch gear
开路特性 open-circuit characteristic
开路运行 open-circuit operation
可编程序控制 programmable control
可调钳 adjustable pliers
可靠性 reliability
可靠性测定试验 reliability determination test
可利用率 availability
空气湿度 air humidity
空气制动系 air braking system
空载 no-load
空载电流 non-load current
空载运行 no-load operation
空载最大加速度 maximum bare table acceletation
空转 idling
控制电路 control circuit
控制电器 control apparatus
控制柜 control cabinet
控制器 controller
控制设备 control gear

控制台 control desk
控制系统 control system
控制装置 control device
跨步电压 step voltage
老化试验 aging tests
雷暴 thunderstorm
雷电流 lighting current
累积值 integrated total integrated value
力矩系数 torque coefficient
励磁 excitation
励磁机 exciter
励磁响应 excitation response
联板 yoke plate
联结 connection
联锁装置 interlocker
联轴器 coupling
临界功率 activation power
临界转速 activation rotational speed
临界阻尼 critical damping
笼形 cage
漏电断路器 residual current circuit-breaker
露 dew
露天气候 open-air climate
滤波器 filter
掠射角 grazing angle
掠射角 grazing angle
轮毂（风力发电机）hub（for wind turbine）
轮毂高度 hub height
轮毂高度 hub height
螺纹管 solenoid
脉动电流 pulsating current
脉动电压 pulsating voltage

满载 full load
灭弧装置 arc-control device
命令 command
模拟控制 analogue control
模拟盘 analogue board
模拟信号 analog signal
模数 module
模型 model
母线 busbar
母线间隔垫 bus-bar separetor
母线伸缩节 bus-bar expansion
内部防雷系统 internal lighting protection system
内齿轮副 internal gear pair
内齿圈 ring gear
耐电压 proof voltage
耐腐试验 corrosion resistance tests
耐久性 durability
耐久性试验 endurance test
耐张线夹 strain clamp
逆变器 inverter
年变化 annual variation
年发电量 annual energy production
年平均 annual average
年平均风速 annual average wind speed
年最高 annual maximum
年最高日平均温度 annual extreme daily mean of temperature
啮合 engagement；mesh
啮合干涉 meshing interference
扭转刚度 torsional rigidity
扭转刚度系数 coefficient of torsional
耦合器 electric coupling

排除故障 clearance
配电电器 distributing apparatus
配电盘 switch board
偏航 yawing
偏航驱动 yawing driven
偏航系统 yawing system
频率 frequency
品质因数 quality factor
平均风速 mean wind speed
平均海平面 mean sea level
平均几何弦长 mean geometric of airfoil
平均寿命 mean life
平均噪声 average noise level
平行轴齿轮副 gear pair with parallel axes
屏蔽环 shielding ring
屏幕显示 screen display
启动 start-up
启动力矩 starting torque
启动力矩系数 starting torque coefficient
启动信号 starting signal
气动弦线 aerodynamic chord of airfoil
气候 climate
气流畸变 flow distortion
气流畸变 flow distortion
牵引板 towing plate
前缘 leading edge
前置机 front end processor
潜伏故障 latent fault dormant failure
欠电压 under-voltage
强电控制 strong current control
强度 strength
切出风速 cut-out speed
切换 switching
切换运行 switching operation
切入风速 cut-in speed
球头挂钩 ball-hook
球头挂环 ball-eye
确认 acknowledgement
扰动强度 turbulence intensity
绕线转子 wound rotor
绕组 winding
绕组系数 winding factor
人字齿轮 double-helical gear
日变化 diurnal variation
日平均值 daily mean
熔断器 fuse
冗余技术 redundancy
柔性齿轮 flexible gear
柔性滚动轴承 flexible rolling bearing
软件 software
软件平台 software platform
瑞利分布 RayLeigh distribution
弱电控制 weak current control
三角形联结 delta connection
扫掠面积 swept area
刹车盘 brake disc
刹车油 brake fluid
闪变 flicker
闪变阶跃系数 flicker step factor
闪烙 flashover
上风向 up wind
设备故障信息 equipment failure information
设备线夹 terminal connector
设定压力 setting pressure
设定值 set point value
设计工况 design situation

设计极限 design limits
升力系数 lift coefficient
声的基准风速 acoustic reference wind speed
声级 weighted sound pressure level
声级 weighted sound pressure level; sound level
声压级 sound pressure level
失效 failure
失效-安全 fail-safe
实度损失 solidity losses
实时 real time
使用极限状态 serviceability limit states
使用寿命 service life
使用寿命 useful life
使用条件 service condition
视在声功率级 apparent sound power level
试验场地 test site
试验数据 test data
试验台 test-bed
室内气候 indoor climate
寿命 life
寿命试验 life test
输出 output
输出功率 output power
输出角 output shaft
输出连接 output coupling
输入 input
输入功率 input power
输入角 input shaft
数据电路 data circuit
数据库 data base
数据终端设备 data terminal equipment
数据组 data set
数据组功率特性测试 data set for power performance measurement
数字控制 digital control
衰减 attenuation
双工传输 duplex transmission
双卡头 double clamp
霜凇 rime
水平轴风力发电机 horizontal axis wind turbine
顺桨 feathering
瞬时测值 instantaneous measured
瞬时功率 instantaneous power
瞬时值 instantaneous value
瞬态电流 transient rotor
速度幅值 velocity amplitude
随机振动 random vibration
损耗 loss
锁定 blocking
锁定装置 locking device
T形线夹 T-connector
塔架 tower
塔影响效应 influence by the tower shadow
台架试验 test on bed
太阳常数 solar constant
太阳辐射 solar radiation
太阳光谱 solar spectrum
太阳轮 sun gear
特性 characteristic
特性曲线 characteristic
天空辐射 sky radiation
停机 parking
停机 standstill
停机制动 parking brake

通断 switching
通信电缆 telecommunication cable
同步 synchronism
同步电机 synchronous generator
同步系数 synchronous coefficient
同步转速 synchronous speed
投运试验 commissioning test
透气性 air permeability
湍流尺度参数 turbulence scale parameter
湍流惯性负区 inertial sub-range
湍流强度 turbulence intensity
推或拉力系数 thrust coefficient
U形挂钩 U-bolt
U形挂环 shackle
外部动力源 external power supply
外部防雷系统 external lighting protection system
外部条件 external conditions
外齿轮 external gear
外光检查 visual ins
外联机试验 field test with turbine
外推功率曲线 extrapolated power curve
弯度 degree of curvature
弯度函数 curvature function of airfoil
弯曲刚度 flexural rigidity
万向联轴器 universal coupling
万向套筒扳手 flexible pliers
威布尔分布 Weibull distribution
微机程控 minicomputer program
维护 preventive maintenance
维护试验 maintenance test
维修 maintenance
尾流损失 wake losses
位 bit
位移幅值 displacement amplitude
温度系数 temperature coefficient
温升 temperature rise
温室效应 greenhouse effect
蜗杆 worm
蜗轮 worm wheel
无功电流 reactive current
无功功率 reactive power
雾 fog
系统 system
系统软件 system software
下风向 down wind
现场可靠性试验 field reliability test
现场数据 field data
线卡子 guy clip
线圈 coil
限流电路 limited current circuit
限速开关 limit speed switch
限位开关 limit switch
相对湿度 relative humidity
相位 phase
相序 sequential order of the phase
响应时间 response time
小齿轮 pinion
小齿轮 pinion
效率 efficiency
协议 protocol
斜齿轮 helical gear
斜齿圆柱齿轮 helical gear single-helical gear
谐波 harmonics
泄漏电流 leakage current
泻油 drain

心形环 thimble
信号 signal
信号电路 signal circuit
信息 information
星形联结 star connection
行星齿轮 planet gear
行星齿轮传动机构 planetary gear drive mechanism
行星齿轮系 planetary gear train
行星架 planet carrier
修复时间 repair time
悬垂线夹 suspension clamp
旋转采样风矢量 rotationally sampled wind velocity
旋转电机 electrical rotating machine
旋转接头 rotating union
雪载 snow load
压力表 pressure gauge
压力继电器 pressure switch
压力角 pressure angle
压力控制器 pressure control valve
牙嵌式连接 castellated coupling
严重故障 catastrophic failure
盐雾 salt fog
验收试验 acceptance test
叶根 root of blade
叶尖 tip of blade
叶尖速度 tip speed
叶尖速度比 tip-speed ratio
叶尖损失 tip losses
叶片 blade
叶片安装角 setting angle of blade
叶片长度 length of blade
叶片根梢比 ratio of tip-section chord to root-section chord
叶片几何攻角 angle of attack of blade
叶片扭角 twist of blade
叶片数 number of blades
叶片损失 blade losses
叶片投影面积 projected area of blade
叶片展弦比 aspect ratio
液压泵 hydraulic pump
液压缸 hydraulic cylinder
液压过滤器 hydraulic filter
液压马达 hydraulic motor
液压系统 hydraulic system
液压油 hydraulic fluid
液压制动系 hydraulic braking system
一次电流 primary current
一次电压 primary voltage
一对一控制方式 one-to-one control mode
异步电机 asynchronous generator
异步电机 asynchronous machine
译码 decode
溢流阀 relief valve
翼型 airfoil
翼型厚度 thickness of airfoil
翼型相对厚度 relative thickness of airfoil
翼型族 the family of airfoil
音值 tonality
引下线 down-conductor
应力 stress
迎风机构 orientation mechanism
硬件 hardware
硬件平台 hardware platform

硬母线固定金具 bus-bar support
油封 oil seal
油浸式变压器 oil-immersed type transformer
油冷却器 oil cooler
有功电流 active current
有功功率 active power
有效性 availability
有载调压变压器 transformer fitted with OLTC
有载运行 on-load operation
有载指示器 on-load indicator
雨 rain
雨凇 glaze
圆周侧隙 circumferential backlash
圆柱齿轮 cylindrical gear
远程监视 telemonitoring
月平均温度 mean monthly temperature
运输条件 transportation condition
运输终端 remote terminal unit
运行管理 operation management
运行转速范围 operating rotational speed range
载荷状况 load case
噪声 noise
增速比 speed increasing ratio
增速齿轮副 speed increasing gear
增速齿轮系 speed increasing gear train
闸衬片 brake lining
闸垫 brake pad
障碍物 obstacles
阵风 gust
阵风影响 gust influence
振荡 oscillation
振荡器 oscillator
振动 vibration
振动频率 vibration frequency
振动试验 vibration tests
整流器 rectifier
整流罩 nose cone
正常关机 normal shutdown
正常关机 normal shutdown for wind turbine
正常运行 normal operation
正常制动系 normal braking system
正常状态 normal condition
支撑结构 support structure for wind turbine
直齿圆柱齿轮 spur gear
直接太阳辐射 direct solar radiation
直径和半径 diameter and radius
直流电机 direct current machine
直流电流 direct current
直流电压 direct voltage
指示灯 display lamp
指向性 directivity
制动机构 brake mechanism
制动器 brake
制动器闭合 brake setting
制动器释放 braking releasing
制动系统 braking system
中弧线 mean line
中心距 center distance
中心轮 center gear
中性点 neutral point
中性点有效接地系统 system with effectively earthed neutral
重锤 counter weight

重复接地 iterative earth
周期 period
周期振动 periodic vibration
轴向齿距 axial pitch
主触头 main contact
主电路 main circuit
主动齿轮 driving gear
主动偏航 active yawing
柱销 pin
柱销套 roller
专用扳手 special purpose spanner
转差率 slip
状态信息 state information
字节 byte
自耦变压器 auto-transformer
自由流风速 free stream wind speed
自由脱扣 trip-free
阻抗 impedance
阻抗电压 impedance voltage
阻力系数 drag coefficient
阻尼 damping
阻尼板 spoiling flap
阻尼比 damping ratio
阻尼系数 damping coefficient
最大测量功率 maximum measured power
最大风速 maximum wind speed
最大功率 maximum power
最大力矩系数 maximum torque coefficient
最大允许功率 maximum permitted
最大转速 maximum rotational speed

# 参考文献


[1] 北京恒州博智国际信息咨询有限公司恒州博智风能研究中心．2009年中国风电设备产业链研究报告．2009.

[2] Guideline for Offshore Wind Turbines Edition．2005.

[3] International Electrotechnical Commission 61400-3．2006.

[4] 刘万琨，张志英，李银凤，赵萍．风能与风力发电技术．北京：化学工业出版社，2007.

[5] Tony Burton 等著．风能技术．武鑫等译．北京：科学出版社，2007.

[6] 陈云程，陈孝耀，朱成名．风力机设计与应用．上海：上海科学技术出版社，1990.

[7] 吴以纯，丁明．风电场风力发电机组优化选型．太阳能学报，2007，(10).

[8] 海港水文规范（JTJ 213—1998）．中华人民共和国行业标准．北京：人民交通出版社，1998.

[9] 宫靖远．风电场工程技术手册．北京：机械工业出版社，2004.

[10] 王民浩．2008年中国风电技术发展研究报告．北京：中国水利水电出版社，2009.

[11] 叶杭冶．风力发电机组的控制技术．北京：机械工业出版社，2006.

[12] 宋海辉．风力发电技术及工程．北京：中国水利水电出版社，2009.

[13] 姚兴佳，宋俊等．风力发电机组原理与应用．北京：机械工业出版社，2009.

[14] 田迅，任腊春．风电机组选型分析．电网与清洁能源，2008，(10)：36-39.

[15] 李静，孙亚胜．海上风力发电机组的基础形式．上海电力，2008，(5)：314-317.

[16] 葛川，何炎平，叶宇，杜鹏飞．海上风电场的发展、构成和基础形式，中国海洋平台，2008，(6)：31-35.

**欢迎购买　　　　风能与风力发电技术　　专业科技图书**

●专业书目

| 书　　名 | 单价 | ISBN号 |
|---|---|---|
| 风力发电技术丛书——风力机安装、维护与故障诊断 | 39.0 | 978-7-122-10274-4 |
| 风力发电技术丛书——风力机可靠性工程 | 68.0 | 978-7-122-09734-7 |
| 风力发电技术丛书——海上风力发电技术 | 49.0 | 978-7-122-08322-7 |
| 风力发电技术丛书——风力机械技术标准精编 | 80.0 | 978-7-122-07298-6 |
| 风力发电技术丛书——风力机设计、制造与运行 | 58.0 | 978-7-122-06193-5 |
| 风能与风力发电技术(第二版) | 49.0 | 978-7-122-07796-7 |
| 21世纪可持续能源丛书——风能开发利用 | 23.0 | 978-7-5025-6063-8 |
| 风能概论 | 28.0 | 978-7-122-06903-0 |
| 可再生能源离网独立发电技术与应用(风能/光伏发电篇,学生用书) | 78.0 | 978-7-122-06021-1 |
| 可再生能源离网独立发电技术与应用(风能/光伏发电篇,教师用书) | 98.0 | 978-7-122-06001-3 |
| 话说新能源丛书——风与风能 | 25.0 | 978-7-122-05054-0 |
| 替代能源应用技术丛书——风能利用技术 | 28.0 | 978-7-122-00225-9 |
| 风力12在中国 | 38.0 | 978-7-5025-7817-X |